3RD INTERNATIONAL CONGRESS
OF ATOMIC ABSORPTION
AND ATOMIC FLUORESCENCE SPECTROMETRY

3rd International Congress
of Atomic Absorption
and Atomic Fluorescence Spectrometry

3ᵉ Congrès International
de Spectrométrie d'Absorption
et de Fluorescence Atomique

3. Internationaler Kongress
für Atomapsorbptions und
Atomfluoreszenzspektrometrie

Paris, 27 September — 1 October 1971

organized by

Le Groupement pour l'Avancement
des Méthodes Physiques d'Analyse (GAMS)

Le Commissariat à l'Energie Atomique

La Faculté de Pharmacie de Paris

69 papers presented at the Congress

Vol. 1

A HALSTED PRESS BOOK

JOHN WILEY & SONS
New York - Toronto

Produced and published in Great Britain by

ADAM HILGER LTD
Rank Precision Industries Ltd
29 King Street, London, WC2E 8JH

Published in the United States, Canada, and Latin America by

HALSTED PRESS
A Division of John Wiley & Sons, Inc., New York

Library of Congress Catalog Card Number 73-3959

ISBN 0 470-68995-1

Library of Congress Cataloging in Publication Data

International Congress of Atomic Absorption and
    Atomic Fluorescence Spectrometry, 3d, Paris, 1971.
    69 papers presented at the Congress.

    'A Halsted Press book.'
    'Organized by le Groupement pour l'avancement des
méthodes physique d'analyse (GAMS), le Commissariat
a l'énergie atomique (and) la Faculté de pharmacie
de Paris.'
    1. Atomic absorption spectroscopy - Congresses.
2. Fluorescence spectroscopy - Congresses.
I. Groupement pour l'avancement des méthodes physiques
d'analyse. II. France. Commissariat à l'énergie
atomique. III. Paris. Université. Faculté de
pharmacie. IV. Title.
QC454.A2157   1971   541'.085   73-3959
ISBN 0-470-68995-1

Printed by photolithography by
J.W. Arrowsmith Ltd, Bristol, England

F O R E W O R D

The third International Conference on Atomic Fluorescence and Absorption Spectrometry was held in Paris on September 1971. Over five hundred participants from all nations were present. About a hundred speakers lectured on their works as well as on the most recent theoretical, scientific and equipment developments in the field of atomic fluorescence and absorption.

This volume gathers the major portion of the papers presented at the 3rd ICAFAS within the following categories : Theory and Methodology - Atomic Fluorescence -Instrumentation - Rocks, minerals, soils - Water, agriculture, and derivatives - Biology - Metals and Alloys - Miscellaneous products.

This release, one year after the Paris Conference but also one year before the 4th ICAFAS in Toronto, highlights the level of our knowledge as well as the possibilities inherent in this method, while also pointing out the link between the achievements of the past and the perspectives of the future.

More specifically, we verify in the area of equipment development some substantial evolution in flameless atomizing methods, on the one hand, and the development of instrument automation, on the other hand. Insofar as concerns applications, it would seem that analytical chemists are more interested in trace research and determination. Perhaps shall we soon see atomic absorption methods compete in sensitivity with the most sensitive modern analytical chemistry methods, such as mass spectrometry or radioactivation.

But it would also seem that "atomic emission" methods applied in flames of all kind must at the present time be associated with methods by absorption means. Flame emission, atomic absorption, atomic fluorescence, seem to actually form a large technical array of Atomic Spectrometry. This is a point of knowledge which has also emerged from the 3 rd.ICAFAS.

Let us mention that the nine plenary conferences by Messrs. L.R.P. BUTLER, D.B.DAWSON, L.DE GALAN, S.R. KOIRTYOHANN, B.V. L'VOV, R . MAVRODINEANU, J. ROBIN, I. RUBESKA and J.B. WILLIS, were published in "Méthodes Physiques d'Analyse", special issue of September 1971, Vol. 8, n° 1, 1972.

Maurice PINTA
Secretary General, 3rd ICAFAS.

V

AVANT - PROPOS

Le troisième Congrès International de Spectrométrie d'Absorption et de Fluorescence Atomique, s'est tenu à Paris en Septembre 1971. Plus de cinq cents auditeurs de toute nation y ont participé. Une centaine d'orateurs ont exposé leurs travaux ainsi que les plus récents développements théoriques scientifiques et instrumentaux dans le domaine de l'absorption et de la fluorescence atomique.

Le présent volume rassemble la plupart des communications présentées au 3ème CISAFA et classées dans les sections suivantes : Théorie et Méthodologie - Fluorescence Atomique - Appareillage - Roches, minerais, sols - Eau, agriculture et dérivés - Biologie - Métaux et alliages - Produits divers.

Cette publication, qui arrive un an après le Congrès de Paris mais aussi un an avant le 4ème CISAFA de Toronto, apparaîtra à la fois comme une mise au point de nos connaissances et des possibilités qu'offre cette méthode, mais aussi comme un trait d'union entre les acquisitions du passé et les perspectives de l'avenir.

En particulier, on constate dans le domaine instrumental, d'une part l'évolution considérable des méthodes d'atomisation sans flamme et d'autre part le développement de l'automatisation dans l'appareillage. Dans l'application, c'est la recherche et le dosage des traces qui semblent intéresser de plus en plus le chimiste analyste. Peut-être verra-t-on bientôt les méthodes par absorption atomique rivaliser en sensibilité avec les méthodes les plus sensibles de la chimie analytique moderne, telles que la spectrométrie de masse ou la radioactivation...
Mais il apparaît aussi que les méthodes par "émission atomique" dans les flammes de toute nature doivent, aujourd'hui, être associées aux méthodes par absorption. L'émission de flamme, l'absorption atomique, la fluorescence atomique semblent bien ne devoir constituer qu'une large technique de Spectrométrie Atomique. C'est un enseignement qui se dégage également du 3ème CISAFA.

Rappelons que les neuf conférences plénières de MM. L.R.P. BUTLER, D.B. DAWSON, L. DE GALAN, S.R. KOIRTYOHANN, B.V. L'VOV, R. MAVRODINEANU, J. ROBIN, I. RUBESKA, et J.B. WILLIS ont été publiées dans "Méthodes Physiques d'Analyse (numéro spécial, septembre 1971, et volume 8, n° 1, 1972).

Maurice PINTA
Secrétaire Général du 3ème CISAFA.

COMITE D'HONNEUR
Président :
M. A. KASTLER
Membre de l'Académie des Sciences, Prix Nobel de Physique 1969.

Membres :
MM. P. AIGRAIN
Délégué Général à la Recherche Scientifique et Technique.

C. BEAUMONT
Directeur Général du Bureau de Recherches Géologique et Minière.

J. BUSTARRET
Directeur Général de l'Institut National de la Recherche Agronomique.

G. CAMUS
Directeur Général de l'Office de la Recherche Scientifique et Technique Outre-Mer.

R. CASTAING
Directeur Général de l'Office National d'Etudes et de Recherches Aérospatiales.

R. CHABBAL
Directeur Scientifique du Centre National de la Recherche Scientifique.

G. CHARLOT   Membre de l'Académie des Sciences.

J. CHERIOUX   Président du Conseil de Paris.

G. DILLEMANN
Directeur de la Faculté des Sciences Pharmaceutiques et Biologiques de Paris-Luxembourg.

C. FREJACQUES
Directeur de la Division de Chimie au Commissariat à l'Energie Atomique.

J. FREZAL   Président de l'Université René Descartes.

J. GALL   Président de l'Union des Industries Chimiques.

J. LECOMTE   Membre de l'Académie des Sciences.

M. LETORT
Membre de l'Académie des Sciences, Président de la Société de Chimie Industrielle.

P. MALANGEAU
Doyen Honoraire de la Faculté de Pharmacie de Paris.

H. NORMANT
Membre de l'Académie des Sciences, Président de la Société Chimique de France.

A. PASQUET
Directeur du Laboratoire Central des Ponts et Chaussées.

M. PINET
Directeur des Universités et des Etablissements d'Enseignement.

M. PONTE
Membre de l'Académie des Sciences, Directeur de l'Agence Nationale de Valorisation de la Recherche.

M. SOUTIF
Président de l'Université de Grenoble, Président de la Société Française de Physique.

J. YVON   Haut Commissaire à l'Energie Atomique.

COMITE SCIENTIFIQUE

COMITE D'ORGANISATION

Président du Comité Scientifique :

> M.   **M.L. GIRARD**, Professeur à la Faculté de Pharmacie - Paris.

Président du Comité d'Organisation :

> M.   **M. CHATEAU**, Ancien Président du G.A.M.S.

Secrétaire Général :

> M.   **M. PINTA**, Directeur de Recherches à l'O.R.S.T.O.M. - Paris.

Comité :

> MM.   **G. BAUDIN**, C.E.A. - Fontenay-aux-Roses.

> **E. BRANCHE**, C.E.A. - Fontenay-aux-Roses.

> **J. LAPORTE**, C.N.A.B.R.L. - Nîmes.

> Mlle   **M.E. ROPERT**, C.E.A. - Fontenay-aux-Roses.

> MM.   **F. ROUSSELET**, Faculté de Pharmacie - Paris.

> **I. VOINOVITCH**, Laboratoire Central des Ponts et Chaussées - Paris.

Secrétariat :

> Mme **A. FRERE**, G.A.M.S.

COMITE DE PATRONAGE

Associations et Sociétés Scientifiques ayant accordé
leur patronage au 3ᵉ C.I.S.A.F.A.

Agence Nationale pour la Valorisation de la Recherche

Association Française pour l'Avancement des Sciences

Association Française de Normalisation

Association Nationale de la Recherche Technique

Société de Chimie Industrielle

Société Chimique de France

Société Française de Biologie Clinique

Société de Chimie Biologique

Société Française de Métallurgie

Société Française de Physique

Union des Industries Chimiques

CONTENTS

VOL. 1

Atomic Fluorescence

Rocks, Soils and Minerals

VOL. 2

Water, Agriculture and Related Subjects

Metals

Miscellaneous

ADDRESS BY
THE PRESIDENT
OF THE SCIENTIFIC COMMITTEE

L'Evolution Récente de la Spectrométrie d'Absorption et de Fluorescence Atomique

M. L. GIRARD

Président du Comité Scientifique du 3ème C.I.S.A.F.A.
Professor de Biochimie appliquée à la Faculté de Pharmacie de Paris, France

Après une période de développement extrêmement rapide qui a suivi les premières applications analytiques de l'absorption atomique par WALSH et ALKEMADE en 1955, et qui s'est traduite, lors des deux précédents Congrès de Prague et de Sheffield, par la publication d'importants résultats intéressant aussi bien la recherche scientifique fondamentale que l'application pratique, il est de constatation générale que nous vivons une phase de stabilité beaucoup plus grande.

Pour être moins explosive, la période actuelle ne parait pas cependant dénuée ni de progrès, ni d'intérêt. "La science avance par degrés et non par bonds" prétendait, au siècle dernier, l'historien anglais Lord MACAULAY. Et c'est Paul VALERY qui disait, je crois : "Les grands évènements ne sont peut-être tels que pour les petits esprits. Pour les esprits plus attentifs, ce sont les évènements insensibles et continuels qui comptent".

Fort de ces affirmations, j'aimerais, certes très rapidement, tracer à grands traits quelques caractéristiques essentielles de l'évolution récente de la spectrométrie d'absorption et de fluorescence atomique pour souligner les étapes, apparemment moins percutantes, mais non moins indispensables des recherches actuelles, et justifier notre présence à tous, enthousiaste et spontanée, dans ce troisième Congrès International de Paris.

Après le brillant et scientifique exposé du Président du Comité d'Honneur, Monsieur le Professeur KASTLER, prix Nobel de Physique 1969, à qui vont nos remerciements profonds et l'expression de notre déférente admiration, je ne m'appesantirai qu'un instant sur les aspects théoriques de l'absorption et de la fluorescence atomique pour insister plus particulièrement sur l'évolution dans le domaine de l'instrumentation et dans celui de l'analyse proprement dite.

I. - ASPECTS THEORIQUES

Dans la théorie de l'absorption atomique, d'ailleurs, peu de nouveautés ont suivi la phase explosive de nos connaissances. Trois points, plus précis, semblent cependant avoir retenu l'attention des chercheurs :

- meilleure définition des paramètres conditionnant la sensibilité;

- étude du profil des raies spectrales, voie précieuse d'information concernant les caractéristiques physiques des sources de radiation : effet Doppler, self-absorption;

- analyse des causes théoriques des interactions chimiques, la compréhension de ces phénomènes devant permettre, dans une certaine mesure, de prévoir ces interactions, puis de faciliter leur correction par le moyen le plus approprié.

II. - PERFECTIONNEMENTS INSTRUMENTAUX

A. - SOURCES DE RADIATION :

Dans ce domaine, c'est à l'amélioration des qualités de brillance, de stabilité et de longévité que les spectroscopistes se sont surtout attachés.

$1^{\underline{o}}$ Les lampes à cathode creuse représentent la solution la plus fréquemment adoptée, mais sont encore loin d'avoir atteint leur perfection : de nombreux travaux se poursuivent actuellement pour améliorer la qualité de ces instruments :

- la géométrie des électrodes a été modifiée : par exemple la réduction du diamètre intérieur de la cathode fournit une brillance plus élevée;

- la recherche de sources plus ponctuelles conduit à de meilleurs résultats, en particulier dans le cas de métaux relativement fusibles, grâce à l'utilisation d'un écran de focalisation de la cathode;

4

- l'amélioration dans la préparation des cathodes a été obtenue par l'emploi d'alliages, de métaux frittés, d'un dégazage plus poussé des tubes.

2° Les lampes sans électrodes, à excitation haute fréquence, font l'objet d'importantes recherches pour améliorer les possibilités de ces nouvelles sources, ainsi que leur durée de vie. Les résultats acquis apparaissent excellents pour certains métaux, comme le mercure ou le cadmium, mais plus irréguliers pour d'autres éléments. Leur commercialisation est en cours. Toutefois, il est encore prématuré de dire si ces lampes constitueront une solution d'avenir.

B. - GENERATEURS D'ATOMES

Les possibilités des méthodes spectroscopiques d'absorption, comme d'émission d'ailleurs, se trouvent limitées par des difficultés d'atomisation, que les chercheurs s'efforcent inlassablement de réduire.

1° Sources d'atomisation avec flamme

La flamme reste le système le plus classique et le plus commode, en routine, pour créer à partir d'une solution à analyser une vapeur atomique susceptible d'absorber le rayonnement qui la traverse. Dans la pratique courante, les brûleurs sont couplés avec des nébuliseurs et l'ensemble constitue l'atomiseur proprement dit.

La nébulisation pneumatique, par suite de sa simplicité d'emploi, a été généralisée sur les brûleurs commerciaux, avec des géométries fonction du brûleur et de la flamme utilisés.

L'élimination du solvant, par volatilisation et condensation séparées, représente pour l'analyse de certains éléments métalliques, une amélioration notable.

La conception d'un générateur d'aérosol complètement indépendant de la flamme permet de modifier les conditions de viscosité, de concentration, ou plus simplement, de nature et de charge du solvant, sans intervenir sur le chimisme de la flamme : la nébulisation par ultrasons, malgré son prix relativement élevé, apparait comme nettement bénéfique, puisqu'elle a l'avantage d'entraîner :

- une augmentation de sensibilité;
- la possibilité de travailler sur des solutions concentrées
- un recul appréciable des effets de matrice.

L'alimentation de la flamme en produit solide, selon diverses techniques, représente une autre tentative récente pour améliorer l'atomisation. Le "pic" d'absorption obtenu est généralement étroit et la sensibilité intéressante; par contre, la réponse extrêmement rapide exige une électronique appropriée.

Malgré les divers perfectionnements apportés, le rendement des sources d'atomisation avec flamme dans la production d'atomes reste assez médiocre. On assiste actuellement dans certains laboratoires à une course vers les hautes températures, en particulier avec le développement des générateurs à plasma. Grâce aux températures atteintes et, en outre, à la création d'atmosphères hautement réductrices, la t orche à plasma permet l'atomisation facile d'éléments à oxydes réfractaires. Toutefois, les performances atteintes en absorption atomique paraissent inférieures à celles de l'émission dont la technique, par ailleurs, a l'avantage d'une plus grande simplicité.

2⁰ Sources d'atomisation sans flamme

L'atomisation sans flamme fait actuellement l'objet d'importants développements à des fins de micro-analyse et concurrence très vivement les méthodes fidèles à la flamme.

En effet, la nébulisation dans la flamme ne permet de doser qu'une quantité d'un élément voisine de 0, 2 ng. Or cette limite doit être encore reculée, comme c'est le cas en biologie, pour autoriser l'analyse à l'échelle microtissulaire.

Différents systèmes d'atomisation sans flamme ont été proposés :
- les fours tubulaires, chauffés par arc ou simple effet Joule, âctuellement commercialisés. Dans ce domaine, l'utilisation d'un tube en graphite vitreux améliore les performances et la durée de vie de l'appareillage;

6

- les baguettes de graphite ou les filaments métalliques, particulièrement appropriés au dosage des métaux volatils. Toutefois, la volatilisation très brève impose une électronique très rapide;

- le chauffage par bombardement électronique, expérimenté dans notre laboratoire, a l'avantage :

. de fournir de hautes températures (température de fusion du tungstène),

. de permettre une grande souplesse dans le choix du régime de chauffe,

. de créer une pression partielle en électrons favorable à l'obtention d'atomes métalliques à l'état fondamental.

- le laser, dont la sensibilité de la spectrométrie d'absorption atomique permet une judicieuse utilisation, dans le cas par exemple de l'analyse locale d'une surface métallique.

Les sources d'atomisation sans flamme sont d'une facilité d'emploi généralement moins grande que celle de la flamme. Par contre, la sensibilité absolue est améliorée dans un rapport 100, parfois 1000. La possibilité de doser le 1/100 de nanogramme ouvre à la biologie, à l'analyse des traces, à celle des produits radioactifs ... d'intéressantes perspectives.

Quant à leurs possibilités dans le domaine des études physiques, les systèmes sans flamme ont trouvé leur application dans la mesure des forces d'oscillateurs, la mesure de l'effet Lorentz, la mesure des coefficients de diffusion des atomes en phase vapeur.

C. - MONOCHROMATEURS

Sur le plan des monochromateurs, l'évolution instrumentale comporte des études tendant à remplacer les monochromateurs continus par des filtres interférentiels, plus lumineux. De bons résultats ont déjà été acquis dans le cas surtout d'appareils spécialisés, destinés à l'analyse d'un seul élément ou de quelques éléments.

Un avantage, du moins sur le plan théorique, semble accordé au détecteur à résonance qui, en tant que sélecteur de radiation, a une bande passante bien plus étroite que celle de n'importe quel sélecteur de radiation usuel à système dispersif, réseau ou prisme. On peut, en effet, évaluer la résolution effective d'un détecteur à résonance à 1/1000ème de nanomètre.

D. - SYSTEME ELECTRONIQUE

Le perfectionnement des systèmes électroniques est en très gros progrès. La réalisation d'une meilleure stabilité permet d'apprécier 1/10 000ème de D.O., performance remarquable, sur un intervalle de temps certes court, mais encore raisonnable.

Quant à l'amélioration du confort pour l'expérimentateur, elle a été considérablement accrue avec l'introduction du zéro automatique, de l'étalonnage automatique, de la lecture digitale permettant non seulement l'inscription directe des résultats en termes de concentration, mais encore l'élargissement du domaine d'utilisation, grâce à la correction de certaines courbures.

E. - AUTOMATISATION

Le développement de l'automatisation ne s'est pas seulement manifesté dans l'acquisition et le traitement des données, dans le calcul et l'enregistrement des résultats, mais encore dans le domaine de l'alimentation des appareils de mesure (passeur d'échantillons, diluteurs automatiques), qui constitue le point de départ indispensable de l'intégration des automatisations.

Malheureusement, le niveau d'automatisation souhaitable pour assurer la rentabilité dépend moins souvent du volume de travail que de la possibilité d'investir du laboratoire en cause.

III. - ANALYSE PROPREMENT DITE

La valeur intrinsèque d'une méthode analytique est fondée sur des critères de qualité indispensables tels que justesse, fidélité, sensibilité, précision. Mais il est d'autres propriétés en apparence secondaires : spécificité, simplicité, rapidité et rentabilité, qui peuvent prendre une importance accrue dans certains cas :

- dans le cas particulier d'analyses de routine, où la rapidité du mode opératoire, le prix de revient de l'analyse passent souvent en tête des exigences;

- dans un contrôle en cours de fabrication, où la rapidité est essentielle;

- dans un but diagnostique pour suivre le sort d'éléments étrangers introduits volontairement dans l'organisme, comme la substitution du strontium stable au calcium marqué pour l'exploration du métabolisme osseux;

- dans le contrôle sanguin d'un cation utilisé à des fins thérapeutiques comme le lithium en psychiatrie;

- dans l'évaluation indirecte de l'activité médicamenteuse des digitaliques qui agissent électivement sur le transfert membranaire du rubidium.

La spectrométrie d'absorption et de fluorescence atomiques n'échappe pas à ces exigences complémentaires, par suite de l'extension considérable de son domaine d'application. Il n'est donc pas surprenant que deux directions de recherches se précisent actuellement, qui concernent:

- la préparation plus rapide des échantillons,

- la meilleure connaissance pratique des interactions et des moyens de les corriger.

A. - PREPARATION PLUS RAPIDE DES ECHANTILLONS D'ANALYSE

1º Méthodes de mise en solution

La spectrométrie d'absorption atomique présente tous les avantages des méthodes d'analyse en solution, telles que souplesse d'utilisation et facilité d'étalonnage, mais elle en subit les servitudes, notamment en ce qui concerne le délai de la mise en solution et l'éventuelle nécessité de séparations préalables, comme celle de la silice lors de l'analyse des roches et des tissus végétaux, ou celle des protéines dans les milieux biologiques.

Dans la minéralisation acide, l'étude des interactions démontre l'avantage d'emploi d'un seul anion. C'est dans cette considération qu'il faut rechercher un regain de faveur des méthodes par calcination et par fusion avec reprise par un acide.

C'est toutefois une digestion en milieu acide mixte :

- nitro-chlorhydrique ou nitro-perchlorique, selon la fragilité ou la richesse des liaisons métal-protéines, qui semble le mieux s'adapter aux tissus et organes animaux;

- fluorhydrique-perchlorique qui représente la méthode classique de solubilisation des roches.

La mise en solution de certains échantillons exige parfois une fusion alcaline préliminaire, à l'aide de soude, de carbonates ou de borates.

Une certaine systématique tend progressivement à s'installer dans le choix des techniques intéressant les divers milieux faisant largement appel à l'absorption atomique : roches et sols, minerais, alliages, eaux et air, milieux végétaux et biologiques, produits pétroliers, énergie nucléaire ...

Ici encore, dépassant l'ancienne querelle"voie sèche-voie humide", les analystes attachent actuellement plus d'importance à la polyvalence et à la rapidité des méthodes, compatibles avec le travail en série. C'est ainsi que dans la préparation de la solution à examiner, les techniques modernes d'échanges d'ions ont apporté des solutions de rapidité et d'efficacité indéniables.

La dilution simple de l'échantillon entraîne une diminution correspondante de la concentration de l'élément à doser, souhaitable si le métal existe en quantités importantes, mais indésirable lors du dosage des oligo-éléments. Dans ce dernier cas, l'extraction quantitative des dérivés organiques des métaux lourds, de plus en plus développée, permet un recul notable des limites de sensibilité de la spectrométrie d'absorption atomique.

$2^{\underline{o}}$ Analyse directe sur éléments solides

Une autre voie d'orientation concerne l'analyse effectuée directement sur produits solides.

La spectrométrie d'absorption atomique intérèsse l'analyse des combustibles solides, en particulier des charbons. Des méthodes récentes proposent l'introduction directe de poudre de charbons dans la flamme pour éviter les pertes par volatilisation au cours de l'élimination du carbone par calcination. Par exemple, une technique récente de dosage du palladium dans des catalyseurs d'hydrogénation alimente la flamme en poudre de charbon, entraînée par le comburant.

Reprenant le principe de l'utilisation directe des combustibles solides pour alimenter la source d'atomisation, une méthode de dosage des éléments métalliques dans les poudres combustibles de produits organiques divers a été récemment décrite.

Enfin, la technique dite du "bateau" ou "sampling boat" permet l'analyse directe de certains produits, à condition de compenser le fond de flamme important par l'emploi éventuel de la lampe au deuterium.

B. - MEILLEURE CONNAISSANCE PRATIQUE DES DIFFERENTES INTERACTIONS ET MOYENS DE LES CORRIGER

Les interactions, facteurs limitants de l'absorption atomique, posent de difficiles problèmes aux analystes qui, après les avoir découvertes puis cherché de façon assez empirique les moyens de les corriger, s'appliquent actuellement à élucider leur mécanisme d'action.

Il a été établi que les principales interactions résultent des perturbations de la dissociation soit en phase vapeur, soit en phase condensée.

En phase vapeur, les mécanismes des perturbations de la dissociation et des phénomènes d'ionisation ont été bien étudiés, de même que certains processus particuliers : chimio-ionisation du plomb, désionisation du calcium dans la flamme au protoxyde d'azote par des éléments à haut potentiel d'oxydation (magnésium, fer).

En phase condensée, soit solide, soit liquide, les interactions chimiques ne se laissent pas prévoir aussi facilement et des règles générales manquent encore pour les énoncer. On peut qualitativement prévoir la formation de certains composés entre métaux di -tri et tétravalents (solutions solides, oxydes doubles), mais le calcul des constantes de dissociation à la température de la flamme ne permet pas aisément de comparer la stabilité thermique de tels composés à la stabilité du sel de référence et, par suite, de dire si oui ou non il y aura interaction.

Par contre, le calcul des constantes de dissociation dans les flammes des combinaisons formées par les réactifs organiques (molécules cycliques en particulier) et les espèces présentes, avec l'élément dosé, permettra de prévoir leur action.

L'introduction, en 1966, de la flamme acétylène-protoxyde d'azote avait ouvert l'espoir que la température obtenue limiterait ou supprimerait les interactions, à l'instar de celle du P ou de Al sur les alcalino-terreux. Or, le recul du temps a laissé apparaitre que, dans cette flamme, les interactions étaient plutôt une règle qu'une exception.

La correction des interactions en phase condensée est régie par la loi d'action de masse. Toutefois les produits correcteurs, comme les éléments dosés, se combinent préférentiellement avec les ions gênants. Parmi les métaux formant les composés les plus stables, figure le lanthane dont l'emploi comme tampon spectral s'est largement étendu. Dans d'autres cas, c'est le strontium qui est jugé plus efficace que le lanthane.

En résumé, à défaut d'une théorie complète qui tarde encore à se dessiner, des prévisions sont tentées grâce à l'apport de plus en plus grand des résultats expérimentaux.

La recherche du gain de sensibilité en absorption atomique a été, ces dernières années, l'une des préoccupations dominantes des chercheurs. Elle représentera sans doute, à côté du développement de l'automatisme, la tendance la plus marquante de ce Congrès grâce à l'important essor des sources d'atomisation sans flamme.

Mais, si le plafond de sensibilité atteint risque désormais d'être plus difficilement percé, il reste bien d'autres problèmes encore non résolus pour s'offrir à la sagacité des chercheurs et que l'heureux épanouissement des applications présentes ne doit ni masquer, ni écarter.

Dix années de développement ont suffi à l'analyse par absorption atomique pour acquérir un caractère d'universalité, clairement exprimé dans ce 3ème Congrès International de Paris :

- par la participation d'éminents conférenciers et de chercheurs réputés, venus des cinq continents et de trente nations;

- par l'origine variée des congressistes, d'obédience universitaire, industrielle ou privée;

- par la diversité et la valeur des travaux présentés, intéressant aussi bien la physique et l'analyse théoriques que les applications les plus étendues en minéralogie, métallurgie, analyse des sols, des eaux, des végétaux, des animaux ou encore en biologie humaine.

Le Président du Comité Scientifique est particulièrement heureux qu'à travers l'honneur qui lui est fait, c'est l'exemple de la biologie qui ait été avancé par les promoteurs du 3ème C.I.S.A.F.A. pour témoigner précisément du caractère d'universalité de l'analyse par absorption atomique.

En outre, le Professeur de Biochimie appliquée, avec tous les Membres de l'Université, de la Recherche et de l'Industrie qui ont apporté à l'organisation de ce Congrès leur efficient et généreux concours, se félicite que le même amphithéâtre de l'Université René Descartes, avec le même jaillissement multicolore des drapeaux nationaux étroitement réunis, puisse accueillir, aujourd'hui, de savants spectroscopistes et d'éminents analystes, après avoir, hier, rassemblé les Congressistes de brillantes 21èmes Journées Pharmaceutiques Internationales sur les problèmes de la pollution et de l'environnement dont l'étude analytique devrait faire, elle aussi, de plus en plus appel à la spectrométrie d'absorption et de fluorescence atomique .

"Le lendemain s'instruit aux leçons de la veille".

Paris, le 27 Septembre 1971

THEORY AND METHODOLOGY

I

Absorption and Emission Profiles in Low Pressure Flames as a Means to Study Atomization

R. BOUCKAERT, J. D'OLIESLAGER, and S. DE JAEGERE
University of Louvain, Heverlee, Belgium

RESUME

On peut se faire une meilleure idée des processus d'atomisation qui se produisent dans la zone de réaction d'une flamme et au-delà, en étudiant les profils de concentration des différentes espèces de flammes. La résolution a été améliorée en utilisant des flammes basse pression. Des données expérimentales sont présentées pour les flammes de Ch4/O2. Des sels de Ca, Na, Fe et Cu ont été introduits au moyen d'un nébulisateur à ultrasons spécialement mis au point, dont le rendement est supérieur à 98 %.

Des mesures de luminescence ainsi que des profils d'absorption ont été effectués pour les métaux mentionnés.

Nos résultats font ressortir l'existence d'importantes réactions de déséquilibre dans ces flammes.

La possibilité d'une production non thermique d'atomes (atomisation chimique) est discutée.

SUMMARY

A better insight into the atomization processes occurring in and beyond the reaction zone of a flame can be obtained by studying the concentration profiles of the different flame species. The resolution was improved using low pressure flames. Experimental data an presented for CH_4/O_2 flames. Ca, Na, Fe and Cu salts were introduced by means of a specially developed ultrasonic nebulizer, having an efficiency larger than 98 %.

The luminescence as well as the absorption profiles were taken for the metals mentionned.

Our results point to the existence in these flames of important non equilibrium reactions.

The possibility of non-thermal production of atoms (chemi-atomization) is descussed.

Zusammenfassung

Eine bessere Einsicht in die Zerstäubungs-Vorgänge, die sich in und außerhalb der Reaktionszone einer Flamme ab-spielen, gewinnt man durch die Untersuchung der Konzentra-tions-Profile der verschiedenen Flammen-Arten. Die Lösung wurde durch den Einsatz von Niederdruck-Flammen verbessert. Experimentelle Daten werden für CH_4/O_2 Flammen angeführt. Ca, Na, Fe und Cu Salze wurden mit Hilfe eines speziell entwickelten Ultraschall-Verneblers, der einen Wirkungs-grad von mehr als 98% hat, eingeführt.

Die Lumineszenz ebenso wie die Absorptions-Profile für die erwähnten Metalle wurden aufgenommen. Unsere Resultate zeigen die Existenz von starken Ungleichgewichts-Reaktionen in diesen Flammen. Die Möglichkeit der nicht-thermischen Produktion von Atomen (Chemie-Zerstäubung)wird diskutiert.

INTRODUCTION
_____

Profiles of flame species have been used as a means to study elementary reactions in flames ([1]).
In order to come to a better understanding of the reactions involved in the atomization processes when a droplet passes through the different stages of a flame, we decided to approach

the problem by applying the AAS technique to low pressure flames
and by combining these data with emission measurements.
It is indeed known that the thickness of the flame is in inverse
proportion to the pressure. Thus a flame, burning at 15 to 60
g/cm^2 has a flame front of several millimeter, allowing for a
much better resolution of the profiles of the different species.
We wish to report here on the possibilities of this method, and
to make a comparison between the profiles of the different species obtained at lower pressure, with the litterature results
for flames at atmospheric pressure.
It has to be emphasized that the primary goal of this study is
not to find the optimal conditions for the highest sensitivity
in low pressure systems. Our main interest goes to a better
understanding of the atomisation process, and the reactions interfering with it.

APPARATUS

We used an Egerton-type burner, which is shown on fig. 1. The
burner slit, 70 mm long and 15 mm wide is machined in a stainless steel cylinder. The top and the buttom of the slit are
stacked with tubes with a diameter of respectively 2 and 5 mm.
The burner slides into a vacuum-tight brass envelope, sealed
by means of two semerrings and can be moved up and down over
6 cm.
Between the burner and the nebulizer a mixing chamber is provided, where the spray and the gases are mixed and equally dispersed.
The nebulizer to be used had to fullfill several strict requirements. Apart from giving a homogeneous spray of as small droplets as possible, all the introduced liquid had to pass through
the flame. It is indeed difficult to eliminate the waste liquid
in a system under reduced pressure, and, moreover, if part of
the liquid was lost, it would be impossible to know the exact
amounts of liquid and salt introduced into the flame, due to important evaporation of the solvent at low pressures.
Considering these problems, a special nebulizer was developed
and is presented in fig.2.
Complete data for this nebulizer will be published elswhere [2].
At the pressures used in the subsequent experiments the efficien-

cy of the nebulizer is practically 100 %.

It might be pointed out that this technique of introducing an aerosol with such a high efficiency is, as far we are aware, a renovation even in comparison with the introduction of gaseous compounds as used in the past (e.g. SbH_3, CO-compounds etc.)

The complete burner system is mounted in the optical axis of a AAS set-up, consisting of a set of hollow cathode lamps, a focussing system and a Jarell-Ash monochromator and detection system. A double slit enables the separation of a narrow area (1 mm) of the flame, which is visible through two quartz windows in the brass envelope of the burner. This way the concentration evolution (the profile) of the different species can be recorded by moving the burner up and down.

The complete optical set-up is presented on fig. 3.

The stability of the signals in emission and in absorption is very good (< 1 % fluctuations), due to the stability of the flame, the liquid flow rate and the nebulization efficiency ([2]).

The reproducibility was within 5% over a period of several months. The variations arise mainly from the difficulty to reproduce the exact position of the capillary tube in the nebulizer.

EXPERIMENTAL CONDITIONS

All the profiles selected for this report were measured in $CH_4/O_2/N_2$ flames, at a pressure of 20 g/cm^2. The richness (ϕ) of the flame was 1,1 and the dilution 20 %. The total gas flow was 2.6 l/min (N.T.P.).

To these mixtures Ca, Na, Cu and Fe salts were added, dissolved in MeOH. The flow rate of the MeOH was 0.15 ml/min.

Corrections for the presence of varying amounts of MeOH as a combustible in the flame were made by adapting the CH_4 flow. This is valid since the fundamental reactions in a MeOH and a CH_4 flame are almost identical ([2]).

When this correction was made, no changes of the OH^x, CH^x and C_2^x emission were observed in our flames.

To measure the emission of added metal, correction had to be made for the background emission of the flame itself.

There are certain aspects of the flames used in our experi-

ments, which have to be kept in mind. Reducing the pressure causes
an increase of the mean free path of the different species.
Therefore it is to be expected that the deviations from thermal
equilibrium, which at normal pressure are located in the flame
front, will extend towards the postcombustion zone.
The difference between the kinetic temperature of the gases and
the rotational or vibrational temperature can be very large,
not only in but also above the flame front.
It is important to realize that, since the complete system is
closed, no interference between the burned gases and the environment is possible exept for some minor cooling effect from the
burner envelope. This means that we have a large zone above the
flame front were the temperature changes are mainly due to the
establishment of thermal equilibrium.
Unfortunately we do not dispose yet of temperature profiles in
our system. These data will be very important for the further
understanding of the profiles to be presented.

RESULTS AND DISCUSSION

I. Absorption measurements

1. General aspects

In fig. IV some data representative for the absorption profiles
obtained are collected.
There is a distinct difference between the profiles of the Na,
Fe and Cu extinctions on one side, and the Ca extinction on the
other.
For the first series a steady level is reached rather quickly.
The very slow decay in the burned gases region, is probably due
to the small temperature losses mentioned. This means that
equilibrium is established between the metal atoms and their
stable compounds.
An attractive explanation for the maximum in the absorption profiles, clearly pronounced for Na, Cu and Fe would be the occurence of a non thermal atomization process (early in the flame
front). The appearance of the profiles has indeed a stricking
similarity with the chemiluminescence profiles as obtained for
Na^x by Sugden ([3]).

$CaCl_2$, known to atomize inefficiently, is not completely decomposed, even far beyond the flame front.

$Fe(NO_3)_3$ and $CuCl_2$, on the other hand, decompose so readily that the maximum concentration is reached before the end of the reaction zone.

2. Influence of the anion

The nature of the anion plays an important role in the atomization process, especially for atoms which are difficult to atomize. When for instance $CaCl_2$ is replaced by $Ca(NO_3)_2$, the formation of Ca atoms is decreased.

A constant relation between the concentration values is found for $CaCl_2$ and $Ca(NO_3)_2$ in identical conditions. This is evidenced by the data in Table 1, where the absorbance values are collected for 2 different concentrations at different heights above the burner.

TABLE 1 : Absorbance Values

Height above the burner x	20 µg/ml analyte		Ratio	50 µg/ml analyte		Ratio
	$CaCl_2$	$Ca(NO_3)_2$		$CaCl_2$	$Ca(NO_3)_2$	
5 mm	0.120	0.0375	3.2	0.300	0.095	3.15
8 mm	0.175	0.0525	3.33	0.435	0.130	3.34
18 mm	0.275	0.0850	3.23	0.690	0.210	3.28
38 mm	0.385	0.1225	3.14	0.975	0.313	3.12

x The flame front, defined as the half-width of the OH-emission, extends for the flames studied from 2 to 6 mm.

On the other hand no anion effect was found for Cu due to the fact that its decomposition is almost complete regardless the nature of the salt.

3. Sensitivities

When the pressure is decreased a decrease in sensitivity can be expected.

Indeed the decrease in gas density and the decrease of the number of collisions between the particles and the gas molecules makes the heat transfer towards the salt particles more inefficient. This explains the low absorbance values found for the different metals.

For $Fe(NO_3)_3$ and $CuCl_2$ the atomization occurs in a zone so early in the flame that, due to the increased mean free path, it is possible for part of the metal atoms to reach the burner surface. These atoms adhere to the surface and can be found after the experiments as a film on the surface.

Ca and Na being formed higher in the flame do not produce any deposits.

II. Emission measurements

Emission profiles for Na^x and Ca^x are given in fig. V. For both the profiles the chemiluminescence peak is followed by a slowly decreasing thermal emission.

A comparison of the emission at the peak intensity and the intensity at large distance makes it clear that the Ca^x luminescence is predominantly from chemical origin. rather
On the other hand the Na^x emission is still high at 25 mm above the burner. This suggests that the thermal luminescence is more important.

In order to calculate the relative importance of chemiluminescence as compared to the total emission. we intend to measure temperature profiles.

These will indeed allow for an interesting comparison of M and M^x concentrations at each point as a function of temperature.

III. Comparison between absorbance and emission profiles.

Since our absorbance data correspond in fact to the concentration values of the metal at each point in the flame, it is interesting to make a comparison with the emission data.

A double logarithmic plot of emission intensity against metal absorbance for Na is presented in fig. VI.
As was found by van Trigt and coworkers ([5]) for atmospheric flames two separate regions can be distinguished, depending on the concentration. This is valid at each point in the flame.

The slopes of our plots (about 1 for the optically thin medium and 0.5 for the higher concentrations) correspond to the findings at atmospheric pressure.

IV. Comparison between atmospheric and low pressure profiles.

To show the drastic improvement in resolution, obtained by reducing the pressure, a comparison is made between atmospheric and low pressure profiles.

The values for the atmospheric flames were measured by replacing the low pressure burner by a slot burner, without any changes in the optical arrangment of the set-up.

Emission and absorption profiles for Ca are brought together on fig. VII.

It is clear that the processes occuring in the reaction zone can be better resolved upon the reduction of the pressure.

The drastic absorbance drop beyond the reaction zone at atmospheric pressure is in clear contrast to the increasing Ca absorbance at low pressure.

The luminescence profiles are also differently positioned with respect to the reaction zone.

CONCLUSIONS

Concerning the experimental set-up, it has to be emphasized that the nebulization system used in this study permits the introduction of precisely known amounts of analyt in the flame. This is a large step forwards in comparison with older systems.

Our investigations on low pressure flames, although only in a preliminary stage, point to interesting possibilities for further work.

The comparison of the resolution of flame profiles at high and low pressure is in favor of the latter, mainly because one obtains detailed data on the processes in the reaction zone itself. The atomization phenomena can thus be observed in more detail than in atmospheric flames.

Moreover this study casts a new light on some phenomena concerning the formation of atoms.

From the data obtained, the question arises indeed whether in certain specific conditions the formation of atoms is not enhanced by non thermal processes, comparable to the well known chemiluminescence. If favourable conditions are found for such a chemi-atomization process, this might become important for the production of atoms from compounds that are difficult to decompose. It is clear that profiles of the temperature and, if possible of diatomic species are very important for the elucidation of the atomization processes.

REFERENCES

1. C.P. Fenimore, Chemistry in Premixed Flames,
   The McMillan Co, New York (1964).

2. R. Bouckaert, J. D'Olieslager and S. De Jaegere,
   Anal. Chim. Acta, 58, (2), 347-353 (1972).

3. A. Van Tiggelen, Oxydation et Combustion,
   Tome I, p. 365, Technip Paris (1968).

4. T.M. Sugden and P.J. Padley, 7th Symposium (Int) on Combustion,
   p. 235, Butterwoth, Scientific publication, London (1958).

5. C. van Trigt, Tj. Hollander and C.T.J. Alkemade,
   J.Quant.Spectrosc.Radiat.Transfer., 5, 813 (1965).

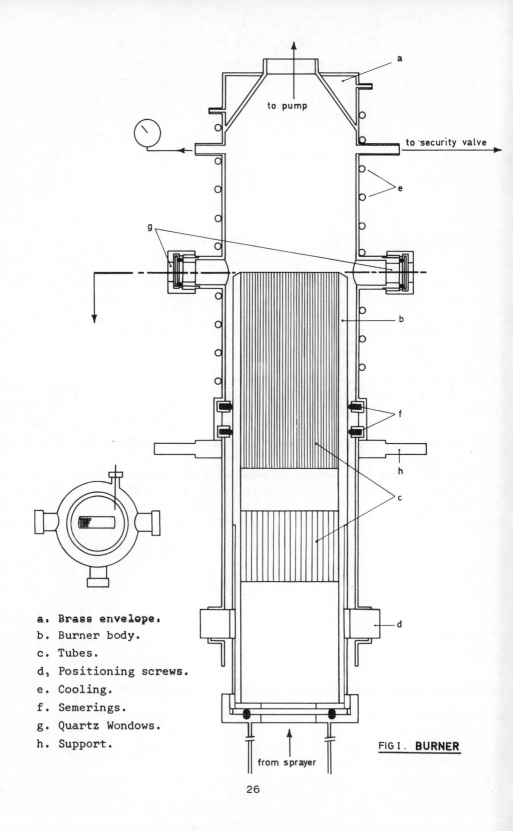

to pump

to security valve

from sprayer

a. Brass envelope.
b. Burner body.
c. Tubes.
d. Positioning screws.
e. Cooling.
f. Semerings.
g. Quartz Wondows.
h. Support.

FIG I. **BURNER**

FIG II. **NEBULIZER**

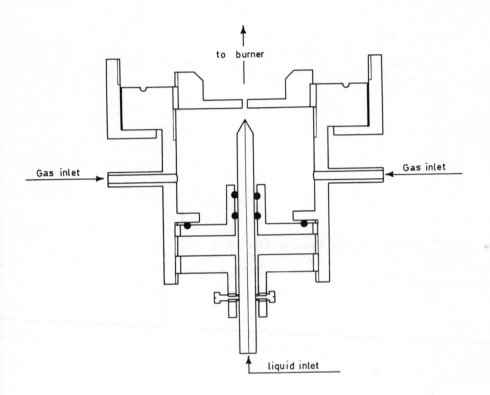

to   burner

Gas inlet

Gas inlet

liquid inlet

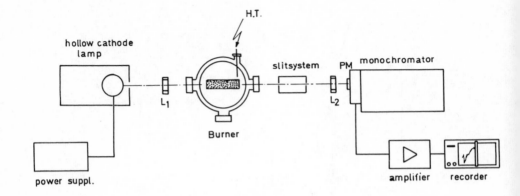

FIG III. **Experimental set-up**.

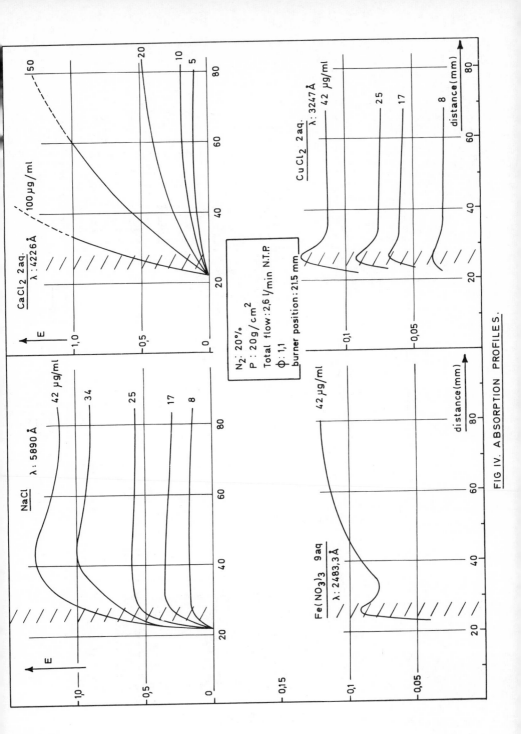

FIG IV. ABSORPTION PROFILES.

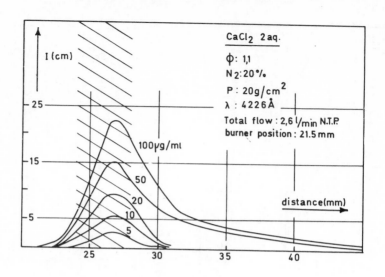

CaCl$_2$ 2aq.

ϕ: 1,1
N$_2$:20%
P: 20g/cm^2
λ: 4226Å
Total flow: 2,6 l/min N.T.P.
burner position: 21.5mm

I (cm)

100 µg/ml
50
20
10
5

distance(mm)

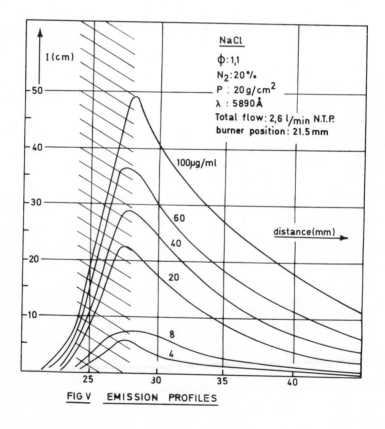

NaCl

ϕ:1,1
N$_2$:20%
P: 20g/cm^2
λ: 5890Å
Total flow: 2,6 l/min N.T.P.
burner position: 21.5mm

I (cm)

100µg/ml
60
40
20
8
4

distance(mm)

FIG V   EMISSION PROFILES

30

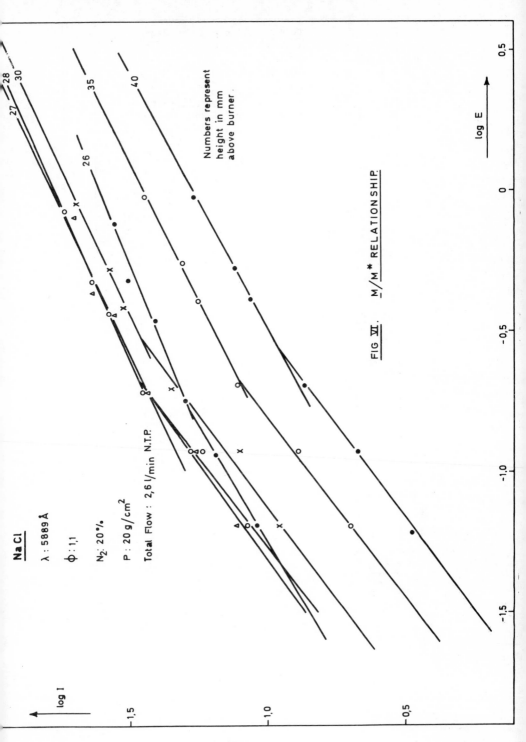

NaCl

λ : 5889 Å

φ : 1,1

N_2 : 20°/o

P : 20 g/cm²

Total Flow : 2,6 l/min N.T.P.

Numbers represent height in mm above burner.

FIG VI. $\underline{M/M}^*$ RELATIONSHIP.

log I

log E

31

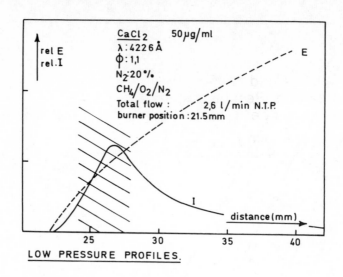

LOW PRESSURE PROFILES.

ATMOSPHERIC PRESSURE PROFILES.

ATMOSPHERIC PRESSURE PROFILES.

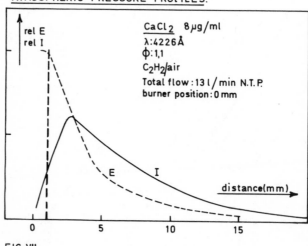

FIG VII

2

Die Korrelations- und Homologie-Erscheinungen der Resonanzlinien der Alkalielemente bei der Flammenanregung

A. LAVRIN und M. MATHERNY

Lehrstuhl für Analytische Chemie der Hüttenmännischen Fakultät der Technischen Hochschule, Košice, Č.S.S.R.

RESUME

La corrélation, la régression et l'homologie des doublets de lignes de résonance des éléments alcalins ont fait l'objet de recherches dans trois genres différents de flamme. Simultanément, la combinaison des lignes de résonance d'éléments alcalins séparés a été étudiée. On a utilisé tout d'abord une flamme laminaire d'air comprimé et d'ac tylène , plus deux flammes turbulentes : l'une d'hydrogène + oxygène et l'autre d'acétylène + oxygène. Les trois flammes présentant des températures différentes , il est possible d'étudier par cette méthode l'influence de la température sur les paramètres d'évaluation.

SUMMARY

The correlation, regression and homology of alkalielements resonance lines doublets were investigated in three different kinds of flame. Simultaneously, the mutal combination of separate alkaline elements resonsnce lines was studied. At first, the laminar acetylene+ air flame was used and then two turbulent flames :

ZUSAMMENFASSUNG

Die Korrelation, Regression, sowie die Homologie der Doublette der Resonanzlinien von Alkalielementen, und

gleichzeitig die gegenseitigen Kombinationen der
einzelnen Resonanzlinien der Alkalielemente wurden
in drei unterschiedlichen Flammenarten untersucht.
Es wurde erstens mit einer laminaren Azetylen+Press-
luft-Flamme gearbeitet, weiter wurden zwei turbulente
Flammen untersucht; u. zw. die Wasserstoff+Sauerstoff-
Flamme und die Azetylen+Sauerstoff-Flamme. Da diese
Flammen unterschiedliche Temperaturen besitzen, wurde
es möglich auch den Temperatureinfluss auf die Wer-
tungsparameter zu studieren.
hydrogen+oxygen one and acetylene+oxygen one. Since the
the three flammes have different temperatures it is
possible in this way to study the influence of temperature on the evaluation parameters.

Einleitung

Die Intensitäten der Spektrallinien sind infolge der un-
ausschaltbaren Konzentrations- und Temperaturschwankungen bei
der Anregung statistischer Natur. Dadurch ist auch das Inten-
sitätsverhältnis zweier Spektrallinien, gleichzeitig auch der
Logarithmus des Intensitätsverhältnisses - der ΔY-Wert - ein
durch zwei Variablen bedingter Wert. Deshalb ist für die Be-
wertung des Anregungsvorganges die Anwendung der Statistik,
ergänzt durch passende Testprüfungen, berechtigt und notwendig.

Theoretischer Teil

Für die Festlegung der Korrelation und der weiteren statistischen Parameter der analytischen Linienpaare kann man das von Strasheim, Keddy und Holdt [1, 2] ausgearbeitete Streudiagramm-verfahren anwenden. Weiter ermöglichen einige Parameter der Kalibrationsgeraden und der Spektrallinien laut Plško [3] die Prüfung der Spektrallinienhomologie. Diese muss doch den statistischen Charakter der verglichen Werte berücksichtigen, und darum ist es notwendig eine statistische Testprüfungsserie durchzuführen [4]. Da die Berechnung der Parameter der Streu-elypsen [5], die Ermittlung weiterer nötiger Grössen, - die Richtungstangenten der Kalibrationsgeraden [6] -, und letztlich die endgültige statistische Vergleichsprüfung der zuständigen Werte, eine sehr zeitraubende und komplizierte Operationsreihe darstellt, wurde diese durch eine von vornherein festgelegte Rechenprozedur durchgeführt [7].

Zunächst berechnet man von einem Matrix aus den ΔY- und $\log C_x$ -Werten die Parameter der Kalibrationsgeraden [6]. Von diesen Teilergebnissen wurden die Werte der Richtungstangenten - B - und die zugehörigen Standardabweichungen - s_B - ange-wendet. Die endgültige komplette Auswertung der Homologie durch die Streudiagramme verwendet weiter die Anregungsspannungen - E - der Spektrallinien, und einen weiteren, auf experimentellem Weg gewonnenen Matrix von Y_x- und Y_r-Werte [4, 7].

Eine vorläufige Beurteilung der Homologievoraussage bietet schon die Verfolgung der Abhängigkeit der Werte von Richtungs-tangenten von den Werten der Anregungsspannungen der angewand-ten Spektrallinien. Laut Plško's Vorschlag [3] ist die ideale Homologiebedingung durch die Gleichung (1) definiert.

$$w_T = w_C = w_{orth} \tag{1}$$

Der Koeffizient w_T stellt das Verhältnis der Richtungstangenten der Kalibrationsgeraden, und der Koeffizient w_C das Verhältnis der Anregungsspannungen der Verglichenen Spektrallinien dar. w_{orth} ist der orthogonale Regressionskoeffizient, der bei der Festlegung der Streuelypsenparameter ermittelt wird. Durch Einsetzen der angeführten Werte in die Gleichung (1) und durch Vernachlässigung des dritten Gliedes w_{orth} , bekommt man eine neue Gleichung,

$$\frac{E_x}{E_r} = \frac{B_x}{B_r} \tag{2}$$

und durch eine weitere Modifizierung die endgültigen Form.

$$B_x = \frac{B_r}{E_r} \cdot E_x \tag{3a}$$

$$B_x = \text{Konst.} \cdot E_x \tag{3b}$$

Die Gleichung (3b) ist aber eine Gleichung der Geraden die das Origo des Koordinatensystems schneidet. Das aber bedeutet, dass die Werte der homologen Linien, im Rahmen der Messfehler, an solchen Geraden liegen müssen.

Weiter ist noch zu erwähnen, dass die Bedingung der ausreichenden Homologie von Plško [3] durch die Ungleichheiten (4) definiert wrde.

$$w_T > w_{orth} > w_C \qquad \text{oder} \tag{4a}$$

$$w_T < w_{orth} < w_C \tag{4b}$$

Dass bedeutet aber, dass ausreichende Homologiebedingungen nur im Falle der Ungleichheit der Werte $w_T \neq w_C$ zu suchen sind. Die Linienpaare die keine Homologie aufweisen, wurden durch die folgende Ungleichheit definiert.

36

$$w_{orth} > \left(w_T , w_C \right) \qquad \text{oder} \qquad (5a)$$

$$w_{orth} < \left(w_T , w_C \right) \qquad (5b)$$

Das heist, der orthogonale Regressionskoeffizient liegt bei diesen Linienpaaren auserhalb der Spannweite der $-w_T-$ und $-w_C-$ Koeffiziente.

Experimenteller Teil

Die experimentellen Untersuchungen wurden an einem Glas-Litrow grosdispersions Autokolimationsspektrograph KSA-1 durchgeführt, um die Resonanzdoubletten der Na, K, Rb und Cs vollkommen aufzuspalten. Die Versuchsbedingungen befinden sich in Tabelle 1. Die Parameter der verwendeten Spektrallinien laut Literaturangaben [8, 9] sind in Tabelle 2 zusammengefasst. Für die laminare Azetylen+Pressluft-Flamme wurde eine Zeiss'sche Nebelkammer und ein ~~Mackerb~~renner verwendet ; für die turbulenten Wasserstoff+ Sauerstoff- und Azetylen+Sauerstoff-Flammen wurde ein Direckt-zerstäuber, der Beckmanbrenner / Atomiser / verwendet.

Die Temperatur der laminaren Flamme betrug 1700 ± 150 K, und die Temperatur der turbulenten Wasserstoff+Sauerstoff-Flamme 2900 ± 100 K, und der Azetylen+Sauerstoff-Flamme 3400 ± 200 K , was in guter Übereinstimmung mit der Literaturangaben [10] ist.

Diskussion

Die Diskussion der experimentell und rechnerisch gewonnenen Grössen wird in der folgenden Reihenfolge durchgeführt : erstens werden die Homologievoraussagen diskutiert, weiter die Korrelationserscheinungen und letztens die erreichte Linienhomologie.

Die Homologievoraussage. Die Voraussage für die Linienhomologie
für die drei angewendeten Flammen erlauben zu untersuchen wie
weit die Flammentemperatur diese Werte beeinflussen kann.

Für die Azetylen+Pressluft-Flamme (Abb. 1) erfüllen die
Bedingung der idealen Voraussetzung der Homologie völlig ausreichend die Linienkombinationen der Na-, K- und Cs-Doublette,
die Rb-Linien aber nur annähernd. Ebenfalls die Kombinationen
der beiden Na-Linien mit der Li-Linie, die Kombinationen der
Rb 794,8 Linie mit der Li-Linie, sowie die Kombinationen der K-
Linien mit der Rb 780,0 Linie, erfüllen im Rahmen der Messfehler
nur annähernd die Gleichung (3b). Alle anderen Linienkombinationen haben deutlich mässigere Chancen für die Homologie und
eine annehmbare Korrelation in der Azetylen+Pressluft-Flamme.

Im Gegensatz zu der Azetylen+Pressluft-Flammenanregung, ist
die Anregung in der Wasserstoff+Sauerstoff-Flamme durch wesentlich unterschiedliche und günstigere Eigenschaften gekenn-
zeichnet (Abb. 2). Die Funktionsabhängigkeit zwischen den Richtungstangenten der Kalibrationsgeraden und der Anregungsspannungen der angewandten Spektrallinien zeigt, dass mit Ausnahme von
Lithium, alle Werte der Spektrallinien die durch die Gleichung
(3b) definierte Voraussetzung, erfüllen. Fast alle Punkte liegen
dicht an einer einzigen Geraden, was die Voraussetzung erlaubt,
dass die gegenseitigen Kombinationen von allen Elementen hohe
Korrelationen und auf jeden Fall mindesten ausreichende Homologiebedingungen aufweisen werden.

Der Einsatz der Azetylen+Sauerstoff-Flamme hat die Lage nur
verschlechtert. Erstens wurden die Werte der Richtungstangenten
der Kalibrationsgeraden von allen Elementen im Vergleich zu an-

deren verglichenen Anregungsarten prägnant gesenkt, was auch
auf intensivere Selbstabsorbtionsprozesse im Plasmamantel schlie-
ssen läst. Im Diagramm $\left(\text{Abb. } 3\right)$ der Abhängigkeit der B_x-Werte
von den Werten der Anregungsspannungen - E - sind die Punkte
schon viel mehr verstreut. Eine echte Korrelation und zumindest
annehmbare Linienhomologie kann man nur bei Na- und K-Doubletten,
sowie zwischen den Kaliumlinien und der Rb 780,0 Linie erwarten. Also, die Homologie bei der Steigerung der Plasmatemperatur von 1700 K bis ca 3400 K zeigt ein Maxiumum bei ca
2900 K .

Die Korrelationserscheinungen. Als erstes Resultat muss man die
Werte der Korrelationskoeffiziente der vier verglichenen Alkali-
elemente-Doublette hervorheben. Die Abhängigkeit der Korrelationskoeffiziente von der Ionisationsspannung $\left(\text{Abb. } 4\right)$ für die
drei angewandten Anregungsarten, hat deutlich gezeigt, dass die
Werte der Korrelationskoeffiziente sich nicht nur in einer Abhängigkeit von den Anregungsspannung befinden, sondern auch von
der Anregungsart abhängig sind. Die Werte der Korrelationskoeffiziente verbessern sich für die Anregung in Azetylen+Pressluft-
uns Wasserstoff+Sauerstoff-Flammen sukzessiv von Cäsium bis Natrium. Dagegen die Korrelation für die Anregung in der Azetylen+
Sauerstoff-Flamme zeigt ein deutliches Maximum für das Rubidium-
Doublet wonach sie weiter sinkt. Für das Na-Doublet ist der Wert
des Korrelationskoeffizienten der niedrigste von allen untersuch-
ten Doubletten und Anregungsarten. Doch sind die diskutierten
Werte noch nicht signifikant gleich Null, was gleichzeitig bedeutet, dass auch in den ungünstigsten Fällen noch die stochastische Funktionsabhängigkeit besteht.

Die Abhängigkeit der Korrelationskoeffiziente von der An-

regungsspannung für die Kombinationen der Na-, K-, Rb- und Cs-
Linien mit der Lithiumlinie als Bezugslinie zeigen (Abb. 5),
dass die günstigsten Werte bei der Anregung in der turbulenten
Wasserstoff+Sauerstoff-Flamme erreicht wurden. Der Verlauf der
Abhängigkeit der Korrelationskoeffiziente von der Anregungsspannung
für die Azetylen+Pressluft-Flamme zeigt eine sukzessive Verbesse-
rung der Korrelation von Cäsium bis Natrium, aber die Werte für
die Cs/Li-Linienpaare befinden sich schon unter der Grenze der
Übereinstimmung der Korrelationskoeffizienten mit Null. Bei der
Anregung in der Azetylen+Sauerstoff-Flamme wurden die ungünstigsten Bedingungen gefunden. Nicht nur die Cs/Li-Linienkombinationen
sondern auch eine K/Li- und die beiden Na/Li-Linienkombinationen
haben die signifikante Übereinstimmung der r-Werte mit Null erreicht, was schon eine stochastische Abhängigkeit in Frage stellt.

Im allgemeinen kann festgestellt werden, dass bei Anregung
der Alkalielemente in der Azetylen+Presslufft-Flamme die Werte
der Korrelationskoeffiziente der gegenseitigen Kombinationen der
Alkalielemente nur den Grenzwert von 0,85 erreicht haben, und
in einigen Fällen wurde die signifikante Übereinstimmung der
r-Werte mit Null bestätigt. Dagegen bei der Anregung in der Wasser-
stoff+Sauerstoff-Flamme wurden die Werte der Korrelationskoeffiziente oberhalb des Grenzwertes von 0,85 erhalten. Im Durch-
schnitt schwanken diese Werte zwischen 0,90 und 0,99, was
auf eine ausgezeichnete Korrelation deuten dürfte. Schliesslich
bei den gegenseitigen Kombinationen der Resonanzlinien der Alkali
elemente bei Anregung durch die Azetylen+Sauerstoff-Flamme wurden
die ungünstigsten Korrelationen erreicht. Nur die Korrelation
zwischen den letzten drei Alkalielementen K, Rb, Cs kann als
ausreichend angenommen werden, da der r-Wert zwischen den Werten

von 0,70 bis 0,90 liegt.

<u>Die Linienhomologie</u>. Die Verfolgung der Parameter der Streudia-
gramme für die Anregung in der Azetylen+Pressluft-Flamme hat für
die Na/Li-Linienkombinationen eine ausreichende Homologie bestätigt, aber für die weiteren Kombinationen der Alkalielementenli- *(Abb. 6)*
nien mit der Lithiumlinie wurden meistens nichtausreichende Bedingungen festgestellt [11] . Dagegen die Homologie der Kombinationen der letzten drei Glieder der Alkalielementengruppe (K, Rb, Cs)
lieferten schon viel annehmbare Werte [12] . Der orthogonale Regressionskoeffizient erreichte entweder die Gleichheit mit den
Koeffizienten - w_T - und - w_C - , oder in den Fällen wo
$w_T \neq W_C$ war, kam dieser in die Spannweite zwischen die - w_T -
und - w_C - Werte. Die Lage ist hauptsächlich dadurch kompli- *(Abb. 7)*
ziert, dass die statistischen Prüfungen bestätigt haben, dass
in den meisten Fällen zwischen den - w_T - und - w_C - Koeffizienten keine Gleichheit nicht einmal für die 95 %-ige statistische Sicherheit erreicht wurde.

   Bei Anregung in der Wasserstoff+Sauerstoff-Flamme hat die
statistische Prüfung der Homologie die Voraussagen bestätigt.
In der überwiegenden Mehrheit der Fälle wurde nicht nur die ausreichende aber auch die ideale Homologiebedingung festgestellt.

   Bei Anregung in der Azetylen+Sauerstoff-Flamme wurde keine
ideale Hmologiebedingung festgestellt. Nur die Kombinationen der
Na-Linien mit der Lithiumlinie, und einige K/Rb- und Rb/Cs-Li-
nienpaare haben die ausreichende Homologiebedingung erreicht.
Die Testprüfungen haben etweder die Gültigkeit der Gleichung (4)
oder aber der Ungleichheiten (5) bestätigt. Dass erlaubt zu Kon-
statieren dass diese Anregungsart eine allgemeine Verschlechte-

rung der Linienhomologie bei den Resonanzlinien der Alkalielemente verursacht.

Schlussfolgerungen

Als Schlussfolgerung ist noch zu erwähnen, dass die oben diskutierten Werte durch folgende Plasmaparameter beeinflusst und auch bestimmt sind ; es sind dies neben Plasmatemperatur und Elektronendruck auch die Temperatur- und Konzentrationsschwankungen, die in einer noch nicht genau festgelegten Abhängigkeit mit den - w_T - und - w_C - Koeffizienten stehen.

Bei der laminaren Azetylen+Pressluft-Flamme ermöglicht die relativ niedrige Flammentemperatur bereits die Lichtemission der Resonanzlinien der Alkalielemente, aber durch die mannigfaltigen Reaktionen zwischen dem Brenngas und Sauerstoff, Brennprodukten und den anderen im Plasma anwesenden Teilchen, erhöhen sich die Temperaturschwankungen im Vergleich zu den Temperaturschwankungen der Wasserstoff+Sauerstoff-Flamme. Diese Schwankungen beeinflussen dann ganz individuell die Linienintensitäten und deren Fluktuatione Nachträglich können auch die Difussionsprozesse in der laminaren Flamme die Konzentrationsschwankungen vergrössern. Bei der Wasserstoff+Sauerstoff-Flamme ist die Bildung von freien Radikalen geringer als bei Flammen die Azetylen enthalten, und hauptsächlich sind siese viel einfacher. Dadurch kann man eine Verminderung der Temperatur- und Konzentrationsschwankungen erwarten.

Die turbulente Azetylen+Sauerstoff-Flamme hat für die Anregung der Alkalielemente noch weitere Nachteile. Durch die Turbulente Strömung erhöht sich die lokale Inhomogenität des Plasma, und dadurch erhöhen sich die Konzentrationsschwankungen. Weiter

verursacht diese Anregungsart bei den Alkalielementen eine Erhö-
hung der Selbstabsorbtion, was durch die Senkung der B-Werte zum
Ausdruck kam, und teilweise bei Rb und Cs durch die relativ höhe:
Plasmatemperatur auch eine Steigerung der Ionisation. Diese nega-
tiven Faktoren summieren sich, und schliesslich verursachen sie
eine ungünstige spektrochemische Anregung.

Die ausführliche Untersuchung des Benehmens der Resonanzlinien der Alkalielemente bei der Anregung in drei Flammen mit
unterschiedlicher Temperatur erlaubt folgende Endurteile zu for-
mulieren. Die Azetylen+Pressluft-Flamme liefert für die Alkalielemente annehmbare Anregungsbedingungen, aber die Anwendung der
Bezugslinienmethode ist einerseits nur für die Na/Li-Linienkombi-
nation, und anderseits nur für die gegenseitige Kombination der
K, Rb und Cs Linien berechtigt. Die Wasserstoff+Sauerstoff-Flamm
dagegen ist fast in gleichem Masse günstig für alle Alkalielemen
und die Bezugslinienmethode verbessert meistens die relative Prä
zision der Konzentrationsbestimmung. Die Anregung in der Azetyle
Sauerstoff-Flamme verschlechtert die Situation ganz bedeutend.
Die Anwendung der Bezugslinienmethode verbessert die relative
Präzision schon überhaupt nicht, in einigen Fällen wird sie dadurch sogar signifikant verschlechtert.

Literatur

1   Strasheim A., Keddy R. J., Appl. Spectrosc. _12_, 29 1958

2   Holdt G., Strasheim A., Appl. Spectrosc. _14_, 64 1960

3   Plško E., Collection Czech.Chem. Commun., _30_, 1246 1965

4   Matherny M., Chem. Zvesti _24_, 112 1970

5   Lavrin A., Matherny M., Rechenprogramm SD-LM-69. Vorgetragen
     auf der 9. Sitzung des Arbeitskreises für Atomspektrochemie
     der Tschechoslowakischen Spektroskopischen Gesellschaft in
     Praha am 17. 6. 1969.

6   Lavrin A., Matherny M., Rechenprogramm AF-LM-69. Vorgetragen
     auf der 7. Sitzung des Arbeitskreises für Atomspektrochemie
     der Tschechoslowakischen Spektroskopischen Gesellschaft in
     Bratislava am 13. 3. 1969.

7   Lavrin A., Matherny M., Rechenprogramm SD-LM-71. Unveröffent-
     lichte Angaben.

8   Saidel A. N., Prokofjew W. K., Raiski S. M., Spektraltabellen.
     VEB Verlag Technik, Berlin 1961

9   Meggers W. F., Corliss Ch. H., Scribner B. F., Tables of Spectr
     Line Intensities, NBS Monograph 32 — Part I, Washington 1961

10   Mavrodineanu R., Spectrochim. Acta $\underline{17}$, 1042 1961

11   (Lavrin A., Matherny M., Filo O,), Mikrochim. Acta $\underline{1967}$, 801

12   Lavrin A., Matherny M., Proceedings XIV. Coll. Spectrosc.
     Internat., Debrecen, $\underline{D2}$, 1135 1967

Tabelle 1   Allgemeine, optische und Anregungsbedingungen

Spektrograph	Autokolimationsspektrograph KSA-1 mit Glasoptik
Spektralbereich	von 580 nm bis 900 nm
Abbildungsart	dreilinsige mit Zwischenabbildung
Abbildungsblende Öffnung	5 mm
Spaltbreite	0,04 mm
Emulsionen	ORWO-Wolfen
für die Na-Linien	Rot-Extrahart, WR-1
für die Li, K und Rb-Linien	I-750
für die Cs-Linien	I-950

Entwickler	ORWO, Final-Feinkorn, F-43

Entwickler   ORWO, Final-Feinkorn, F-43
10 Min. bei 20°C

Laminare Flamme ·   Azetylen*Pressluft in Verbindung mit
dem Mäcker-Brenner und Nebelkammer

    Azetylen Druck   40 mm $H_2$0-Säule

    Pressluft Druck   0,41 kp.cm^{-1}

Turbulente Flamme - I   Wasserstoff+Sauerstoff in Verbindung mit
dem Beckman-Brenner, Typ 603

    Wasserstoff Druck   0,17 kp.cm^{-1}

    Sauerstoff Druck   1,2 kp.cm^{-1}

Turbulente Flamme - II   Azetylen+Sauerstoff in Verbindunge mit
dem Berckmann-Brenner, Typ 4020

    Azetylen Druck   30 mm $H_2$0-Säule

    Sauerstoff Druck   0,45 kp.cm^{-1}

Verwendete Lösungen   Wässrige Lösungen von Li-, Na-, K-, Rb-
und Cs-Chlorigen

Konzentrationsspannen   für Li- und Na von 0,005 mg.ml^{-1} bis 3 mg.ml^{-1}
für K- und Rb von 0,05 mg.ml^{-1} bis 10 mg.ml^{-1}
für Cs von 0,5 mg.ml^{-1} bis 20 mg.ml^{-1}

Tabelle 2   Angewendete Spektrallinien und deren Parameter

Element	Wellenlänge [nm]	Intensität in Cu-Bogen	Ionisations-spannung [eV]	Anregungs-spannung [eV]
Li	670,8	3600	5,39	1,84
Na	589,6	1000	5,14	2,10
Na	589,0	2000	5,14	2,11
K	769,9	900	4,34	1,61
K	766,5	1800	4,34	1,62
Rb	794,8	1500	4,18	1,56
Rb	780,0	3000	4,18	1,59
Cs	894,4	800	3,89	1,39
Cs	852,1	1500	3,89	1,46

1 Li 670,8 2 Na 589,6 4 K 769,9 6 Rb 794,8 8 Cs 894,4
3 Na 589,0 5 K 766,5 7 Rb 780,0 9 Cs 852,1

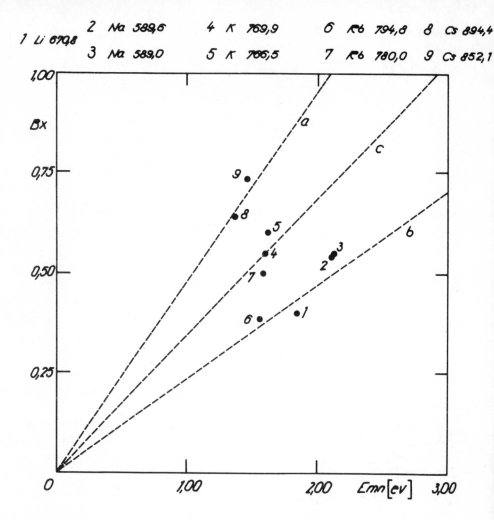

Abb. 1 Abhängigkeit der Richtungstangenten von den Anregungsspannungen für die Anregung in der Azetylen+Pressluft-
Flamme.

a, b, c, sind die Geraden an welchen sich diejenigen
Spektralinien befinden, die die Homologievoraussetzung
erfüllen.

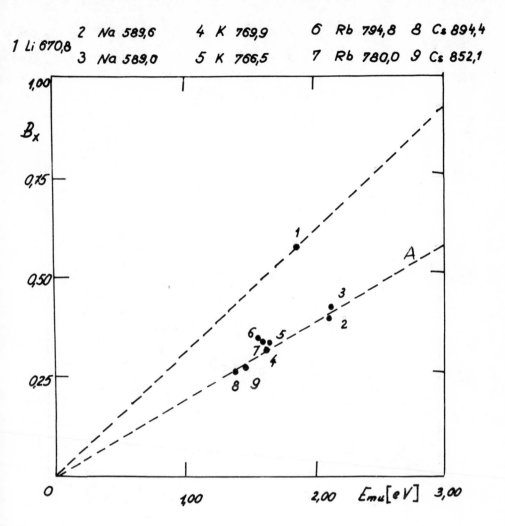

1 Li 670,8 2 Na 589,6 4 K 769,9 6 Rb 794,8 8 Cs 894,4
3 Na 589,0 5 K 766,5 7 Rb 780,0 9 Cs 852,1

Abb. 2   Abhängigkeit der Richtungstangenten von den Anregungs-
           spannungen für die Anregung in der Wasserstoff+Sauer-
           stoff-Flamme.
           a, ist die Gerade an welchen diejenigen Spektralinien liegen
           die die Homologievoraussetzung erfüllen.

47

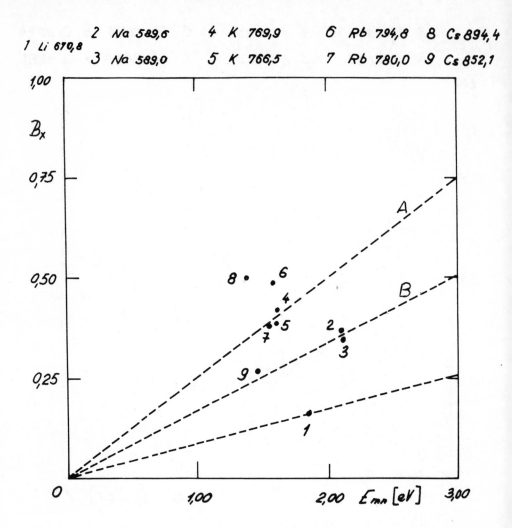

Abb. 3   Abhängigkeit der Richtungstangenten von den Anregungsspannungen für die Anregung in der Azetylen+Sauerstoff-
Flamme.

a, b, sind die Geraden an welchen sich diejenigen Spektrallinien befinden, die die Homologievoraussetzung erfüllen.

48

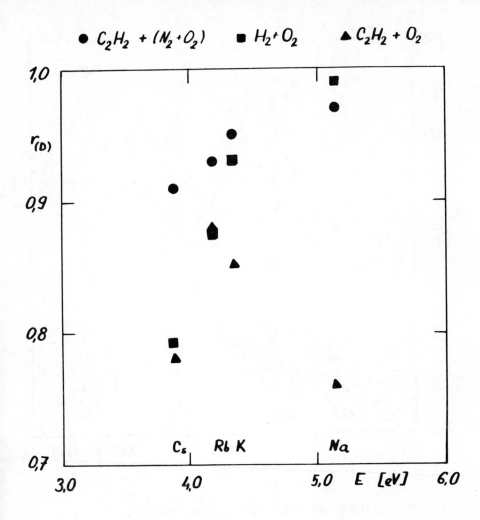

Abb. 4   Abhängigkeit der Korrelationskoeffiziente von der
Ionisationsspannung der Elemente.
r_D , ist der Wert des Korrelationskoeffizienten der
Alkalielemente.

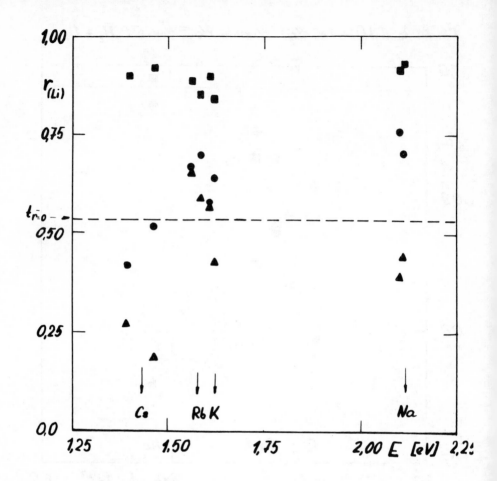

Abb. 5   Abhängigkeit der Korrelationskoeffiziente von der
Anregungsspannung der analytischen Linien.
r_{Li} , ist der Wert des Korelationskoeffizienten der
einzelnen analytischen Linien im Vergleich zu der
Li 670,8 Linie

$r = 0.58;$ $r \neq 0;$ $W_T < W_{orth};$ $W_c < W_{orth};$ $W_T \neq 1$

$$W_r = W_x \ ; \ (W_r, W_x) < 1$$

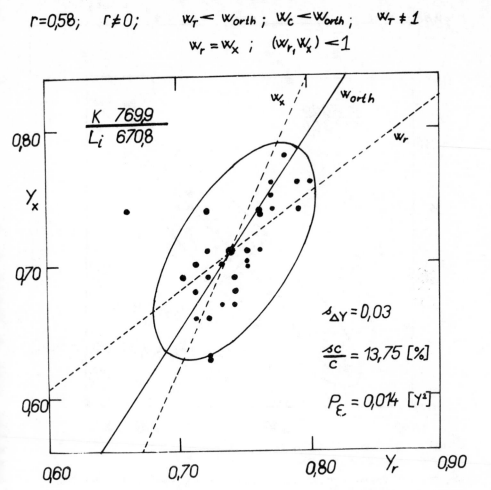

Abb. 6   Streudiagramm des K 769,9 / Li 670,0 Linienpaars.

$r = 0,88 ; \quad r \neq 0 ; \quad w_T \geq w_{orth} > w_C ; \quad w_x = w_Y ; \quad w_r = 1 ; \quad \sim$

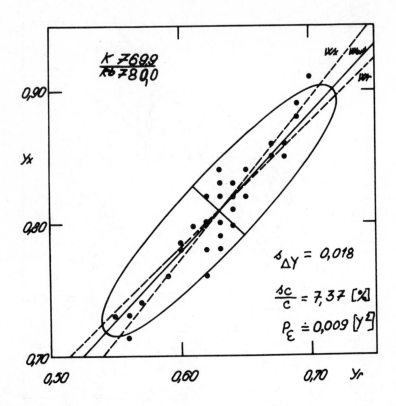

Abb. 7   Streudiagramm des K 769,9 / Rb 780,0 Linienpaars.

        $s_{\Delta Y}$ Standardabweichung der ΔY-Werte

        s_C/C relative Präzision der Konzentrationsbestimmung

        P_E Fläche der Streuelypse

        r   Korrelationskoeffizient

        w_x Regressionskoeffizient der Y_x-Werte

        w_r Regressionskoeffizient der Y_r-Werte

        $w_T = B_x/B_r$; $w_C = E_x/E_r$

        w_{orth} orthogonaler Regressionskoeffizient

3

A Study of a 2 kW, 50 MHz Induction Coupled Plasma

A. G. J. M. BORMS, G. R. KORNBLUM, and L. DE GALAN

Laboratorium voor Instrumentele Analyse, Technische Hogeschool Delft, Netherlands

Sommaire.

On a étudié un chalumeau a plasma (2 kW, 50 MHz), notablement la simplicité d'opération, le stabilité du plasma et l'optimization des intensités. En comparaison de flamme le plasma est plus cher et moins simple mais offre une bonne sensibilité et peu d'interférences.

Summary.

The operating parameters of a 2 kW, 50 MHz induction coupled plasma have been studied with emphasis on simplicity of operation, plasma stability and signal size. In comparison with a flame the plasma is more expensive and less simple, but shows few interferences and good sensitivity.

Zusammenfassung.

Versuche mit einem induktiven Plasma-Brenner (2 kW, 50 MHz) haben gezeigt dass im Vergleich mit einer Flamme das Plasma ist teuerer und schwieriger abzuregeln, aber es bietet gute Nachweiszgrenzen und weniger Interferenzen.

1. Design.

Over the past ten years the induction heated plasma has attracted attention as a source of excitation that might combine the versatility and the sensitivity of an arc discharge with the stability of a flame (1-5 and the references cited therein). Since the price of the (few) commercially available instruments exceeded our budget, the present

study was carried out with self-assembled equipment, the main features
of which are listed in table 1. The design has been directed towards
three points of interest: simplicity of operation, plasma stability and
optimum signals. The following parameters were either explicitly studied
or accidentally found to be important.

a. Plasma tubes.

The position of the three concentric silica tubes (2) is extremely
important. If the outer tube extends appreciably beyond the induction
coil, the plasma burns more stable, but the tube darkens rapidly and
the line intensities observed through the tube deteriorate. Therefore,
we prefer the open tube arrangement. The tube is cooled with argon.
Although Wendt and Fassel (2) favour axial introduction to obtain a
laminar flow of cooling argon, we found this to be very sensitive to
sample introduction. Hence, we prefer a vortex stabilization of the
plasma by introducing the argon tangentially. In our arrangement no
argon is needed between the two inner tubes.

Fig. 1 illustrates the influence of the position of the central
tube through which the sample is introduced. The top trace is the signal
for 100 ppm Cu with arbitrary position of the central tube. The more or
less regular variation corresponds to a periodic transition of the plasma
between a cone shape and a ring shape. If all tubes are carefully centered
and the two inner tubes are raised as close to the induction coil as
possible without overheating, the plasma becomes continuously ring-shaped
and the signal is increased twenty times. This ring shape is only
observed, however, when the flow rate of the solution carrying argon
exceeds a minimum value of 1 l/min. The optimum flow rate is 1.3 l/min.
and at still higher flow rates the sample is only transported more
rapidly so that the line intensities decrease again.

Table 1 - Equipment.

RF generator	- Philips, maximum power 3 kW, automatic power stabilization by 2 MHz frequency variation around a nominal frequency of 50 MHz.
Induction coil	- 2 turn water-cooled copper tube; coil diameter 23 mm.

```
Plasma tubes      - outer tube o.d. 21 i.d. 18;
   (mm)              inner tube o.d. 16.6 i.d. 13.2;
                     central tube o.d. 8.7 drawn to tip of 1 mm i.d.

Argon flow rates - cooling  gas 24
   (1/min)          plasma gas 0
                    sample introduction 1.3

Sample introduction - ultrasonic nebulizer (LKB, 2 MHz) or pneumatic
                      aspiration; solution flow rate up to 1 ml/min;
                      droplet desolvation; effective yield into the
                      plasma about 50%.

Optics            - Jarrell Ash 0.5 m scanning monochromator (16 A/mm),
                    50 μm slits, allowing observation of axial and radial
                    distribution of emission (present study) and absorption.
Detection         - Lock in amplifier (400 Hz).
```

b. Sample introduction.

Since pneumatic aspirators operating on low flow rates are difficult
to construct, previous studies have advocated the use of ultrasonic
nebulization (1-4). We have used the design of Kirsten and Bertilsson
(6), where the sample solution is forced through a capillary to flow
over the ultrasonic crystal. Motor driven syringes are impractical
with respect to sample interchange and the peristaltic pump available
to us showed noticeable backflow and a large dead volume. Therefore, we
used air pressure to force the sample solution from a small beaker
placed inside an airtight box through the capillary (i.d. 0.2 mm).
Samples are interchanged within a few seconds. The nebulized solution is
desolvated by successive heating (using·SnO_2 coated glass, maximum
temperature 300°C) and cooling. For solution flow rates up to 1 ml/min
the water content of the sample flow is reduced to the level determined
by the vapour pressure of water. This could be concluded from the constant
intensity of the OH band with and without sample aspiration.

   As is clear from fig. 1, however, the low frequency noise of the
signal is large. Since this is observed for sample signals only, whereas
the argon lines are quite stable, this must be attributed to the ultrasonic nebulization. It seems that the solution builds up on the crystal
surface and is removed in irregular bursts.

Indeed, with pneumatic aspiration the low frequency noise is absent. We used the nebulizer described by Veillon and Margoshes (7), which operates on 3 1/min. argon and split the argon stream to permit only half of this to enter the plasma. Consequently, the signal is reduced by a factor of two in comparison with ultrasonic nebulization (fig. 1).

c. RF-power.

The influence of the RF-power is shown in fig. 2. This is the nominal power of which about 30% is released in the plasma. The plasma is ignited at a maximum power of 3 kW, but the operating power must be lower than 2 kW to prevent overheating of the tubes. Underneath 1.3 kW the plasma is difficult to maintain, so that we selected 1.6 kW for stable operation. The plasma can then be maintained for hours. The different behaviour of various spectral lines in fig. 2 can probably be interpreted in terms of particle distribution, excitation and ionization energies etc. but at present we have not yet accumulated sufficient information for a theoretical explanation.

d. Height of observation.

Fig. 3 shows the axial variation of intensities observed through the center of the tube. As expected the continuum background intensity decreases very rapidly with increasing distance from the induction coil. All line intensities show a maximum just outside the outer silica tube. The dip in all curves is due to absorption of the tube wall. Obviously, the extension of the outer tube beyond the induction coil should be reduced. Preliminary attempts in this direction failed, because the plasma short-circuited to the induction coil.

2. Results.

To date the equipment has been tested for some ten elements (Al, B, Ba, Be, Bi, Ca, Cu, Mg, Mn, Sc). Except for boron, where capricious results were obtained due to the boron content of the glass walls, good linearity of the analytical curves was observed over at least three decades (on a linear scale!).

The limits of detection vary between 0.01 and 1 ppm. These values are not as low as those reported by Dickinson and Fassel (4), because our sample introduction system is not completely optimized yet. Notably the design of the aspiration chamber can be improved.

Conflicting statements have been made in the literature about interferences experienced with the induction coupled plasma. Some authors (2,3,4) optimistically report virtual absence of interferences, whereas Veillon and Margoshes (5) observed severe and intriguing interferences for a 5 kW, 4.8 MHz plasma. Some results of the present study are shown in table 2. The first three columns demonstrate that typical flame interferences (Ca/Al, Al/PO_4, Ca/PO_4) are absent and there is no evidence of ionization interference (compare the results for sodium as interfering element). However, when a thousandfold excess of calcium is added all intensities are appreciably enhanced. This is largely a wavelength dependent spectral interference due to an increased continuum background intensity.

Table 2 - Interference study.

Element and line	limit of detection (ppm)	Intensity in the presence of 1000 ppm. Intensity of pure 1 ppm solution.				
		Al	Na	PO_4	Ca a)	Ca b)
Al 3961	0.05	-	0.87	1.07	4.4	2.1
Be 2420	0.1	1.10	0.93	1.10	2.0	0.8
CaI 4227	0.1	0.99	1.07	1.04	-	-
CaII 3934	0.01	0.98	1.09	1.03	-	-
Mg 2852	0.05	1.08	1.05	1.16	2.2	1.2
Sc 5082	0.1	1.00	1.02	1.03	14.7	1.3

a) raw data.
b) corrected for spectral interference due to increased background.

Surprisingly, this phenomenon occurs only with calcium. Of course, this interference is easily corrected by scanning the spectral line of interest, but even then some enhancement remains, especially for aluminum. Consequently, we feel that it is too early to make definite claims at the moment.

Comparing the RF-plasma with flame excitation, we conclude that
(i) the presently available equipment for the RF-plasma is bulky and
   five to ten times more expensive;
(ii) the RF-plasma is not (yet) as stable and as simple to operate as
   a flame, although it is safer;
(iii) limits of detection and linearity of analytical curves are
   generally comparable, although the RF-plasma may turn out to be
   preferable for refractory elements (6);
(iv) interferences are probably less in the RF-plasma.

References.

1. C.D. West, D.N. Hume, Anal. Chem. 36, 412 (1964).
2. R.H. Wendt, V.A. Fassel, Anal. Chem. 37, 920 (1965).
3. H.C. Hoare, R.A.Mostlyn Anal. Chem. 39, 1153 (1967).
4. G.W. Dickinson, V.A. Fassel, Anal. Chem. 41, 1021 (1969).
5. C. Veillon, M. Margoshes, Spectrochim. Acta 23B, 503 (1968).
6. W.J. Kirsten, G.O.B. Bertilsson, Anal. Chem. 38, 648 (1966).
7. C. Veillon, M. Margoshes, Spectrochim. Acta 23B, 553 (1968).

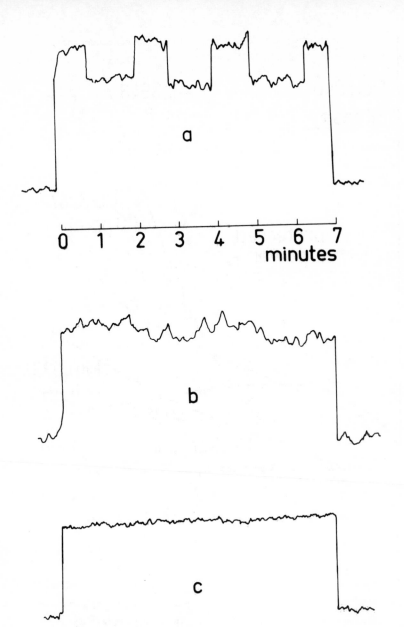

Fig. 1 - Stability of the plasma signal.

    a. 100 ppm Cu, arbitrary position of plasma tubes, ultrasonic
       nebulization.

    b. 5 ppm Cu, tube position optimized, ultrasonic nebulization.

    c. 10 ppm Cu, tube position as in b, pneumatic aspiration.

    (emission intensities are recorded on the same scale for Cu 3247 A).

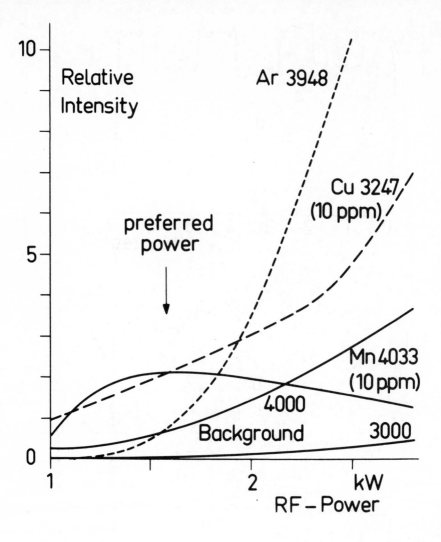

Fig. 2 - Plasma intensity as a function of RF power. Abscis values denote nominal power, of which 30% is released in the plasma. Ordinate scale is the same for all curves (monochromator slit width 50 μm). Wavelengths in ångström.

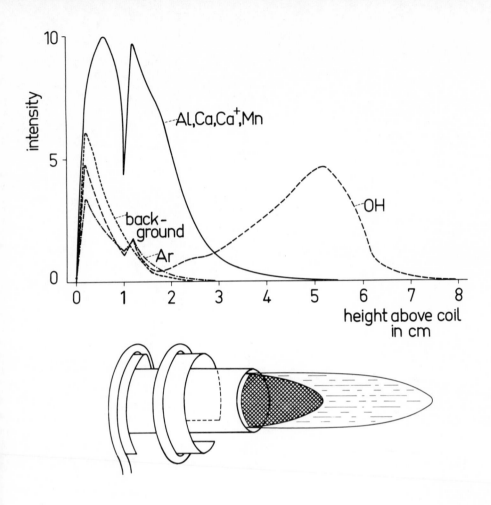

Fig. 3 - Plasma intensity as a function of the height of observation.
Ordinate scale is the same for all curves (monochromator slit
width 50 μm). Curves refer to background at 3000 A. OH band at
3064 A and the lines Ar 3948, Al 3961, Ca 4227, Ca^+ 3934, Mn 4030 A.

4

Some Problems concerning the Precision of the Flame Method of Analysis in Connection with the Peculiarity of Flames and Hollow-Cathode Lamps

L. D. DOLIDSE and V. I. LEBEDEV

V. I. Vernadsky Institute of Geochemistry and Analytical Chemistry, Academy of Sciences, Moscow, U.S.S.R.

Résumé

On a considéré le problème de l'influence de l'instabilité des flammes et des bruits provoqués par la lampe à cathode creuse sur la précision et la sensibilité de la méthode d'analyse par absorption atomique.

On a démontré que l'alimentation par le courant pulsé des lampes à cathode creuse augmente considérablement l'éclat du spectre émis et diminue le niveau des bruits de basse fréquence qui déterminent les erreurs du résultat.

On a étudié la distribution des niveaux des bruits de la flamme $C_2H_2-N_2O$ fonctionnant avec des régimes variés de combustion.

On a comparé l'apport des bruits du spectre optique des lampes à cathode creuse avec celui des flammes à l'imprécision générale de la méthode.

Summary

The problem of the influence of flame instability and of noises due to the hollow cathode lamp on the accuracy and sensitivity of the atomic absorption analysis method has been taken into consideration.

It has been demonstrated that a pulse-current supply of hollow cathode lamps increases considerably the brightness of the transmitted spectrum and decreases the level of low frequency noises which lead to result errors.

The distribution of noise levels of the $C_2H_2-N_2O$ operating with various combustion rates, has been studied.

The contribution of optical spectrum noises of hollow cathode lamps to the general inaccuracy of the method has been compared with that of flames.

Zusammenfassung

Es wird das Problem des Einflusses der Unstabilität der Flammen und der von der hohlen Kathoden lampe erzeugten Geräusche auf die Genauigkeit und die Empfindlichkeit der Analysen-Methode durch Atom-Absorption betrachtet.
Es wird gezeigt, daß die Zuführung des Impulsstroms zu der hohlen Kathoden lampe die Helligkeit des Emissionsspektrums erhöht und den Geräuschpegel geringer Frequenz vermindert, wodurch die Fehler des Ergebnisses bestimmt werden.
Es wird die Verteilung der Geräuschpegel der Flamme $C_2H_2-N_2O$, welche Verbrennungsvorgänge unterschiedlicher Art haben, untersucht.
Es wird ein Vergleich zwischen dem Geräuschbeitrag des optischen Spektrums der hohlen Kathoden-Lampen und dem der Flammen mit Bezug auf die generelle Ungenauigkeit der Methode angestellt.

Introduction

In a flame version of the atomic absorption technique in chemical analysis low frequency fluctuation, arising in different sections of the apparatus, are the main factors stipulating precision and sensitivity. Flames, with atomizing system, hollow cathode lamps and a registring device are the main sources of fluctuations ; the levels of the noise depends on the working conditions.

On the whole, all the blocks section in the apparatus are connected with each other and influence on the noise level arising in other blocks. For example, both the noise of the flame and of the hollow cathode lamps are registrated by a photomultiplier and registring device while the noise of the photomultiplier and thouse of the registring device depend upon the brightness of spectrum and weaken with the increase of light flux.

The nitrouse oxide -acetilene flame is being widly used now and is known to be a shining brightly flame with its own optical noise. This requires to use narrow slit of monochromator that results in decrease of the light flux. In this case as well as working with low intensity hollow cathode lamps, both the shrott-noise of photomultiplier and the noise of the registring device become main sources of errors in analyses. Therfore the increase in intensity of hollow cathode lamps becomes the main factor of analysis precision.

Having that in mind high intensity hollow cathode lamps by Walsh and Sullivan (1) are being widly used up to now in present practice. Change of electric supply of hollow cathode lamps with impulse current (2) results in increase of brightness of spectrum without considerable widening broadening of the lines. Some results of contribution of both the noises for both the nitrous oxide -acetilene flame and the noises of hollow cathode lamps (when applying different ways of their feeding) into the whole level of noises of the analytical signal are briefly stated in the present paper.

Dependence of brightness of spectrum of some hollow cathode lamps upon the ways of their electric supply and the change of light absorption at this time have been studied here. The levels of low frequency optical noises, arising under such conditions in hollow cathode lamps sa well as in nitrous oxide acetylene flames have been studied simultaneously.

Apparatus

A grating monochromator (600 lines/mm, the focal interval 250 mm, dispersion 16A/mm) has being used in the experiment. Some hollow cathode lamps made by the Construction Bureau "Tswetmetauftomatica", as well as by "Perkin-Elmer" and "Hilger and Watts" and "Nippon Jarrel Ash" have been studied. Feeding the hollow cathode lamps has been carried out by the source constructed according to the scheme similar to that discribed earlier (2). The value of the signal of the photomultiplier (FEU-18A) hase been registred by the oscillograph 10-4. The determination of the levels and the distribution of low frequency noises the signal on the way-out of photomultiplier has been recorded on the film of the loop oscilograph and the curve obtained have been interpreted as earlier (3). The record of the absolute intensity of lines (the current of photomultiplier) has been made out by a ballistic galvanometer or by electrometric amplifier from the "Specol" devise (DDR). The record of spectra has been carried by RSI-02. The measuring devices used have been graduated previously by the standard sourse of impulse current and the values obtained have been corrected when needed. In accordance with the experience the low frequency fluctuation of the hollow cathode lamps under the conditions of impulse current of feeding represent a curve surrounding the picks of intensity when the pulse frequency has been above 100 ^{c}/sec. Both the loop oscillograph used and other measuring devices have got capacity to average the current. For this aim the time constant of the device has been taken 5 times the period of the current. A slot burner 50 x 0,5 mm and the burner a round flat tip (7 opening 1,2 mm in diameter) have been used. Both zone of inner ruby coloured cone on the height of 12 mm above the tip of the burner and zone above the cones under surplus feeding nitrous oxide have been studied.

Results and discussion

For all hollow cathode lamps some increase in intensity of lines of the cathode material has been seen when changing direct current feeding for impulse one. The relative increase in intensity of spectrum line of the cathode lamps is more noticeable with small values of mean current and small values of steady current running through the lamp (fig.1). The intensity grows with the increase of

mean current and its steady constant under conditions of un-
changeable power of impulse current, but its relative growth
is much less when comparing whith one under condition of
feeding steady current of less value. The power of impulse
discharge running through the lamp is proportional to the intensity of spectrum of the cathode material.

   Some decrease in light absorbing takes place with
growth of brightness of spectrum : that is explained by the
broadening of lines. The growth of impulse width results in
the growth of spectrum intensity, but there is not seen
clearly proportionality.

   A similar fact takes place with growth of impulse
frequency under conditions of constant impulse width. On
the whole the regularity obtained does not contradict the
data published. Their peculiarity is an absence of maximum
intensity depending on impulse width found by Dawson (2)
earlier.

   The main effect determining the growth of source
brightness (lamps of hollow cathode) is the cathode sputtering, involving vapour pressure increase near the cathode surface and probability of not only electric excitement
of atoms. That is because of temporary increse of density
of particles (in the discharge cell of hollow cathode lamp).
The noticeable decrease in light absorbing under conditions
of impulse supply the lamps indicates great expansion of
spectrum lines ; Doppler broadening can be the reason of it.

   It is interesting note that with growth of intensity of lines of cathode material (for a hollow cathode Si-
lamp) some decrease of intensity of the filling gas under
conditions of pulsed current operation takes place (fig.2).
This decrease of intensity can indicate an important role
of cathode sputtering for growth of intensity of spectrum
of hollow cathode lamps.

   An important fact realised in the present work is
not only an increase in intensity of spectrum but also a
simultaneous decrease of optical noises in hollow   cathode
lamps;the curves on the fig. can be illustration of that.
It is especially noticeable for the case of Mg and Si lamps.
The brightness of spectrum of Mg lamp is known to be sufficiently high, while getting high intensity lines for silicon is complicated. Various types of current signal of photomultiplier observed on the screen of oscillograph with the
same level of light flux are shown on the fig.3. As it is
seen, the change for impulse feeding the hollow cathode lamps
changes qualitatively the type of signal. Such results has been
got with pulse frequency 400^c/sec. Hence the power of the
noise in the region of relatively high frequencies is still
high. It is not observed in the case of Mg lamp. It is probable that the main factor of stabilisation of radiation is the
increase of importance of charge resistance in the circuit of
discharge under constant conditions of both impulse and steady current supply.

   General features of frequency distribution of noises for hollow cathode lamps (for example Si lamps) and those nitrous oxide-acetylene flame are shown on the fig.4. On

the whole, the type of curves of distribution is the same for all rates of feeding the lamps and flames : the level of noises grows with decrease of frequency. The optical noises is higher for a reduction zone (a cone zone) that for a diffusion zone of flame. A similar result takes place for a flame enriched with fuel.

For a hollow cathode Si lamp the change of feeding type results in such a condition that the main contribution to low frequency fluctuation is the flame's own noise. Similar fact takes place low intensity lamps. However, taking into consideration that under present experimental conditions the measurments have been taken for unchanged light flow, their real addition to a general error of methode will depend on the spectrum width given by monochromator.

A certain dependence of results upon the types of blocks of the apparatus is again confirmed.

Conclusion

Pulsed current operation of the hollow cathode lamps results not only in increase line intensity, but also results in decrease of optical noise of the hollow cathode lamps. Simultaneous decrease of intensity of the filling gas under conditions of pulsed current operation can indicate an important role of cathode sputtering for growth of intensity of spectrum of hollow cathode lamps. For Si hollow cathode lamp pulsed current operation results in that the main contribution to low frequency fluctuation becomes the flame's own noise.

Bibliographie

(1) SULLVAN J.V., WALSH A., Spectrochim.Acta 21, 721 (1965)
(2) DAWSON J.B., ELLIS D.J., Spectrochim.Acta, A 23, 565 (1967)
(3) LEBEDEV V.I., DOLIDSE L.D., International Atomic Absorption Spectroscopy Conference, p. F-7, Sheffield, (1969).

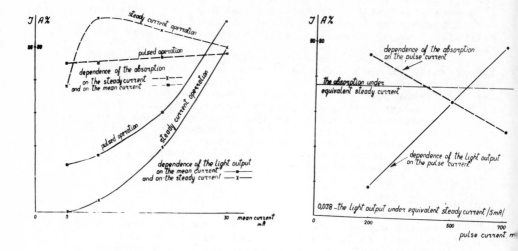

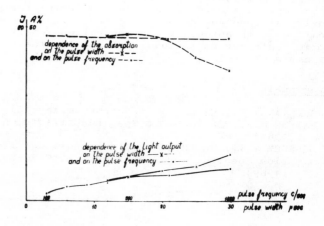

Fig.I. Some dependences of the absorption and light output on the supply parameters.

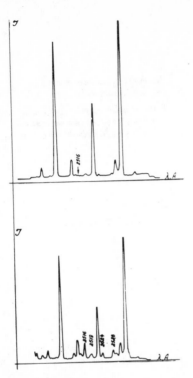

Fig.2. A spectrum of Si and of the filing gas under conditions of steady current operation (up) and of pulsed current one.

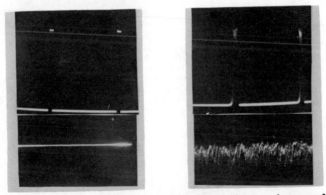

Fig.3. Analytical signal of photomultiplier observed on the screen of oscillograph for Mg (left) and Si (right) lamps under conditions of both impulse (up) and steady (down) current supply.

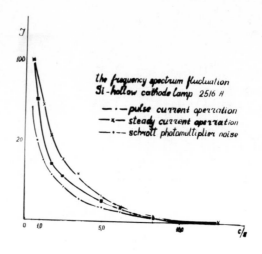

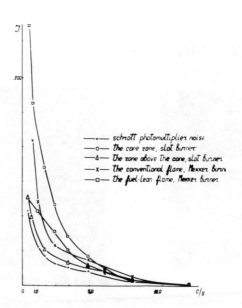

Fig.4. The frequency spectrum fluctuation Si hollow cathode
lamp (up) and C_2H_2 - N_2O flame (down).

70

5

The Determination of Magnesium by Atomic Absorption in the Presence of Interfering Ions using Displacement Reactions

W. A. MAGILL and G. SVEHLA

Department of Analytical Chemistry, Queen's University, Belfast, Northern Ireland

Résumé

Méthode pour la détermination du magnésium en présence d'ions interférents avec addition d'un troisième métal bien choisi. En pratique, l'échantillon a été divisé en quatre parties identiques et à chaque solution, des quantités connues de magnésium, de cuivre et de zinc ont été ajoutées.

La concentration totale molaire des métaux ajoutés a été maintenue constante, de manière à ce que la rapport de la concentration totale des métaux à la concentration interférente reste fixe. Les absorbances de ces solutions ont été mesurées et les résultats comparés à ceux de la technique normale d'addition. Les résultats étaient meilleurs en général que ceux obtenus par la technique normale d'addition sauf lorsque l'interférent est l'ion silicate qui donne des erreurs légèrement supérieures.

Abstract

Method for the determination of magnesium in presence of interfering ions by addition of a suitably chosen 3rd metal ion. In practice the sample was divided into four identical parts and to each of these solutions known amounts of magnesium and copper or zinc were added. The total molar concentration of these added metals was kept constant resulting in a ratio of total metal concentration to interferent concentration which remained fixed. The absorbances of these solutions were measured and the results plotted as in the standard addition technique giving a value for the unknown magnesium concentration. Results were generally

better than those obtained by the standard addition technique except where
silicate was the interferent, when slightly higher errors were obtained.

Zusammenfassung.

Die Methode für die Bestimmung des Magnesiums in der
Anwesenheit von störenden Ionen beruht auf die Zugabe eines
zweckmässig π gewählten dritten Ions zur Analysierenden Lösung.
Die Letzte wird in vier identische Teilen geteilt, und zu jener
eine bekannte Menge von Magnesium und Kupfer /oder Magnesium und
Zink/ gegeben. Die gesamte Molkonzentration der beigefügten
Metallionen wurde konstant gehalten, und deshalb das Verhältniss
der gesamten Metallionkonzentration über die Konzentration
der störenden Ionen bleibt dasselbe in jedem Fall. Die Extinktion
werte dieser Lösung wird dann gemessen, die Messergebnisse
graphisch vorgestellt, und, ähnlicherweise zur Methode der
bkannten Zugaben, ausgewärtet. Die Ergebnisse sind überall
besser als die mit der Methode der bekannten Zugaben erreichbar
sind, nur wann Silikat als störendes Ion anwesend ist, sind
die Fehler etwas höher.

The determination of magnesium by atomic absorption spectrophotometry
can be carried out reliably in the presence of most cations and anions
although there are however some ions which interfere seriously.   Because
of the importance of these determinations we carried out a systematic
study of these interferences using a Unicam SP 90 spectrophotometer.
Solutions were made up containing magnesium at a concentration of 10^{-4}M
litre^{-1} while the concentration of interfering ion was varied.   It would
be impracticable to reproduce all these results here, so I have made up
a table showing the relative magnitude of the errors obtained at a fixed
magnesium/interferent molar ratio of 1:6 (See Table 1).

Considering the results as a whole two conclusions can be reached:
Firstly, in air – C_2H_2 the average error is lower in the majority

of cases compared with the N_2O - C_2H_2 system, except when Aluminium, Titanium and Silicate are present as interferent, when significant errors are obtained. Secondly, in N_2O - C_2H_2 the average error is slightly higher, but the high depressions caused by the above mentioned ions are removed. Higher errors would be expected in the N_2O - C_2H_2 system partly because the sensitivity of the measurements in this flame is reduced and partly because of its relatively lower stability.

Since Aluminium, Titanium and Silicate were the only major interferents found our efforts were concentrated towards the removal of these in the air - C_2H_2 flame. Figs. 1-3 show these interference effects in greater detail.

These graphs show that the interferents all have a depressive effect on the magnesium absorbance and that in every case this depressive effect levels out with increasing interferent concentration.

We have previously used the principle of displacement reactions to successfully remove interference effects in emission flame photometry [1,2,3], and consequently, it was decided to apply this principle to solve this problem. The displacement technique is based on the assumption that these depressive effects are caused by the formation of refractory compounds. The chemical reactions by which such compounds are formed reach equilibrium, and such equilibrium can be shifted by the addition of a suitably chosen 3rd metal ion - the so called displacing agent. This selection must be made experimentally and the chosen ion generally has characteristics similar to that of the analyte. It has been shown that provided the total molar concentration of the metals is kept constant a method resembling the standard addition technique can be applied to the determination of the analyte, in the presence of interfering ions.

In order to find a suitable displacing agent, several metals were investigated. Firstly the other alkaline earth metals, i.e. Ca Sr and

Ba as well as La - the latter being often used in flame photometry as a releasing agent. With these metals displacement did occur, but it was not linear and consequently the plots were slightly curved, giving high + ve errors, when a straight line was drawn through the points. Next we tried some alkali metals namely Li, K, Cs and then some transitional metals Fe^{III}, Cr^{III}, Cd, Mn^{II}, Zn, Cu^{II}, Co^{II} and Ni^{II}. Out of these Zn and Cu gave excellent linearity and their use as possible displacing agents was examined in greater detail.

With silicate present as interferent 90 samples were tested in which the concentration of magnesium varied within the range 5×10^{-6} to 10^{-4}M litre^{-1}, while the concentration of silicate varied within the range 0 to 10^{-3}M litre^{-1}. Experiments were carried out so that both concentration ranges were scanned evenly. Similar experiments were carried out with aluminium as interferent in which the magnesium concentration varied with the range 5×10^{-6} to 4×10^{-5}M litre^{-1} and that of aluminium within the range 0 to 10^{-3}M litre^{-1}. Titanium was not investigated in such detail because of its tendency to hydrolyse which would prevent the possibility of its presence in aqueous solution at higher concentrations.

In each analysis four solutions were prepared. This meant that the sample was divided into four identical parts and to each of these solutions, known amounts of magnesium and Copper or Zinc were added. The total molar concentration of these added metals was kept constant, resulting in a ratio of total metal concentration to interferent concentration which remained fixed. The total amounts of metals added was based upon an error calculation.

To understand this problem consider Fig. 4 on which the absorbance is plotted against the concentration of magnesium.

On the graph x represents the unknown concentration while a is the known magnesium concentration. The absorbance measured when only the

74

unknown quantity of magnesium is present is B while that obtained after the addition of the standard is A. The slope of this line is given by equation (1).

$$\text{Slope} = \frac{B}{x} = \frac{A}{x + a} \qquad (1)$$

from which x can be expressed as

$$x = \frac{a\,B}{A - B} \qquad (2)$$

Applying the principle of the law of propagation of errors we can express the standard deviation of the determination of x as

$$s_x = \sqrt{\left(\frac{\delta x}{\delta A}\, s_A\right)^2 + \left(\frac{\delta x}{\delta B}\, s_B\right)^2} \qquad (3)$$

where s_A and s_B are the standard deviations of the measurements of A and B respectively. Combining the last two equations we obtain

$$s_x = \sqrt{\left(-\frac{a\,B}{(a - B)^2}\, s_A\right)^2 + \left(\frac{a\,B}{(A - B)^2}\, s_B\right)^2} \qquad (4)$$

The coefficients of variation of the determination of A and B are equal,

$$\therefore \quad V_m = \frac{s_A}{A} = \frac{s_B}{B} \qquad (5)$$

Combining equations (4) and (5) we can express the coefficient of variation of the determination of x as

$$\frac{s_x}{x} = V_x = V_m \sqrt{2}\left(\frac{x + a}{a}\right) \qquad (6)$$

To find the optimum experimental conditions we can express the ratio of the two coefficients of variation as

$$\frac{V_x}{V_m} = \sqrt{2}\left[\left(\frac{a}{x}\right)^{-1} + 1\right] \qquad (7)$$

and plot values of $\frac{V_x}{V_m}$ as a function of $\frac{a}{x}$ as shown on Fig. 5.

This graph indicates that the ratio of the coefficients of variation decreases sharply first, but becomes nearly constant if the ratio $\frac{a}{x}$ is greater than 2. As a practical rule, it was concluded therefore, that at least twice as much standard should be added as the amount of unknown present.

All measurements were made at a λ of 285.2nm and a slit width of .08 mm. The height of the 10 cm slot burner was adjusted to .8 cm and gas flow rates of 51/Min for air and 1.45/Min for C_2H_2 were employed. If necessary scale expansion was used, the transmittance values were displayed on a T - Y chart recorder and absorbances were then calculated and plotted against the concentration of added magnesium. A straight line was drawn through these points and extrapolated to the concentration axis where the distance between the origin and the point where the line intercepted the axis was a direct measure of the magnesium concentration. On Fig. 6 a typical graph is shown.

Later a programme was prepared for the Olivetti 101 electronic desk computer. By feeding in the co-ordinates of the experimental points, the computer carries out a regression analysis and finds the abscissa of the intercept, i.e. the required concentration. The computer also produces values for the slope and the standard deviations of the slope and intercept. Comparison of the slope with that obtained by the Standard addition method gives a measure of the efficiency of the displacement while the standard deviation values provide useful information about the reproducibility of the results.

When evaluating our experiments we found that though the results were promising the errors we obtained were almost always + ve. As we had more than 200 results we decided that this fact was statistically significant i.e. we have a + ve bias in the determination. First we suspected that there was some experimental error introduced by ourselves particularly when

76

preparing the solutions but independent checks carried out on reagent concentrations ruled out this source of error. The possibility that this error was due to the addition of the displacing agent was examined by carrying out simple standard addition experiments. The results of these experiments showed again a definite + ve bias which in the concentration range investigated amounted to .025 x 10^{-5}M litre^{-1}. At this stage we are unable to state what the source of error is. Results of determinations in the presence of silicate and aluminium are shown in Tables 2 and 3. The results indicate two important factors:- firstly it can be said that the results are much better for aluminium than for silicate as an interferent; secondly they demonstrate that at high concentrations the errors increase to a considerable level. This is due partly to the fact that the ratio of added to unknown magnesium decreases and partly because we are now working in the curved region of the calibration graph. A possible way of eliminating this latter type of error is to rotate the burner and fix it so that it is now positioned at an angle to the light beam. This fact is demonstrated on Fig. 7.

For the sake of comparison we carried out normal standard addition determinations in the presence of aluminium and silicate without the addition of a displacing agent. Results in the presence of SiO_3^{2-} were as good and sometimes even better than those obtained with the displacement method but in the presence of aluminium the displacement technique is definitely more accurate.

Acknowledgments

The authors wish to thank Professor Cecil L. Wilson for his interest in this work and the Government of Northern Ireland for a research grant to W.A. Magill.

References

1.   P.J. Slevin and G. Svehla, Z.Anal.Chem., 1969, <u>246</u>, 5.

2.   E. Szebenyi-Györy, P.J. Slevin, G. Svehla and L. Erdey, Talanta, 1970, <u>17</u>, 1167.

3.   E. Szebenyi-Györy, P.J. Slevin and G. Svehla, Talanta, in the press.

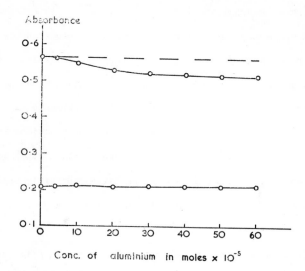

Conc. of aluminium in moles × 10^{-5}

Fig. 1.   The interference of Aluminium on Magnesium in atomic absorption.

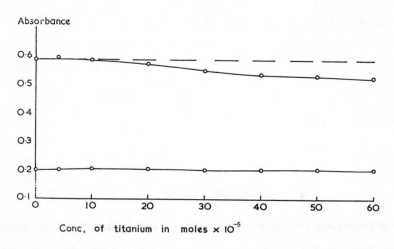

Conc. of titanium in moles × 10^{-5}

Fig. 2.   The interference of Titanium on Magnesium in atomic absorption.

78

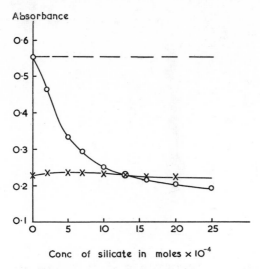

Fig. 3.   The interference of Silicate on Magnesium in atomic absorption.

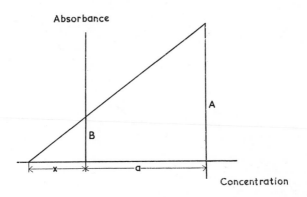

Fig. 4.   Plot of absorbance against concentration of Magnesium.

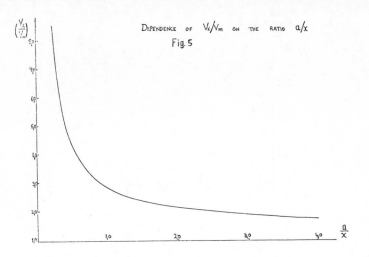

Fig. 5. Dependence of $\frac{V_x}{V_m}$ on the ratio $\frac{a}{x}$

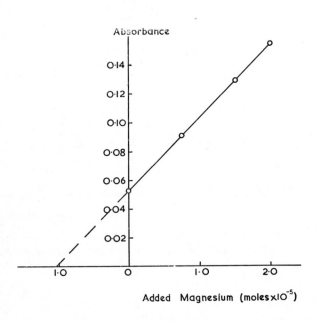

Fig. 6. Typical experimental graph used to determine unknown Magnesium concentration.

80

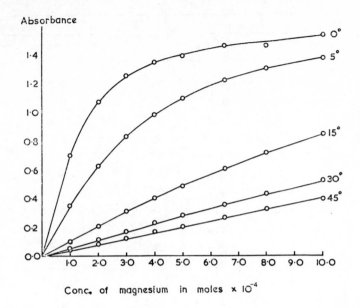

Fig. 7. The effect of changing the burner angle on the Magnesium calibration curve.

Interferent	% Error		Interferent	% Error	
	Air/C_2H_2	N_2O/C_2H_2		Air/C_2H_2	N_2O/C_2H_2
Al^{3+}	-8.6	2.9	Te^{4+}	0.3	4.0
Ba^{2+}	3.4	6.4	Th^{4+}	0.9	2.4
Be^{2+}	-1.6	1.8	Ti^{4+}	-11.2	-0.7
Bi^{3+}	3.9	4.5	Tl^{+}	1.6	3.2
Ca^{2+}	1.6	2.8	U^{6+}	0.0	3.3
Cd^{2+}	1.1	2.5	V^{4+}	2.1	2.6
Ce^{4+}	2.4	2.2	Y^{3+}	1.7	2.7
Co^{2+}	0.8	2.5	Zn^{2+}	0.0	2.7
Cr^{3+}	0.3	2.4	Zr^{4+}	-3.9	0.5
Cs^{+}	1.6	2.8	BO_3^{3-}	1.7	3.0
Cu^{2+}	0.2	2.4	Br^{-}	-1.7	-1.3
Fe^{3+}	2.7	2.4	CH_3COO^{-}	1.4	1.5
Hg^{2+}	-0.2	1.0	ClO_4^{-}	1.4	2.0
In^{3+}	2.4	2.7	$(COO)_2^{2-}$	0.0	2.5
K^{+}	2.7	4.6	CO_3^{2-}	-2.9	4.1
La^{3+}	2.4	3.6	F^{-}	-1.2	2.2
Li^{+}	2.7	2.2	$HAsO_4^{2-}$	-2.7	7.0
Mn^{2+}	3.0	4.5	HCO_3^{-}	-0.3	-1.4
Na^{+}	2.9	0.0	I^{-}	-0.7	0.0
NH_4^{+}	1.3	2.6	MoO_4^{2-}	1.1	1.4
Ni^{2+}	1.1	1.5	NO_3^{-}	0.0	0.5
Pb^{2+}	1.6	3.0	PO_4^{3-}	-0.7	2.3
Pt^{4+}	1.8	3.5	SiO_3^{2-}	-48.6	-4.9
Rb^{+}	2.4	4.5	SO_4^{2-}	0.5	2.3
Se^{4+}	-4.5	1.9	SO_3^{2-}	-2.9	5.0
Sn^{4+}	1.0	1.9	VO_3^{-}	-0.1	3.0
Sr^{2+}	3.1	5.0	WO_4^{2-}	-0.3	-4.3

Table 1.   Errors obtained in the determination of Magnesium in the presence of interfering ions using both air - C_2H_2 and N_2O - C_2H_2 flames.

(a) Copper present as displacing agent

Concentration of Magnesium Given (Moles Litre⁻¹ x 10⁵)	Concentration of Silicate (Moles Litre⁻¹ x 10⁴)	Concentration of Metals Added (Moles Litre⁻¹ x 10⁵)	Without Blank Subtraction		With Blank Subtraction	
			Concentration of Magnesium Found (Moles Litre⁻¹ x 10⁵)	% Error	Concentration of Magnesium Found (Moles Litre⁻¹ x 10⁵)	% Error
0.70	2.0	2.5	0.760	+8.56	0.735	+5.00
0.90	2.5	2.5	0.960	+6.67	0.935	+3.89
1.00	1.0	2.5	0.940	-6.00	0.915	-8.50
1.10	6.0	2.5	1.225	+11.38	1.200	+9.09
1.20	3.0	2.5	1.280	+6.67	1.255	+4.58
1.55	4.0	2.5	1.690	+9.04	1.665	+7.42
1.60	1.5	2.5	1.560	-2.50	1.535	-4.06
1.90	1.0	2.5	1.820	-4.21	1.795	-5.53
2.30	0.5	2.5	2.420	+5.22	2.395	+4.03
3.70	0.5	2.5	4.205	+13.66	4.185	+12.98

(b) Zinc present as displacing agent

Concentration of Magnesium Given (Moles Litre⁻¹ x 10⁵)	Concentration of Silicate (Moles Litre⁻¹ x 10⁴)	Concentration of Metals Added (Moles Litre⁻¹ x 10⁵)	Without Blank Subtraction		With Blank Subtraction	
			Concentration of Magnesium Found (Moles Litre⁻¹ x 10⁵)	% Error	Concentration of Magnesium Found (Moles Litre⁻¹ x 10⁵)	% Error
0.70	2.0	2.5	0.775	+10.71	0.750	+7.15
0.90	2.5	2.5	1.000	+11.22	0.975	+8.34
1.00	1.0	2.5	0.955	-3.50	0.940	-6.00
1.10	6.0	2.5	1.265	+15.00	1.240	+12.72
1.20	3.0	2.5	1.305	+8.75	1.300	+6.66
1.55	4.0	2.5	1.765	+13.90	1.740	+12.27
1.60	1.5	2.5	1.550	-3.12	1.525	-4.69
1.90	1.0	2.5	1.770	-6.84	1.745	-8.15
2.30	0.5	2.5	2.355	+2.39	2.330	+1.30
3.70	0.5	2.5	4.060	+9.73	4.035	+9.05

Table 2. Results for the determination of Magnesium in the presence of Silicate as interferent.

(a) Copper present as displacing agent

Concentration of Magnesium Given (Moles Litre^{-1} x 10^5)	Concentration of Aluminium (Moles Litre^{-1} x 10^5)	Concentration of Metals Added (Moles Litre^{-1} x 10^5)	Without Blank Subtraction		With Blank Subtraction	
			Concentration of Magnesium Found (Moles Litre^{-1} x 10^5)	% Error	Concentration of Magnesium Found (Moles Litre^{-1} x 10^5)	% Error
0.70	4.0	2.5	0.705	+0.71	0.680	-2.86
0.90	4.0	2.5	0.930	+3.33	0.905	+0.56
1.00	4.0	2.5	1.075	+7.50	1.050	+5.00
1.10	4.0	2.5	1.165	+5.91	1.140	+3.64
1.20	4.0	2.5	1.255	+4.58	1.230	+2.50
1.55	4.0	2.5	1.650	+6.45	1.625	+4.81
1.60	4.0	2.5	1.690	+5.63	1.665	+4.06
1.90	4.0	2.5	1.970	+3.68	1.945	+2.37
2.30	4.0	2.5	2.380	+3.48	2.355	+2.39
3.70	4.0	2.5	4.145	+12.02	4.120	+9.99

(b) Zinc present as displacing agent

Concentration of Magnesium Given (Moles Litre^{-1} x 10^5)	Concentration of Aluminium (Moles Litre^{-1} x 10^5)	Concentration of Metals Added (Moles Litre^{-1} x 10^5)	Without Blank Subtraction		With Blank Subtraction	
			Concentration of Magnesium Found (Moles Litre^{-1} x 10^5)	% Error	Concentration of Magnesium Found (Moles Litre^{-1} x 10^5)	% Error
0.70	4.0	2.5	0.715	+2.14	0.690	-1.43
0.90	4.0	2.5	0.930	+3.33	0.905	+0.56
1.00	4.0	2.5	1.025	+2.50	1.000	0.00
1.10	4.0	2.5	1.155	+5.00	1.130	+2.73
1.20	4.0	2.5	1.245	+3.75	1.220	+1.67
1.55	4.0	2.5	1.585	+2.26	1.560	+0.65
1.60	4.0	2.5	1.695	+5.94	1.670	+4.38
1.90	4.0	2.5	2.015	+6.05	1.990	+4.74
2.30	4.0	2.5	2.525	+9.78	2.500	+8.69
3.70	4.0	2.5	4.070	+10.00	4.045	+9.33

Table 3. Results for the determination of Magnesium in the presence of Aluminium as interferent.

84

6

Utilisation du Métaborate de Lithium en vue de la Solubilisation des Echantillons Minéraux Analysés par Spectrométrie d'Absorption Atomique

F. ECREMENT

Laboratoire de la Société pour la Mise en Valeur Agricole de la Corse, Bastia, Corse

Résumé.

Le fondant utilisé est le métaborate de lithium.

Les paramètres suivants ont été étudiés :
- Rapport échantillon-fondant
- Rapport optimum produit fondu-acide.

Les acides minéraux et organiques expérimentés sont chlorhydrique, fluorhydrique, acétique, citrique, lactique, tartratique et glycolique. Leur action sur l'atomisation et leur influence sur la détermination d'éléments tels que silice, alumine, vanadium, fer, calcium et magnésium sont étudiés. L'étude expérimentale montre qu'en règle générale les acides organiques exaltent l'obsorption de la plupart des éléments étudiés.

Summary.

The flux used is lithium metaborate.

The following parameters have been studied :
- Sample-flux ratio
- Optimum melted product-acid ratio.

The mineral and organic acids experimented are chlorhydric, fluorhydric, acetic, citric, lactic, tartric and glycolic acid. Their action on atomization and their influence on the determination of elements such as silicon, alimina, vanadium, iron, calcium and magnesium are studied. Experimental study shows that as a rule organic acids improve absorption of most elements studied.

Zusammenfassung.

Das gebrauchte Flussmittel ist das Lithium-metaborat.

Die folgende Parameter wurden gelernt :

- das Verhältnis : Muster-Flussmittel,
- das beste Verhältnis : geschmolzene Produkt-Säure.

Die experimentierten mineralischen und organischen Säuren sind : di
Salzsäure, die Flusssäure, die Essigsäure, die Zitronensäure, die Milchsäure,
die Weinsäure und die Glycolsäure. Ihre Wirkung auf die Zerstäubung und ihr
Einfluss auf die Bestimmung von Elementen so wie die Kieselerde, die Tonerde,
das Vanadin, das Eisen, das Calcium und das Magnesium werden gelernt.

Die experimentale Forschung beweist, dass die organischen Säuren au
alle Fälle die Absorption der meisten gelernten Elemente erheben.

UTILISATION DU MÉTABORATE DE LITHIUM EN VUE DE LA SOLUBILISATION DES ECHAN-
TILLONS MINERAUX ANALYSES PAR SPECTROMETRIE D'ABSORPTION ATOMIQUE.

F. ECREMENT.

Laboratoire de la Société pour la Mise en Valeur Agricole de la Corse.
Montesoro - BASTIA.

1. - INTRODUCTION.

L'étude présentée fait suite à celles entreprises à propos de
l'utilisation des fondants en spectrographie d'arc pour la détermination des
éléments traces et la réduction de l'effet matrice en vue de l'analyse des
roches et des sols.

Il est en effet établi que les borates alcalins – méta et tétrabo-
rate par exemple – sont des fondants plus énergiques que les carbonates
alcalins ou les alcalis caustiques. En outre, le produit de fusion est soluble dans de nombreux acides minéraux et organiques et sa dissolution compléte
présente l'avantage de permettre le dosage de tous les éléments constituant
l'échantillon, exception faite, évidemment, de ceux introduits par le fondant. Dans ces conditions, la détermination de la plupart d'entre eux peut-
être faite par spectrométrie d'absorption atomique.

2. - ETUDE EXPERIMENTALE.

Cependant avant d'appliquer cette méthode à l'analyse de milieux
complexes, il nous a semblé utile d'étudier certains paramètres :

2.1. Rapport échantillon-fondant.

Le rapport utilisé est de 1 + 1,5 et est particulièrement avanta-
geux en raison de la faible dilution. Le mélange est placé dans des creusets
en graphite et traité au four à la température de 1100°C durant 5 minutes.
Après refroidissement la perle est broyée afin d'obtenir une poudre d'environ
200 mesh. Cette opération peut très avantageusement être remplacée en utilisant l'appareil mis au point par GOVINDARAJU permettant de laminer les perles
et d'obtenir une feuille de verre dont l'épaisseur est d'environ 100 microns.
Le gain de temps pour la mise solution est de l'ordre de 3.

2.2. Rapport optimum produit fondu - acide,

Dont les limites sont liées au principe de toute mise en solution qui n'est somme toute qu'une dilution plus ou moins grande du produit en rapport direct avec sa solubilité dans les différents acides étudiés. Il semble à cet égard que l'on puisse sans difficulté majeure dissoudre 0,35 % de produit fondu et ce pour tous les acides étudiés. La concentration de chacun d'eux est fixée à 4 % (Poids - Volume).

2.3. Influence des différents acides étudiés sur les éléments aluminium, calcium, fer, magnésium, silice et vanadium.

Les acides étudiés sont organiques :

Acide acétique, $CH_3\ CO_2\ H$

  - glycolique, $CH_2\ OH\ COOH$

  - lactique, $CH_3\ CHOH\ COOH$

  - tartrique, $H\ OOC\ (CHOH)_2\ COOH$

  - citrique, $H\ OOC - CH_2 - \overset{\displaystyle COOH}{\underset{\displaystyle |}{C}}\ OH - CH_2\ COOH$

et minéraux :

Acide chlorhydrique, HCl

  - fluorhydrique, HF

Ce choix doit permettre de déceler les influences que chacun d'eux peut avoir que les éléments étudiés dont la détermination nécessite soit l'emploi d'une flamme classique : air - acétylène, cas du Ca, Mg et Fe ou d'une flamme plus chaude telle que la flamme protoxyde d'azote - acétylène, cas de Al, Si et V.

2.4. Influence sur le calcium.

Les différentes courbes font apparaitre, pour les acides organiques étudiés, une augmentation de l'absorption mesurée, par rapport à l'acide chlorhydrique, voisine de 30% pour l'acide acétique, de 18 à 24 % pour les acides citrique et lactique et d'environ 6 % pour les acides glycolique et tartrique. En ce qui concerne l'acide acétique, une hypothèse avancée est que le sel d'origine est vraisemblablement converti en acétate au moment de l'évaporation. D'autre part, on sait que les acétates sont facilement dissociés dans la flamme (destruction de l'anion par combustion).

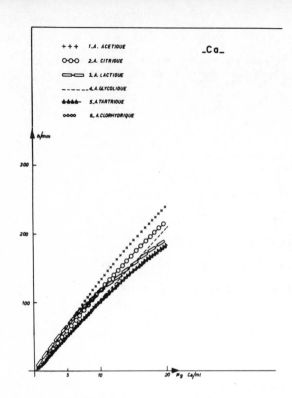

Graphique N°1

88

2.5. Influence sur le magnésium.

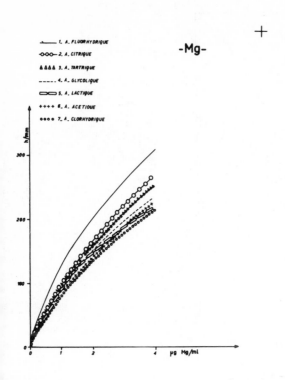

-Mg-

I. A. FLUORHYDRIQUE
2. A. CITRIQUE
3. A. TARTRIQUE
4. A. GLYCOLIQUE
5. A. LACTIQUE
6. A. ACETIQUE
7. A. CLORHYDRIQUE

Graphique N°2

     Il faut noter la très nette augmentation de l'absorption par l'acide fluorhydrique qui est supériieure de 44 % par rapport à celle obtenue avec l'acide chlorhydrique. Dans ce cas, on peut admettre que l'excès d'acide fluorhydrique est compléxé par le bore pour donner un complexe du type BF_4^-. L'acide fluorhydrique exalte l'absorption d'éléments dont l'atomisation s'effectue via leurs oxydes ; les fluorures correspondants étants plus volatils.

     En ce qui concerne les acides citrique, tartrique, glycolique et lactique on notera qu'ils exaltent l'absorption du magnésium dans des proportions comprises entre 25 et 5 %.

     Il faut souligner que l'acide acétique n'exalte l'absorption du magnésium que dans des proportions bien moindre que pour le calcium.

2.6. Influence sur le fer.

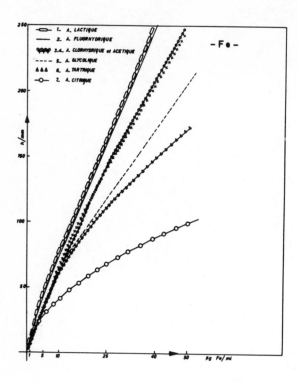

Graphique N°3

Dans ce cas les acides organiques semblent exalter moins fortemen
l'absorption que pour les autres éléments à l'exception toutefois de l'acid
lactique dont l'absorption est très voisine de celle due à l'acide fluorhydrique.

L'acide tartrique et l'acide citrique dépriment très nettement
l'absorption du fer. Une des hypothèses avancées serait que les complexes
formés avec le fer se dissocieraient mal dans la flamme ; hypothèse à vérifier.

2.7. Influence sur l'aluminium.

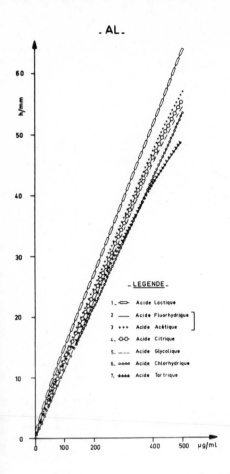

. AL.

LEGENDE

1. ⇔ Acide Lactique
2. —— Acide Fluorhydrique
3. +++ Acide Acétique
4. -○○- Acide Citrique
5. _ _ _ Acide Glycolique
6. oooo Acide Chlorhydrique
7. ▲▲▲▲ Acide Tartrique

Graphique N°4

L'acide lactique exalte l'absorption par rapport à l'acide chlorhydrique d'environ 25 % et celle due aux acides acétique, fluorhydrique, citrique et glycolique est comprise entre 21 et 5,5 %.

L'exaltation due à HF s'explique par le fait qu'en présence d'Al il y a formation d'AlF$_3$ qui est plus volatil que l'oxyde Al$_2$O$_3$.

En ce qui concerne les acides organiques l'exaltation est vraisemblablement due à l'augmentation du pouvoir réducteur au sein de la flamme au moment de leur dissociation.

91

2.8. Influence sur la silice.

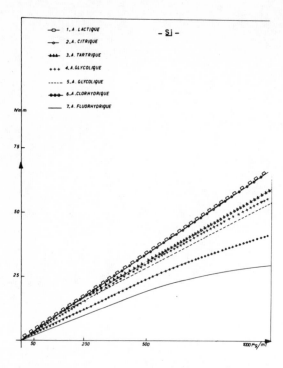

Graphique N°5

        Dans ce cas l'exaltation de l'absorption par les acides organiques
est manifeste et vraisemblablement due, comme pour l'élément précédent, à
l'augmentation du pouvoir réducteur au sein de la flamme au moment de leur
dissociation. Ils contribuent à augmenter cette absorption dans des proportions comprises entre 60 et 30 %.

        L'acide fluorhydrique, par contre, déprime l'absorption de la
silice par rapport à celle de l'acide chlorhydrique d'environ 29 %. Il semble
dans ce cas qu'une partie de l'élément soit volatilisée et échappe ainsi
au dosage.

2.9. Influence sur la vanadium.

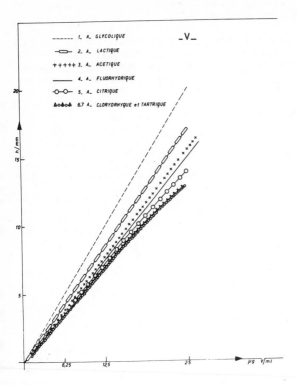

Graphique N°6

Tous les acides organiques exaltent l'absorption de l'élément dans des proportions comprises entre 54 et 8 % à l'exception de l'acide tartrique dont l'absorption est égale à celle due à l'acide chlorhydrique. L'acide fluorhydrique, par contre l'exalte d'environ 16 %.

3. - CONCLUSION.

L'étude expérimentale montre qu'en régle générale les acides organiques exaltent l'absorption de la plupart des éléments étudiés.

Plusieurs hypothèses peuvent être émises : on sait que l'acide acétique convertit le sel d'origine en acétates et que ceux ci sont facilement dissociés.

Pour les autres, leur action semble, en première approximation liée à trois facteurs :

  - le premier serait leur action sur la température de la flamme,
  - le deuxième serait leur influence reductrice constatée par FASS sur la formation des oxydes. Il y a donc effet réducteur,

- le troisième serait les effets chimiques. Ce sont tous des effets e[...] phase condensée c'est à dire qu'il y a formation de combinaisons dont les volatilités sont différentes de celles des composés à atomiser en l'absence de concomitants.

De toute façon au stade actuel de l'expérimentation, il ne parai[...] pas possible de recommander l'emploi de l'un ou l'autre des acides étudiés[...] Ces hypothèses devront être vérifiées par une étude complémentaire dans laquelle en plus des acides étudiés nous comptons ajouter des molécules cycliques (phénol, par exemple) afin de vérifier si l'effet exaltant mis e[...] évidence par VOINOVITCH en spectrométrie de flamme exerce la même influenc[...] en spectrométrie d'absorption atomique.

BIBLIOGRAPHIE.

ECREMENT, F. (1968) . Réduction de l'effet matrice en spectrographie d'émi[...] sion à l'aide des fondants minéraux. Colloque National du CNRS, Nancy 4-6 Dec. 1968, Acte[...] du colloque pp 173-185.

FASSEL, V.A., CURRY, R.H. et KNISELEY, R.N. (1962). Flame spectra of the rare earth elements. Spectrochim. Acta , 18, pp 1127-1153.

GOVINDARAJU, K., MEWELLE, G. et CHOUARD, Ch. (1971). Système de laminage permettant de réduire les silicates fondus au borate feuillets de verre pour dissolution rapide en milieu acide. Meth. Phys. d'anal. Vol.7, N°2, pp 174-175.

RIANDEY, C. (1971). Spectrométrie d'absorption atomique Tome 1, Chap. 4 (Interactions) par M. PINTA et Coll. Editeur MASSON et Cie.

VOINOVITCH, I.A., LEGRAND, G., HAMEAU, G. et LOUVRIER, J. (1966). Etude de l'effet de quelques molécules cycliques et linéaires s[...] l'émission en spectromètrie de flamme. Meth. Phys. d'anal. 3, pp 213-221.

7

Effets Inter-éléments sur l'Absorption Atomique du Vanadium en Flamme Protoxyde d'Azote/Acétylène

H. URBAIN et R. BACAUD

C.N.R.S., Institut de Recherches sur la Catalyse, Villeurbanne, France

Résumé

L'interaction de Al, Ca, Cu, La, Mg, Ni sur l'absorption atomique du vanadium a été étudiée à hauteur fixe dans la flamme laminaire prémélangée protoxyde d'azote/acétylène. La population atomique totale du vanadium a été déterminée par mesure d'absorption dans toute l'étendue de la flamme où existent des atomes libres. Par la même méthode, l'influence de Al, La, Ni a été étudiée en fonction de la composition de la flamme; leur effet semble impliquer un mécanisme plus complexe qu'une simple modification de la pression partielle d'oxygène provoquée par les éléments formant ou non des oxydes stables, et dont l'origine doit être recherchée au niveau des processus de volatilisation.

Abstract :

Interelement effects on vanadium atomic absorption in nitrons oxide/acetylene flame.

The interference of Al, Ca, Cu, La, Mg-Ni on the atomic absorption spectrophotometric determination of vanadium has been studied at constant height in the premixed-laminar nitrous oxide-acetylene flame. The total atomic population of vanadium has been measured by atomic absorption in the whole part of the flame where free atoms are present. By the same method, the effect of Al, La, Ni as a function of flame composition has been studied. It appears that their effect is more complex than a single change of the oxygen partial pressure due to competition in oxides formation and that the explanation must be sought in volatilization processes.

Zusammenfassung

Der wechselseitige Einfluss der Elemente Al, Ca, Cu, La, Mg, Ni
auf die Atomabsorption wurde bei konstanter Höhe in der vorgemischten
laminaren Stickstoffoxyd/Azetylenflamme untersucht. Die Gesamtanzahl
der Atome des Vanadiums wurde durch die Messung der Absorption im
ganzen Flammenbereich, in dem sich freie Atome befinden, bestimmt.
Mithilfe der gleichen Methode wurde der Einfluss von Al, La, Ni in
Funktion der Flammenzusammensetzung untersucht; ihre Wirkung scheint
einen komplexeren Mechanismus auszulösen als eine einfache Veränderung
im partiellen Sauerstoffdruck, die durch die stabile oder nicht stabile
Oxyde bildenden Elemente verursacht wird; sein Ursprung muss im Prozess
der Verflüchtigung gesucht werden.

I. INTRODUCTION

Un travail effectué dans notre laboratoire (1) a montré que
dans le cas de l'aluminium, déterminé en flamme protoxyde d'azote /
acétylène associée à un brûleur laminaire à prémélange, les éléments
métalliques semblent interférer uniquement par un processus général d
rétrogradation de l'ionisation.

Il n'en est pas de même du vanadium pour lequel les phénomè
nes observés sont certainement plus complexes, car les interactions
(exaltations importantes) ne peuvent être supprimées par addition d'u
agent dé-ionisant, tel le sodium ou le potassium.

Les effets inter-éléments sur la détermination du vanadium
ont été principalement étudiés par Robinson, West et coll. en 1967 (2
(3). Pour expliquer l'influence exaltante de l'aluminium ou du titane
le mécanisme proposé fait intervenir la diminution de la pression par
tielle d'oxygène atomique dans la flamme, ces éléments pouvant former
des mono-oxydes particulièrement stables, et en conséquence limiter
l'équilibre d'oxydation :

$$V + O \rightleftharpoons VO$$

Cependant, ce schéma paraît difficilement applicable à l'e-
xaltation provoquée par le nickel ou le cuivre, qui dans les conditio
utilisées, ne forment pas d'oxydes.

Pourtant, dans un article publié récemment, Fassel et coll.
(4) tendent à démontrer que la formation de ces composés joue un rôle
majeur dans les variations (augmentation ou diminution) de la popula-

on en atomes libres, et que les propriétés absorbantes caractéristi-
es d'un élément (hauteur et flamme optimales) peuvent être reliées
rectement à la stabilité de son oxyde.

Par ailleurs dans une étude très complète sur les interac-
ons mutuelles entre éléments, Marks et Welcher (5) concluent que
es effets de volatilisation de sels", tributaires de la matrice, sont
s plus critiques. C'est également l'avis du professeur Rubeska (6)
i, lors de la conférence plénière qu'il a prononcé au Congrès, a dé-
ontré en prenant précisément le cas du vanadium comme exemple, que y
mpris en flamme chaude protoxyde d'azote/acétylène, les interféren-
s ont souvent leur origine dans les processus de volatilisation
andey (7) attribue même l'augmentation de l'absorption atomique du
anadium par l'aluminium, à la formation en phase condensée d'un oxyde
uble plus facilement vaporisé que le métavanadate d'ammonium seul.

D'autre part , en ce qui concerne la détermination du vana-
ium, on peut relever dans la littérature d'importantes différences
ur la valeur des interférences rencontrées. De telles divergences
euvent se comprendre par la mise en oeuvre de systèmes fournissant un
rouillard peu homogène, ainsi que l'utilisation de milieux organiques
ui entraînent des perturbations importantes au niveau de la nébulisa-
ion - voir par exemple Marshall et Schrenk (8).

Enfin, il est bien connu que les effets inter-éléments dé-
endent d'un grand nombre de paramètres expérimentaux : rapport combu-
ant-combustible, hauteur de l'observation, diffusion latérale etc...

C'est pourquoi, afin de mieux connaître l'influence des mé-
aux étrangers nous nous sommes proposés de déterminer - dans des con-
itions opératoires judicieusement choisies et pour différents mélan-
es gazeux - la population atomique totale du vanadium dans toute
'étendue de la flamme où peuvent être détectés des atomes libres.

I. PARTIE EXPERIMENTALE

ppareillage

Nos essais ont été effectués avec un spectrophotomètre Per-
in-Elmer "303" équipé d'une chambre de nébulisation à prémélange avec
ystème de sélection des gouttes, et d'un brûleur laminaire à tête re-
roidie par circulation d'eau (dimension de la fente 50 x 0,5 mm).

Le dispositif de déplacement vertical de l'ensemble brûleur-
ébuliseur a été remplacé par un système d'entraînement automatique

permettant d'effectuer en continu des mesures d'absorption en fonctio
de la hauteur. La position du centre du faisceau cathodique peut varier de 6 à 70 mm au-dessus du plan horizontal du brûleur, la géométri
du faisceau (convergent au centre du brûleur) ne permettant pas d'effectuer des mesures en deçà de 6 mn.

Paramètres instrumentaux

- Lampe cathode creuse "A.S.L." Vanadium - Intensité : 25 mA
- Longueur d'onde d'absorption : 3184 Å (groupe de 3 raies : 3183,4 -
  3183,9 - 3185,4 Å)
- Fente 4 : 1 mm (bande passante = 7 Å)
- Débits de gaz

  comburant N_2O : débit 11,6 l/min (pression : 2,1 bar)

  combustible C_2H_2 : débit variable de 5,5 à 7,5 l/mn (pression : 0,7
  bar)
- Débit aspiration du capillaire : 3,3 ml/mn

Réactifs

Nous avons préparé une solution standard de base contenant
10 g/l V par dissolution d'oxalate de vanadyle VOC_2O_4, 2 H_2O. Ce sel
a été choisi en raison de sa grande solubilité dans l'eau, ce qui évi
te l'introduction d'acides qui risque de compliquer les expériences e
modifiant le rendement de nébulisation.

De plus, nous avons vérifié que des solutions aqueuses de v
nadate d'ammonium conduisaient aux mêmes résultats. Les phénomènes ob
servés sont donc indépendants de la molécule dans laquelle se trouve
engagé l'atome de vanadium (cation complexe VO^{++} ou anion complexe
VO_3^-) ainsi que de son degré d'oxydation (V(IV) ou V(V) respectivement

Les éléments étrangers ont été ajoutés sous forme de chloru
res (Na, Al, Ca, Mg, La), de nitrate (Ni) ou de sulfate (Cu). Toutes
les solutions examinées contiennent 100 mg/l V ainsi que 1000 mg/l Na
ajoutés pour supprimer l'ionisation non négligeable du vanadium.

III. RESULTATS

1. Mesures effectuées à hauteur fixe

En un premier temps, dans les conditions correspondant au
signal maximal pour le vanadium seul (débit d'acétylène 6,9 l/mn, fais
ceau à 6 mm au-dessus du brûleur), nous avons étudié l'influence de la
concentration en élément étranger sur l'absorption atomique du vanadiu

Al varie de 0 à 2000 mg/l et Ca, Cu, Ni, Mg, La de 0 à 8000 mg/l.

Il apparaît clairement (tableau I) que tous ces métaux provoquent le même phénomène : exaltation de l'absorption, et ce avec des
valeurs comparables de l'ordre de 30 %.

2. Mesure de la population atomique totale dans le cas du vanadium seul

Pour préciser l'importance du rapport comburant/ combustible
nous avons, pour différents débits d'acétylène, enregistré le signal
d'absorption atomique en suivant le déplacement continu du brûleur,
donc en fonction de la hauteur d'observation du faisceau dans la flamme, et ce jusqu'à disparition de l'espèce absorbante. Dans tous les
cas, la surface de la courbe obtenue est représentative du nombre d'a-
tomes libres de vanadium présents dans la totalité de la flamme.

Il est alors intéressant de comparer la variation de la population atomique totale (fig. 1a) à la variation de l'absorbance à hauteur fixe (fig. 1b). Cette dernière présente un maximum, phénomène difficilement explicable si l'on raisonne uniquement par rapport à l'oxygène, mais qui peut se comprendre simplement par un changement de la
géométrie de la flamme (extension du panache rouge). Par contre, la
courbe de la figure 1 a croît constamment à mesure que la flamme devient
plus riche (plus réductrice), résultat logique car la pression partielle d'oxygène diminuant, l'équilibre

$$V + O \rightleftharpoons VO$$

est déplacé vers la gauche.

3. Mesure de la population atomique totale en présence d'élément étran-
ger

Nous avons opéré comme ci-dessus. A titre d'exemple caractéristique, la figure 2 reproduit les enregistrements comparés de différents profils d'absorption du vanadium seul et en présence d'aluminium.
Pour un même débit d'acétylène, le rapport de la surface obtenue en
présence de l'élément interférent - à la concentration de 2000 mg/l
(palier d'exaltation)- à celle mesurée pour le vanadium seul, permet
de chiffrer l'interférence globale, c'est à dire l'augmentation de la
population atomique totale.

Pour 3 éléments - aluminium, lanthane et nickel - choisis en
raison de la stabilité très différente de leurs monoxydes (énergies
de dissociation : LaO = 8,1 eV, AlO = 6,0 eV, NiO $\leqslant$ 4,2 eV, VO = 6,4 eV),
nous avons alors exprimé cette interférence réelle en fonction de la

composition de la flamme (fig. 3).

IV. INTERPRETATION

L'examen des profils d'absorption du vanadium seul montre
que le maximum de concentration atomique n'est atteint, pour des flam
mes très réductrices, qu'à une certaine hauteur (environ 13 mm) au-de
sus du brûleur (fig. 2 d). Mais en présence d'éléments étrangers, la
concentration atomique du vanadium est maximale dès le sommet de la z
ne de réaction primaire, et elle est sensiblement identique pour cett
hauteur, quelle que soit la composition de la flamme. On peut donc di
re que dans tous les cas, la présence d'un métal étranger accélère la
production de la vapeur atomique du vanadium dans la zone de réaction

Mais alors, si l'on considère l'ensemble des étapes conduisant à la formation d'atomes absorbants dans la flamme (désolvatation
fusion-décomposition, volatilisation, dissociation), on doit penser
que l'élément d'addition intervient dans une (ou plusieurs) de ces é-
tapes. Or, dans l'interaction de l'aluminium sur le vanadium, Riandey
(7) constate qu'il n'y a pratiquement pas de différence d'absorption
lorsque les deux éléments sont introduits séparément dans la flamme à
l'aide d'un double nébuliseur; il conclut à la formation en phase con
densée avant la vaporisation d'un composé stoechiométrique - il en a
même établi la formule $Al\ V_2O_4$ - qui étant facilement dissociable, ac
croîtrait l'atomisation du vanadium.

Nous sommes donc conduits à penser qu'il convient d'étendre
cette explication. Nous devons alors admettre que l'augmentation de
l'absorption atomique du vanadium observée en présence de métaux étra
gers résulte de la formation par réactions chimiques lors de la dessi
cation, de véritables associations du type "oxydes doubles", lesquels
seraient plus facilement volatilisés et dissociés dans la flamme que
les produits de décomposition des seuls sels de vanadium.

Cependant la figure 5 indique que l'effet global sur la pop
lation atomique totale du vanadium est très différent suivant que l'é
lément d'addition est le lanthane, l'aluminium ou le nickel. On voit
que le caractère réducteur de la flamme doit être pris en considératic
et nous pensons que c'est à ce niveau que peut intervenir une modific
tion éventuelle de la pression partielle de l'oxygène atomique.

a) Cas du lanthane

L'augmentation de la population atomique du vanadium en

présence de lanthane est sensiblement constante quel que soit le rapport comburant - combustible. Nous admettons alors le mécanisme avancé par (2) et (3) : la flamme est le siège de deux équilibres :

$$La + O \rightleftharpoons LaO \quad (1)$$

$$V + O \rightleftharpoons VO \quad (2)$$

La pression partielle d'oxygène est fixée par la composition de la flamme, du moins avant la zone de diffusion, LaO étant beaucoup plus stable que VO, l'équilibre (1) est fortement déplacé vers la droite et l'équilibre (2) vers la gauche. Pour rendre compte du fait que l'influence du lanthane est constante quel que soit le mélange gazeux, il suffit d'admettre que LaO est d'une stabilité telle, que la pression partielle d'oxygène en présence de lanthane devient négligeable par rapport à celle existant normalement dans les flammes protoxyde d'azote/acétylène, y compris très réductrices.

b) Cas de l'aluminium

L'hypothèse précédente ne permet pas d'expliquer l'influence de l'aluminium. En effet, la stabilité de AlO est voisine de celle de VO; et l'on devrait observer un comportement analogue à celui du lanthane, c'est à dire une exaltation constante ou bien décroissante en fonction du débit d'acétylène - car à priori ❋ on pourrait croire que l'influence de l'aluminium devrait décroître pour des flammes très réductrices, donc pauvres en oxygène. C'est au contraire l'inverse qui se produit.

En conséquence, nous pensons que l'aluminium intervient comme tous les métaux en favorisant la production d'atomes libres de vanadium dans la zone de réaction, puis au delà de cette zone en limitant la formation de VO par le processus invoqué dans le cas du lanthane, mais avec un effet d'autant plus marqué que la flamme est plus riche, c'est à dire plus pauvre en oxygène.

c) Cas du nickel

Nous appliquerons le même raisonnement : la présence de nickel accélère la production des atomes de vanadium; mais au-dessus de la zone de réaction, comme il ne forme pas d'oxyde, il ne peut limiter l'équilibre d'oxydation $V + O \rightleftharpoons VO$

La population atomique totale dans le cas du vanadium seul augmentant constamment en fonction du débit d'acétylène, l'effet accélérateur initial du nickel prend une importance relative de plus en plus faible.

101

V. CONCLUSION

L'étude précédente tend à généraliser les mécanismes proposés pour expliquer l'influence des éléments à oxydes stables sur l'absorption atomique du vanadium. Mais il semble bien que la variation de la concentration en oxygène atomique consécutive à la présence de métaux étrangers, soit une cause secondaire par rapport à une modification importante des processus plus complexes de décomposition_volatili sation.

Nous sommes parfaitement conscients du caractère encore qualitatif de nos interprétations, ainsi que des difficultés expérimentales restant à surmonter avant d'atteindre une compréhension entière du phénomène.

Néanmoins sur le plan pratique, dans la détermination du vanadium par absorption atomique, les effets inter-éléments peuvent être facilement contrôlés : il suffit d'opérer en présence d'un excès suffisant (généralement 2000 mg/l) du ou des concommitants. L'élément d'addition peut être l'aluminium comme cela a été établi empiriquement par Goecke (9). Mais d'une façon plus générale, nous pensons que tout constituant principal de la matrice doit jouer ce rôle - ce qui simpli fie considérablement les applications. Cependant, si un choix devait être fait dans l'emploi d'un correcteur d'interactions, nous recommanderons le lanthane; car cet élément, non seulement exalte et stabilise la volatilisation des composés du vanadium, mais encore, puisque son action apparaît comme indépendante de la composition de la flamme, on peut dire qu'il se comporte en plus comme un véritable "tampon d'oxydo-réduction".

BIBLIOGRAPHIE

(1) H. URBAIN et M. VARLOT, Méth. Phys. Anal. 1970, 6, n°4, 373-383.

(2) S.L. SACHDEV, J.W. ROBINSON et P.W. WEST, Anal. Chim. Acta, 1967, 37, 12.

(3) T.V. RAMAKRISHNA ⇌, et J.W. ROBINSON P.W. WEST, Anal. Chim. Acta, 1967, 39, 81.

(4) V.A. FASSEL, J.O. RAMUNSON, R.N. KNISELEY, T.G. COWLEY, Spectro - chim. Acta, 1970, 25B, n° 10, 559.

(5) J.Y. MARKS et G.G. WELCHER, Anal. Chem., 1970, 42, n°9, 1033.

(6) I. RUBESKA, 3è CISAFA Paris sept. 1971 (Meth. Phys. Anal. n° spec. p. 61-70)

(7) C. RIANDEY, Thèse Paris Juil. 1971.

Chim. Anal. 1971, 53, n°7, 439.

(8) D. MARSHALL et W.G. SCHRENK, Spectrosc. Letters, 1968, 1, n°2, 87.

(9) R. GOECKE, Talanta, 1968, 15, 871.

Elément étranger	Zone de concentration du palier d'exaltation (mg/l)	% Exaltation maximale
Al	500 - 2000	38
Ca	4000 - 8000	36
Cu	2000 - 8000	33
La	2000 - 8000	34
Mg	2000 - 8000	26
Ni	2000 - 8000	33

Tableau I - Interaction des éléments métalliques

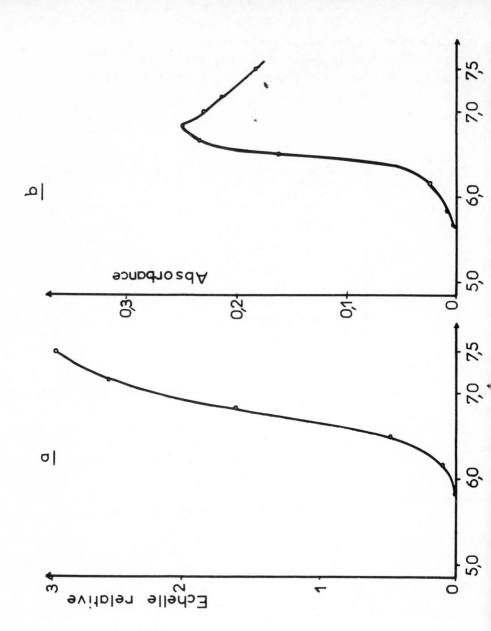

Figure 1 :

  a: Population atomique totale du vanadium en fonction du
     débit d'acétylène
  b: Absorption atomique du vanadium (absorbance) mesurée
     à hauteur fixe (6 mm) en fonction du débit d'acétylène

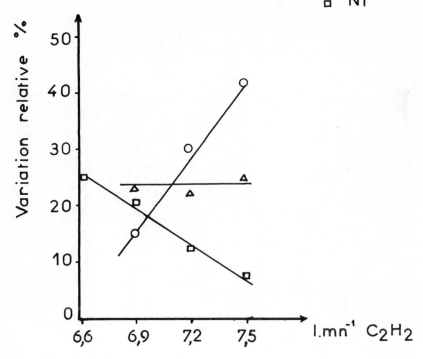

Figure 3 :

Variation de la population atomique totale du vanadium
en présence d'éléments étrangers (Al-La-Ni) en fonction
du débit d'acétylène.

8

Interferences in the Determination of Transition Elements by Atomic Absorption Spectrometry

J. M. OTTAWAY, D. T. COKER, J. A. DAVIES, A. HARRISON, N. K. PRADHAN, and W. B. ROWSTON

Department of Chemistry, University of Strathclyde, Glasgow, Scotland

SOMMAIRE

L'apparition d'interférences dans la détermination d'absorption atomique d'un certain nombre d'éléments de transition est examinée en insistant particulièrement sur les effets des paramètres expérimentaux comme la composition de la flamme, la hauteur du faisceau optique au-dessus du brûleur, la nature et la concentration de ℓ'ion qui interfère et de l'anion qui l'accompagne. Dans le cas de chaque élément étudié, une méthode a été mise au point pour permettre d'effectuer une détermination exempte d'interférences dans une flamme d'air et d'acétylène, à l'aide d'agents convenables de dégagement. Le mécanisme des phénomènes d'interférences, et particulièrement les effets mutuels d'interférences du chrome et du calcium font l'objet de brefs commentaires.

Summary:- The occurence of interferences in the atomic absorption determination of a number of transition elements are reviewed with particular emphasis on the effects of experimental parameters such as flame composition, the height of the optical beam above the burner, the nature and concentration of the interfering ion and the accompanying anion. In the case of each element studied, a procedure has been developed which allows the interference free determination to be carried out in an air-acetylene flame with the aid of suitable releasing agents. Brief comments are made on the mechanism of the interference phenomena particularly the mutual interference effects of chromium and calcium.

Zusammenfassung: Das Auftreten von Störungen in der Atom-Absorptions-Bestimmung einer Anzahl von Übergangs-Elementen wurde mit besonderem Nachdruck auf die Wirkungen von Experimentier-Parametern, wie Flammen-Zusammensetzung, die Höhe des optischen Strahls auf dem Brenner, die Beschaffenheit und Konzentration des störenden Ions und des begleitenden Anions hin untersucht. Für jedes geprüfte Element wurde ein Verfahren entwickelt, welches die störungsfreie Bestimmung in einer Luft-Azetylen Flamme mit Hilfe geeigneter Auslösungsagens ermöglicht. Kurze Kommentare über den Zusammenhang der Störungs Phänomene, insbesondere der gegenseitigen Störungs-Effekte von Chrom und Kalzium werden angeführt.

The principal types of chemical interference effects in Atomic Absorption Spectrometry using flame atomisation have recently been reviewed[1]. The major effects which have been identified to date include stable compound formation, and disturbances of the equilibrium conditions existing for example between the most stable molecular species formed from the solution and the atoms, and the equilibrium populations of atoms in the ground state and in other excited or ionised states. All such species are normally assumed to be in equilibrium with the flame molecules and radicals present, at least in the secondary reaction zones of premixed flames, and these equilibria may be disturbed by the presence of additional elements or substances in the sample solution by reaction in either the condensed or vapour phases.

108

Although many detailed studies have been reported on interferences for one or two elements, e.g. calcium and magnesium, much
less information is available on other elements such as transition
elements. Over the past few years, we have carried out detailed
studies of interference patterns of a number of transition elements
(notably Fe, Ru, Mo, Cr) and have found that in all cases interferences are far more numerous than was previously assumed and also
that they are strongly dependent on a number of experimental parameters normally subject to the control of the analyst. Unless these
are adequately defined in procedures adopted for routine analysis
they may lead to variable results from one analyst to another. These
parameters are as follows:

(1) The flame composition, as defined by the ratio of fuel gas to
support gas - or the richness of the flame.

(2) The height of the optical beam above the burner (to some extent
related to (1))

(3) The nature and concentration of the interfering ion.

(4) The nature of the accompanying anion (for cationic interferences);
some elements exhibit different interferences in sulphate or chloride
media, others do not.

5) Time - in a few cases observed effects depend on the age of
the solutions.

In addition, we have found that, although the general pattern is
similar on different instruments, differences occur due to the
variation in the optical arrangement which effects the interaction
of the light beam with the flame and also due to variations in the
properties of the flames themselves, due to such factors as back

109

pressures, flame area and length. In the short time at my dispos

I would like to review the practical aspects of our work and will

demonstrate the effects of the above parameters with particular

reference to the air-acetylene flame. The instrument used in mos

of this work was a Perkin-Elmer 290 with standard accessories

although comparative studies have been made on other instruments

from time to time.

It has long been established that the atomic absorption of

many elements is critically dependent on the acetylene:air ratio .

This is illustrated in Fig.1 which shows the variation in atomic

absorption signal for iron, cobalt, chromium and molybdenum with

stoicheiometry ratio at a height of 11 mm above the burner in an

air-acetylene flame burning on a standard Perkin-Elmer 5 cm single

slot burner. These were obtained using solutions of the metal

sulphates in dilute sulphuric acid, and although iron and cobalt

give fairly consistent signals in a fuel-lean flame, both show a

sharp drop off as the flame is made fuel-rich. In chloride soluti

the signals are much more constant over the whole range of flame

composition. The chromium profile is much sharper with a cut off

in the lean flame as well as in the rich flame and in this case th

signal is more or less independent of the anion present, chloride

or sulphate. Molybdenum only gives a signal in a fuel-rich air-

acetylene flame. Although these effects are well known, very litt

attention has been paid to their explanation. We have recently

suggested[2] that the drop-off on the fuel-rich side of the flame f

iron, chromium etc. is due to overexcitation effects. Measurement

of emission from chromium monoxide (Fig. 2) shows a sharp increase

in a fuel-lean air-acetylene flame corresponding to the decrease
in atomic absorption, and it appears likely that both are due to a
shift in the atom/monoxide equilibrium,

$$M + O \rightleftharpoons MO$$

with an increase in oxygen concentration. Similar evidence has
been obtained for molybdenum[3] and the drop in the fuel-lean flame
is in the expected order of stability of the monoxides, i.e. $Co <$
$Fe < Cr < Mo$.

The interference of other elements on for example the determination of iron is strongly dependent on flame composition and the
anion present. In sulphate medium, very small effects ($< 5\%$) are
found in the fuel-lean flame but in a fuel-rich air-acetylene flame,
at a position corresponding to that at which the iron signal itself
drops off, interferences are given by many elements (Fig. 3). Some,
such as Ti, Al, Ca and Zr give enhancement at levels as low as
0.05 p.p.m. and other elements such as Cr, V, Mn, Mg and Zn give a
similar enhancement but at a much higher concentration level
(≈ 100 p.p.m.). Three elements, Co, Ni and Cu give depressions
and are rather more important since the depressions occur at a
position which would normally be taken as the optimum condition
for iron determinations i.e. maximum absorbance[4]. All these
effects are strongly dependent on the anion present since in chloride medium, few or no interferences are found.

Although the flame composition profile for chromium is very
different from that for iron, the interference pattern is very
similar (fig. 4). Starting from a particular flame composition,

111

elements such as Al, Ti etc. give enhancements, whereas elements such as iron and nickel give depressions. There are no or only very small effects in a fuel-lean flame. Thus there is no depression of chromium by iron in a fuel-lean flame, although the sensitivity of the chromium signal is of course reduced under these conditions due to the monoxide equilibrium effect described above. The interference effects on chromium are very similar in chloride and sulphate medium and this is the reason that interferences are more well known for chromium than for iron, most previous workers having employed solutions containing chloride ions. We have been able to establish a pattern in the series Cr, Fe, Co, Ni, Cu in which those elements to the right give depressive interference on any element and those to the left enhancements, and coupled with the general effects of other elements such as Ti and Al allowed us to predict the interferences found with cobalt and nickel which were subsequently confirmed by experiment.

In the case of an element such as ruthenium, the interference pattern is quite different. The flame composition profile for ruthenium at 11 mm height in an air-acetylene flame is rounded, tailing off in both rich and lean flames. In this case, every element or ion, including sodium or chloride etc., interferes[5] and the effects of all elements, for example iron (Fig. 5), can vary from strong enhancement to depression depending on the accompanying anion. With ruthenium, all the interferences are independent of flame composition and are in proportion under all flame conditions. In this case also, a number of effects changed with time and appeared to be dependent on changes in the state of coordination of ruthenium in solution.

Our studies have led to the development of analytical procedures using novel releasing agents which allow a greater degree
of freedom from interference than others reported previously. The
interference of cobalt, nickel and copper on iron is best controlled
using oxine[4]. A mixture of copper/cadmium sulphates has been
found effective in the case of ruthenium[5] in line with similar
observations by other workers in the determination of palladium
and platinum[6]. Most but not all inorganic interferences on
molybdenum can be controlled by the use of ammonium chloride, but
we have found that a mixture of ammonium chloride and cadmium
chloride effectively removes all inorganic and organic interferences,
cadmium being particularly important with the latter. The most
effective releasing agent we have found for chromium is oxine.
This removes the depressive effect of iron and in fact yields a
slightly enhanced signal[7]. We have recently developed a procedure
for determining chromium in steels using pure potassium dichromate
solutions as standards. Dissolution of the steel in HCl/HNO_3 and
addition of 0.9% oxine to both standard and sample solutions allows
a direct determination of chromium in the range of 0.001 to 1% in
steel. Some typical results are given in Table 1.

We have recently ascribed the mutual interference effects
between Co, Ni, Fe and Cr to overexcitation phenomena[2] and it
appears most likely that interferences in the case of an element like
ruthenium are due to volatilisation phenomena just discussed by
Rubeska[8] because the effects are independent of flame composition.
In the short time left today, I would like to discuss some effects

113

we have discovered recently which occur in the fuel-lean air-
acetylene flame and appear to be controlled by shifts in monoxide
dissociation equilibria. The mutual interference of chromium and
calcium in sulphate medium in a fuel-lean flame is illustrated in
Fig. 6. Under our instrumental conditions, calcium gives maxiumum
absorption in a slightly fuel-lean flame and the signal is enhanced
in the presence of chromium. At the same time and under the same
conditions, a corresponding decrease in the chromium absorption
signal is observed (Fig. 6). If compound formation was the cause
of these effects then both signals would be expected to decrease
and this is ruled out as an explanation. The most likely explanation is based on the reaction,

$$Cr + CaO(H) \longrightarrow CrO + Ca + (H)$$

Confirmation of this hypothesis can be obtained by studying the
change in the chromium monoxide emission signal in the presence of
calcium (Fig. 7). Solutions of different concentration have to be
used as the intensity of CrO emission is weak but a definite increas
is observed using solutions of the same molar ratio. An interesting
feature of this effect is that in the presence of another or third
element, the interelement effects of chromium and calcium disappear.
A wide range of elements have this effect, K, Na, Ag, Cs, Rb, Li, C?
Co, Pt, Pd, Tl, In etc. The explanation for both the mutual interference phenomena and the releasing mechanism appears to be processe
taking place during the volatilisation of the clots. The changes in
chromium ahd calcium atom formation being due to the relative ease
in breaking particular bonds in the crystal structures such as
Cr - O - Ca and the effect of the third elements being as a buffer

114

effectively separating the calcium and chromium atoms from each other in the solid clots.

References.

1. "Flame Emission and Atomic Absorption Spectrometry", Vol.1, Ed. J.A. Dean and T.C. Rains, Dekker, New York, 1969.

2. D.T. Coker and J. M. Ottaway, Nature, 1970, 227, 831.

3. D.T. Coker, J.M. Ottaway and N.K. Pradhan, Nature, Physical Science, 1971, 233, 69.

4. J.M. Ottaway, D.T. Coker, W.B. Rowston and D.R. Bhattarai, Analyst, 1970, 95, 567.

5. W.B. Rowston and J.M. Ottaway, Analyt. Lett., 1970, 3, 411.

6. M.M. Schnepfe and F.S. Grimaldi, Talanta, 1969, 16, 591.

7. N.K. Pradhan and J.M. Ottaway, in the press.

8. I. Rubeska, "Methodes Physiques D'Analyse", Speeial Edition, 3^e CISAFA Paris, 1971, p.61.

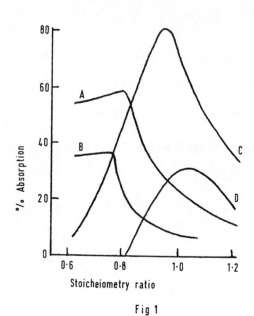

Fig 1

Fig.1. Variation of the absorption of several elements with respect to flame composition in the air-acetylene flame at 11 mm.

Curve A, 25 p.p.m. iron(III) sulphate (248.3 nm)

Curve B, 25 p.p.m. cobalt(II) sulphate (240.7 nm)

Curve C, 10 p.p.m. chromium(III) sulphate (357.9 nm)

Curve D, 50 p.p.m. sodium molybdate (313.2 nm)

The position of stoicheiometric composition indicated at E..

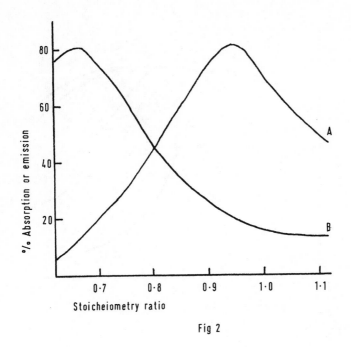

Fig 2

Fig.2. Absorption of chromium at 357.9 nm (10 p.p.m. Cr), A, and
emission from chromium monoxide at 580 nm (100 p.p.m. Cr) B, with
respect to flame composition at a height of 11 mm in an air-acetylene flame.

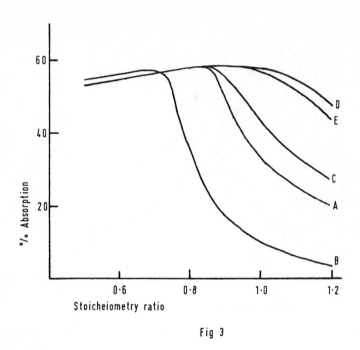

Fig 3

Fig.3. Absorption of 25 p.p.m. iron(III) sulphate as a function
of stoicheiometry ratio in an air-acetylene flame in the presence
interfering elements. Additional reagents; A, none; B, 200 p.p.
Ni; C, 0.05 p.p.m. Ti; D, 0.20 p.p.m. Ti; E, 200 p.p.m. V.

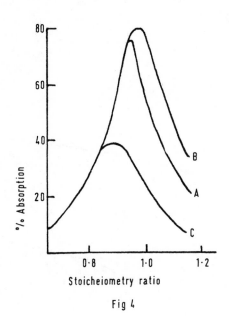

Fig 4

Fig.4. Absorption of 20 p.p.m. chromium(III) sulphate as a function
f stoicheiometry ratio in an air-acetylene flame in the presence of
nterfering elements. Additional reagents: A, none; B, 2 p.p.m. Ti;
, 400 p.p.m. Ni.

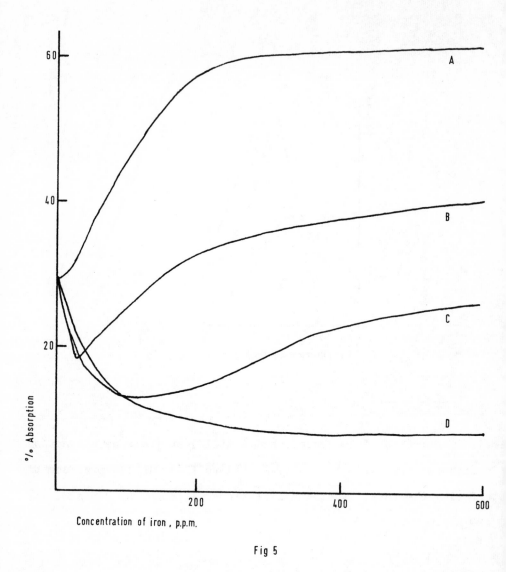

Fig 5

Fig. 5. Interference of iron on the absorption signal of 24 p.p.m. ruthenium in the presence of various anions, A, PO_4^{3-}; B, SO_4^{2-}; C, NO_3^-; D, Cl^-. Air-acetylene flame at a height of 8 mm.

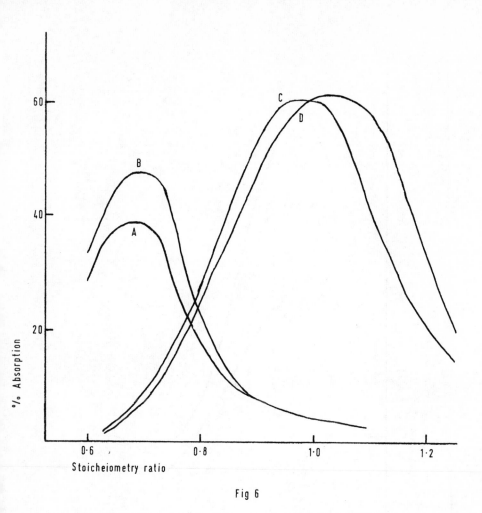

Fig 6

Fig. 6. The mutual interference of chromium and calcium at 10 mm in an air-acetylene flame as a function of stoicheiometry ratio. Curve A, Absorption of 10 p.p.m. calcium; B, 10 p.p.m. calcium in the presence of 5 p.p.m. chromium; C, 10 p.p.m. chromium; D, 10 p.p.m. chromium in the presence of 20 p,p.m. calcium. All in sulphate medium.

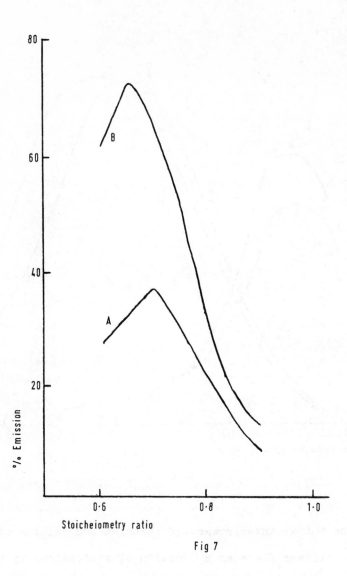

Fig 7

Fig. 7. Emission of chromium monoxide at 580 nm using a solution containing 250 p.p.m. chromium sulphate in the absence of calcium, curve A, and in the presence of 500 p.p.m. calcium sulphate, curve

Table 1

Determination of Chromium in Steels

B.C.S. No.	Certificate Value %	Duplicate Results %
325	0.22	0.213, 0.209
321	0.106	0.104, 0.103
320	0.131	0.128, 0.125
405	0.21	0.196, 0.194
403	0.42	0.406, 0.40
322	0.039	0.040, 0.041
401	0.080	0.074, 0.075
219/3	0.76	0.765, 0.750
224/1	1.06	1.055, 1.065
241/2	5.35	5.23 , 5.25
214/2	0.09	0.089, 0.90
225/2	1.08	1.078, 1.082
255/1	0.19	0.190, 0.188

9

Limite de Detection du Calcium par Photométrie de Flamme

F. M. ABREU, M. R. GRADE, et B. EDMÉE MARQUES

Centro de Estudos de Radioquímica, da Commissão de Estudos de Energia Nuclear, do Instituto de Alta Cultura, Lisboa, Portugal

SOMMAIRE

On utilise la photométrie de flamme pour déterminer la limite de detection du calcium en employant du caesium pour reduire la deuxième ionisation du calcium. On trouve que le caesium est plus efficace que le potassium et la limite de detection est de 0.002 p.p.m. On utilise la flamme oxygène-acetylene.

ABSTRACT

By oxigene-acetylene flame spectrophotometry we get results on determination of calcium with detection limit of 0.002 p.p.m., using cesium as supressant.

Zusammenfassung

Mithilfe der Flamm-Photometrie wird die Grenze für die Fesstellung von Kalzium ermittelt. Um die zweite Ionisation des Kalziums zu reduzieren, wird Caesium verwendet, da sich herausgestellt hat, dass Caesium wirksamer als Kalium ist. Die Detektionsgrenze liegt bei 0,002 p.p.m. Man bedient sich einer Azetylen-Sauerstoff-Flamme.

INTRODUCTION

Jusqu'à present le dosage du calcium par photométrie de flamme et par absorption atomique a offert certaines dificultés (1).

Par photométrie de flamme, on trouve quelquefois, des sensibilités supérieures à celles qu'on obtient par absortion atomique. C'est ce qu'on verifie dans le dosage du calcium (1).

Mais la sensibilité de la méthode dépend de la temperature de la flamme. Des flammes trop chaudes provoquent la deuxième ionisation du calcium en forte proportion, en reduisant le numéro d'atomes excités à la première ionisation. Au contraire, les flammes moins chaudes peuvent donner lieu à des interferences nuisibles. On peut, cependant, employer les flammes chaudes, si on ajoute à la solution en étude une substance qui se ionise très facilement; par exemple, le potassium (2,3). L'aplication du potassium a été faite dans les flammes de oxyde-nitreux--acetylène(2,3); nous avons essayé le caesium et nous avons employé toujours l'acetylène et l'oxygène.

Notre préférence pour le caesium vient d'une comparaison de l'energie de la première ionisation du calcium(90 Kcal/g.mol) par rapport à celle du potassium (100 Kcal/g.mol) et aussi parce que les chaleurs de vaporisation sont respectivement de 16,3 Kcal/g.atome et de 18,9 Kcal/g.atome(4)

PARTIE EXPERIMENTALE

Pour mener à bien nos recherches nous avons fait des solutions de chlorures de calcium, de potassium et de caesium de plusieurs concentrations. Nous avons toujours opéré en solution 0.1 M en acide chlorhydrique. L'eau des solutions était bidistillée et tous les reactifs etaient ANALAR.

Pour les mesures nous avons employée un spectrophotometre Beckman DU, avec les accessoires de photométrie de flamme.

La pression de l'oxygène etait de 0,8 atmosphères et celle de l'acetylène de 0,22 atmosphères.

La vitesse de l'évaporation etait de 2ml/min, et la temperature de la flamme de 3.000 ºC (5).

RESULTATS ET CONCLUSIONS

La loi de Lambert-Beer est verifiée pour la gamme de concentrations de nos solutions de chlorure de calcium.

Le graphique 1 montre les resultats otenus avec les solutions de 1.000 p.p.m. de K et de 1.000 p.p.m. de Cs et de plusieurs p.p.m. de calcium. Dans le graphique on voit la différence entre les coefficients angulaires des droites et que le caesium est bien plus efficace que le potassium.

Dans les tableaux et graphiques LI et III, nous montrons l'effect de l'adition de 500 p.p.m. de caesium en comparaison avec les 1.000 p.p.m. decaesium et les 1.000 p.p.m. de potassium.

Pour les faibles concentrations de calcium, de l'ordre des 0,002p.p.m. nous voyons que l'adition de 500 p.p.m. de caesium produit plus d'effect que les 1.000 p.p.m. (Tableaux IV et IV A ; graphique IV). La limite de detection que nous avons trouvé, pour le calcium, dans les conditions des experiences est de 0,002 p.p.m. , ce qui a été reconnu par calcul statistique selon la formule (6)

$$\bar{x} - \bar{x}_B = 3\sqrt{2} \; \sigma_B$$

$\bar{x}$--valeur moyenne pour la solution 0,002 p.p.m. Ca.

$\bar{x}_B$ -valeur moyenne pour le " blanc " .

σ_B - L'ecart type

Pour trouver la concentration de caesium (p.p.m.) à partir de laquelle nous pouvons arriver à reduire la deuxième ionisation du calcium, nous avons essayé des solutions progressivement plus concentrées en caesium(7). Le tableau V nous montre qu'à partir de 300 p.p.m. de caesium nous pouvons obtenir pratiquement l'élimination de la deuxième ionisation.

En conclusion:

Par photométrie de flamme oxygène-acetylène, nous avons pu faire le dosage du calcium jusqu'à la limite de 0,002 p.p.m.,en employant le caesium dans la concentration de 500 p.p.m., ce qui represente un grand advantage sur les 0,005 p.p.m. qui ont etaient trouvé par Fassel et colab. (8) avec une semblable mélange gaseux.

Le graphique V met en evidence les coefficients angulaires des droites à employer pour les differentes concentrations de calcium.

BIBLIOGRAPHIE

(1) -E.E. Pickett and S.R. Koirtyohann
Emission flame photometry-A new look at an old method
Modern Classics in Analytical Chemistry. pg.94-1970.

(2) -E.E. Pickett and S.R. Koirtyohann
Spectrochimica Acta, 1968, vol 23B, pg 235

(3) -S.R. Koirtyohann and E.E. Pickett
Spectrochimica Acta, 1968, vol 23B, pg 673

(4) -Table of periodic properties of the elements
SARGENT- WELCH SCIENTIFIC COMPANY

(5) -E. Pungor

   Flame Photometry Theory -1967

(6) -R. Herrmann; C.T. Alkemade and P. Gilbert

   Flame Photometry -1963

(7) -D.C. Manning and L.C. Delgado

   Analytica Chimica Acta -1966, vol 36, pg 312

(8) -V.A. Fassel and D.W. Golightly

   Anal. Chemistry -1967, vol 39, pg 466

REMERCIEMENTS

Nous tenons à remercier la Direction de l'INSTITUTO DE ALTA CULTURA-
Lisboa-Portugal, par les moyens materiels'qui a bien voulu nous accorder.

-1000 p.p.m. de potassium

Concentrations en calcium (p.p.m.)	% Transmitance
0.5	28
1	32
5	54
10	75
12	83
15	100

-Conditions experimentales

Le "blanc" -12

L.d.o.   -422,6 mμ

Fente   -0.115 mm

Sensibilité -Full

-1000 p.p.m. de caesium

Concentrations en calcium (p.p.m.)	%Transmitance
0.5	------
1	10
5	15
10	54
12	76
15	100

-Conditions experimentales

Le "blanc"   - -------
L.d.o.   - 422,6 mμ
Fente   - 0.09 mm
Sensibilité   - Full

Concentrations en calcium (p.p.m.)	% Transmitance
0.1	54
0.5	56
1	65
3	83
5	100

-Conditions experimentales

Le "blanc"   - 13
L.d.o.   -422,6 mμ
Fente   - 0.13 mm
Sensibilité   - Full

- 500 p.p.m. de caesium

Concentrations en calcium (p.p.m.)	% Transmitance
0.5	11
1	21
5	46
10	72
12	81
15	100

-Conditions experimentales

Le "blanc"   -6

L.d.o.   -422,6 mμ
Fente   - 0.115 mm
Sensibilité - Full

Concentrations en calcium (p.p.m.)	% Transmitance
0.1	50
0.5	60
1	70
3	80
5	100

-Conditions experimentales

Le "blanc   -14
L.d.o.   - 422,6 mμ
Fente   -0.133 mm
Sensibilité - Full

- 1000 p.p.m. de caesium

Concentrations en calcium (p.p.m.)	% Transmitance
0.002	82
0.004	85
0.006	91
0.008	97
0.01	100

- Conditions experimentales

Le "blanc"   - 65
L.d.o.   - 422,6 mµ
Fente   - 0.14 mm
Sensibilité   - Full

- 500 p.p.m. de caesium

Concentrations en calcium (p.p.m.)	% Transmitance
0.002	73
0.004	80
0.006	85
0.008	94
0.01	100

- Conditions experimentales

Le "blanc"   - 58
L.d.o.   - 422,6 mµ
Fente   - 0.14 mm
Sensibilité   - Full

- 3 p.p.m. de calcium

Concentrations en caesium (p.p.m.)	% Transmitance	
	422,6 mμ	393,3 mμ
0	20	15
10	32 (1,48)	12 (0,85)
100	42 (1,88)	10 (0,75)
300	50 (2.20)	0 (0)
500	57 (2,48)	0 (0)
1000	70 (3,00)	0 (0)

Note: Les numéros en parenthèses sont les raisons des valeurs de % Transmitance pour les solutions avec caesium et sans caesium.

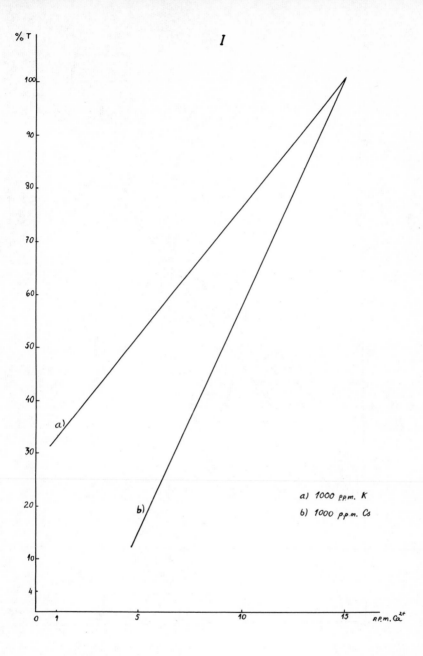

%T

I

100
90
80
70
60
50
40
30
20
10
4

a)

b)

a) 1000 p.p.m. K
b) 1000 p.p.m. Cs

0   1   5   10   15   p.p.m. Ca²⁺

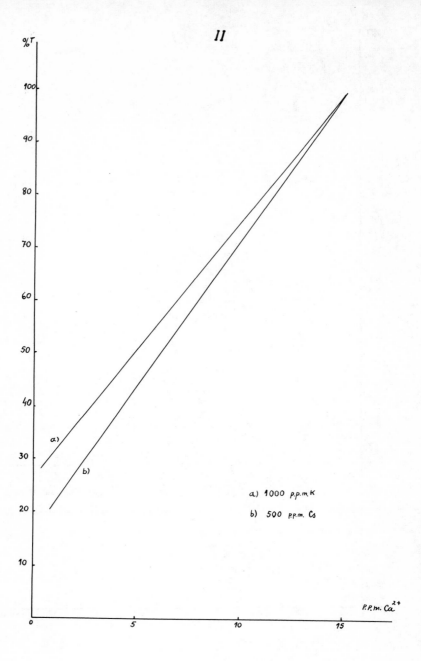

a) 1000 p.p.m. K

b) 500 p.p.m. Cs

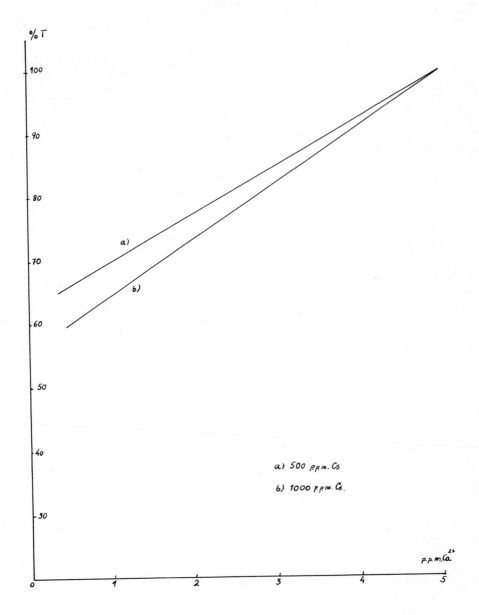

a) 500 p.p.m. Cs

b) 1000 p.p.m. Cs.

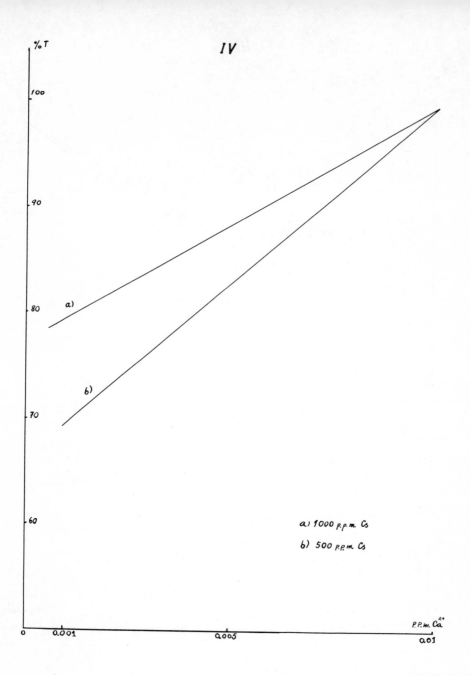

IV

a) 1000 p.p.m. Cs

b) 500 p.p.m. Cs

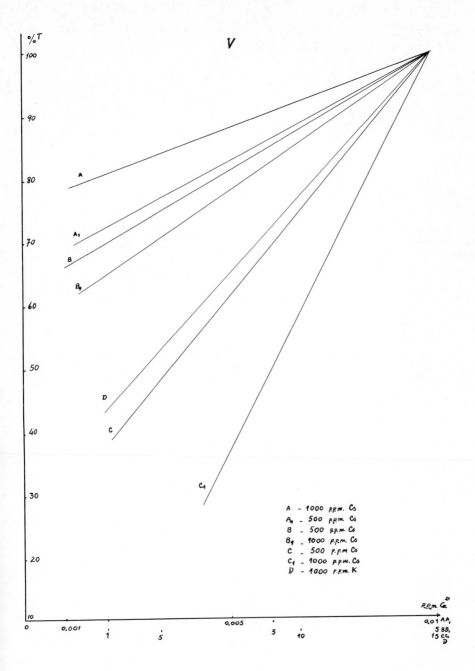

V

A - 1000 p.p.m. Cs
A₁ - 500 p.p.m. Cs
B - 500 p.p.m. Cs
B₁ - 1000 p.p.m. Co
C - 500 p.p.m. Co
C₁ - 1000 p.p.m. Co
D - 1000 p.p.m. K

High Temperature Flames of NO/C_2H_2, N_2O/C_2H_2, and N_2O/H_2 Gas Mixtures in Atomic Absorption Spectroscopy for Geochemical Analysis

W. LUECKE

Institut für Petrographie (Geochem. Labor) der Universität Karlsruhe, Germany

Résumé

On trouvera une étude dans laquelle des mélanges gazeux de NO/C_2H_2 et de N_2O/H_2, brûlant à de très hautes températures, sont utilisés pour déterminer, à l'aide de spectrométrie d'absorption atomique, les métaux alcalino-terreux et les éléments d'oxyde réfractaire dans un matériel géochimique. Les deux sortes de flammes obtenues fournissent pour quelques-uns des éléments examinés des améliorations par rapport à la flamme connue de N_2O/C_2H_2. Pour déterminer les éléments de trace B, Ba, Sr et Zr, on recommandera la flamme de NO/C_2H_2, alors que pour les Be, Ti et V la flamme du mélange gazeux habituel N_2O/C_2H_2 montre une plus grande sensibilité. Pour recherchés les principaux éléments de silicate Mg, Ca et Al les flammes utilisées se montrent avantageuses malgré leur sensibilité restreinte, car pour mesurer ne sont nécessaires que de faibles degrés correspondants de dilution.

Summary

This work investigates the applicability of the high temperature flames of the two-gas mixtures NO/C_2H_2 and N_2O/H_2 to the Atomic Absorption Spectroscopy analysis of the alkaline earth metals and those elements which form refractory oxides. Both flames exhibit some advantages over the well known N_2O/C_2H_2 flame in cases, such as Mg, Ca or Al in silicate analyses, where the concentrations of these elements are too high for direct determination, and the respective solutions consequently have to be diluted. For determination of trace concentrations of B, Ba, Sr and Zr, the NO/C_2H_2 gas mixture is recommended, whereas that of N_2O/C_2H_2 is favoured for Be, Ti and V.

Zusammenfassung

Es wird die Anwendung der heiß brennenden Gasgemische NO/C_2H_2, und N_2O/H_2 zur Bestimmung der Erdalkalien und Elemente refraktärer Oxide in geochemischem Material

mit Hilfe der Atomabsorptions-Spektralanalyse beschrieben.
Beide Flammenarten ergeben dabei für einige der untersuch-
ten Elemente Verbesserungen gegenüber der bekannten N_2O/
C_2H_2-Flamme. Für die Bestimmung der Spurenelemente B, Ba,
Sr und Zr wird die NO/C_2H_2-Flamme empfohlen, während für
Be, Ti und V die Flamme des gebräuchliden N_2O/C_2H_2-Gasge-
misches eine größere Empfindlichkeit zeigt. Bei der Erfas-
sung der silicatischen Hauptelement Mg, Ca und Al erweisen
sich die verwendeten Flammen trotz gerigerer Empfindlichkeit als Vorteil, weil zur Messung nur entsprechend kleine
Verdünnungsgrade erforderlich sind.

Introduction

The gas mixture most commonly used in atomic absorption spectroscopy (AAS) analyses is premixed air/acetylene
(flame temperature : $\sim$2300°C). However, it is not possible
to detect all metallic and metalloid elements with this flame. Most alkaline earth metals, and elements which form ther-
mally stable (refractory) oxides, require the use of higher
temperature flames in order to transform these atoms into
their ground levels, i.e. the atomic resonance state. Unfortunately, gas mixtures with higher flame-temperatures than
air/acetylene often possess the disadvantage of having high
combustion velocities. This entails correspondingly high
flow-rates of such gas mixtures through the specially designed burner heads required. Hence, compared with their behaviour in the air/acetylene flame, atoms of the element being
analysed pass more swiftly through the high velocity flame,
thus shortening the time available for analysis. This causes a relative reduction in sensitivity (ppm/1% absorption)
and a worsening of the detection limit for any given element.

Of a large number of gas mixtures studied by AMOS
& WILLIS (1966), nitrous oxide (N_2O) as oxidant with acetylene (C_2H_2) as fuel proved to be especially useful in clo-
sing what was, at that time, a gap in extending   the sco-
pe of AAS. Since then, this mixture has been recommended for
routine analyses of about 20 elements (MANNING, 1966) on
most of the commercial AAS apparatus available. When sufficient care is taken and allowances made for the chemical and
thermal interference effects which occur (LUECKE, 1971 ;
LUECKE & ZIELKE, 1971), this analytical method can be successfully employed for determinations on geochemical material.

A comparison of data on different gas mixtures, com-
piled by WILLIS (1968), shows that the NO/C_2H_2 flame gives
the most favourable analytical relationship between combustion velocity and maximum temperature for AAS. The values
of these two parameters, for various flames, including those of N_2O/H_2 and NO/C_2H_2 are given for comparison in Table
1. The aim of this work is to examine the feasibility of
using these two last-named gas mixtures for AAS in geochemical analyses.

No information exists concerning the behaviour of individual elements, in flames of the gas mixtures under discussion, except for B, W, and Ta (SLAVIN et al., 1966).

Table 1 - Characteristics of flames of premixed gases for AAS (after PARKER & WOLFHARD, 1952 and 1954) .

Oxidant	Fuel	Combustion velocities	Max. temperature
NO	C_2H_2	0,87 m/sec	3095°C
NO	H_2	~ 0,3 m/sec	~ 2830°C
N_2O	H_2	~ 4 m/sec	~ 2660°C
N_2O	C_2H_2	1,6 m/sec	2940°C

I - Experiments with nitric oxide (NO) as oxidant.

There exists little published data on the use of nitric oxide as oxidizer for AAS flames. All such work refers to the fundamental theoretical-experimental work of PARKER & WOLFHARD (1952, 1954) and to the experimental work of MANNING (1965) and SLAVIN et al. (1966). Because the application of N_2O as an oxidant in AAS laboratories is now wide-spread, it seems reasonable to compare all data obtained on NO with that already available on N_2O. The fuel component of the mixture with these oxidants has always been acetylene (C_2H_2).

Whereas N_2O is an almost odourless, relatively nontoxic gas, NO combines spontaneously with atmospheric oxygen to form brown, caustic and corrosive NO_2. There is a danger that unburnt NO may find its way into the exhaust gases of AAS apparatus, thus constituting a safety hazard. However, NO/C_2H_2 mixtures, like those of N_2O/C_2H_2 can be ignited by an air/C_2H_2 pilot-light. In this case there is no danger of NO_2 being produced in the exhaust gases. As a precaution against possible corrosion, all gas lines, as far as possible, were constructed from chemically resistant PVC, Teflon or, in the case of the exhaust hood, stainless steel. After extinguishing the NO/C_2H_2 flame the NO gas line were rinsed through with compressed nitrogen. Some NO_2 vapour is produced during this flushing operation but is present only for a fraction of a second, being rapidly removed through the exhaust system. Because the combustion velocity of this mixture is only about half that of N_2O/C_2H_2 the flow rate is correspondingly lower, and consequently icing at the reducing valve of the gas cylinder does not occur, as it does in the latter case. Cylinders are supplied with N_2O in the liquid state, so that the manometer of the reducing valve indicates only the pressure of the vapour in equilibrium with the liquid at the ambient temperature. On the other hand, NO remains a gas, so that the actual gas pressure can be read directly on the cylinder manometer, permitting an estimate to be made of the quantity of gas remaining. Furthermore, in contrast with the properties of N_2O, there is no danger of explosion if NO happens to come into contact with greasy surfaces. Thus, some of the principal sources of flash-back, which are present with premixed N_2O/C_2H_2, are eliminated, namely : (1) Icing of the manometer or the inlet tube. (2) Rapid depressurization of the cylinder, so sudden, that the drop in pressure is not registered promptly enough by the reducing valve manometer (high exit velocity of N_2O). (3) Frequent clogging of the burner by deposition of pyrocarbon. This latter was never observed whilst working with NO/C_2H_2 mixtures.The lower combustion velocity of the gas mixture with NO as oxidant, compared with that in which N_2O is used, results in the former developing a smaller suction force, and hence a lower consumption of analysis solution. A second advantage is the flame's tranquility, as indicated by the very constant height of the "feather" and the agreeably low noise-level.

Emission spectra were recorded for both gas mixtures in order to examine their individual background radiation. Because the gases in both flames are composed of the same elements (N, O, C, and H), the spectra, as expected, do not differ qualitatively as regards the bands and lines present (mainly CN, CH, NH, OH, and C). Quantitative differences in intensity are, however, discernible. These differences, apparently, result from the reduced nitrogen content in the chemical formulation of the NO/C_2H_2 gas mixture and from the difference in the oxidant-to-fuel-ratio selected for this mixture, as compared with the N_2O/C_2H_2 mixture. The background intensity of the flame at the wavelength of any given element has a great influence on the analytical sensitivity and the detection limit of this element. Therefore, those of the most important geochemical elements were chosen whose AAS analyses had previously been carried out largely by means of N_2O/C_2H_2 flames. Table 2 shows the optimum flow-rates which are necessary for obtaining maximum absorption with the gas mixtures used. In addition, are given the calculated sensitivities for the various elements studied, and the differences in the absorbance for each element in the NO/C_2H_2 flame, compared with that in the N_2O/C_2H_2 flame, expressed as a percentage (plus or minus) of the latter. The sensitivities for the N_2O/C_2H_2 flame used for comparison in Table 2 are taken from the Perkin-Elmer AAS manual. Measurements were made on a Perkin-Elmer Atomic Absorption Spectrometer (Type 303), coupled to a pen recorder. To the aqueous solutions used, 0,5 % Cs was added as deionizing element.

II - Experiments with hydrogen (H_2) as fuel.

The gas mixture NO/H_2 appears to be particularly well-suited for AAS because of its favourable combustion velocity, and its high maximum temperature (Table 1). However, this mixture can only be ignited by initially mixing

Table 2 - Sensitivities for elements determined with NO/C_2H_2 and N_2O/C_2H_2 flames.

Elements	N_2O 1	C_2H_2 1	Sensitivity	NO 1	C_2H_2 1	Sensitivity	Relative change of values 2.
Be	6,0	13,0	0,03ppm/1%	5,0	13,0	0,05ppm/1%	– 40 %
Mg	6,0	12,5	0,03ppm/1%	5,0	12,5	0,04ppm/1%	– 30 %
Ca	6,0	12,5	0,06ppm/1%	5,0	12,0	0,10ppm/1%	– 40 %
Sr	6,0	12,5	0,09ppm/1%	5,0	12,0	0,09ppm/1%	0 %
Ba	6,0	13,0	0,4 ppm/1%	5,0	12,5	0,35ppm/1%	+ 10 %
Ti	6,0	14,0	2 ppm/1%	5,0	12,5	3 ppm/1%	– 35 %
Zr	6,0	13,5	15 ppm/1%	5,0	13,0	9,5 ppm/1%	+ 60 %
V	6,0	14,0	0,8 ppm/1%3	5,0	13,5	1,8 ppm/1%	– 55 %
B	6,0	14,5	40 ppm/1%	5,0	14,0	30 ppm/1%	+ 30 %
Al	6,0	13,5	1,3 ppm/1%	5,0	13,0	2,9 ppm/1%	– 55 %

1 - Flowmeter scale divisions.
2 - Relative to results obtained with the N_2O/C_2H_2 flame under constant conditions of the ASS apparatus.
3 - New data.

the oxidant with either N_2O or NH_3. Only in this way the ignition temperature for NO/H_2 can be attained (PARKER & WOLFHARD, 1952). For experimental reasons further work with this mixture has been postponed.

The N_2O/H_2 gas mixture may be ignited in the same way as the N_2O/C_2H_2 mixture, i.e. by means of an air/acetylene flame. The former emits a much weaker line spectrum than the N_2O/C_2H_2 flame, and has a lower background because of the absence of C-compound radicals and C_2-molecular bands. On the other hand this mixture has a relatively high combustion velocity (Table 1). Hence the time spent by an atom, which is capable of resonance, within the incandescent region of the flame is very short. This property, amongst others, is responsible for the lack of absorption shown by most of the elements examined, namely : Be,Ba,Ti, Zr,V,B and Al. Only the alkaline earths Mg,Ca and Sr (Table 3) exhibit absorption in this flame. Compared with the elemental sensitivities obtainable with the N_2O/C_2H_2 flame, with the N_2O/H_2 flame the sensitivity for Mg is hardly different, whereas those for Ca and Sr are an order of magnitude poorer.

III - Comparison of the NO/C_2H_2 and N_2O/H_2 flames with the N_2O/C_2H_2 flame.

From the data presented in Table 2, it is clear, that in general, the background noise-levels of NO/C_2H_2 flames are no worse than those of the corresponding N_2O/C_2H_2 flames (v.v.SLAVIN et al., 1966) : rather, the data

Table 3 - Sensitivities for elements determined with N_2O/C_2H_2 and N_2O/H_2 flames.

Elements	N_2O*	C_2H_2*	Sensitivity	N_2O*	H_2	Sensitivity
Mg	6,0	12,5	0,03ppm/1%	5,0	12,5	0,05ppm/1%
Ca	6,0	12,5	0,06ppm/1%	5,0	13,0	0,8 ppm/1%
Sr	6,0	12,5	0,09ppm/1%	5,0	13,0	0,8 ppm/1%

* Flowmeter scale divisions.

indicate that the intensity of the background noise, which corresponds to the emission spectrum of the flame, is dependend upon wavelength. In the case of the geochemical trace elements Be, Ti and V, the sensitivity is poorer than in the N_2O/C_2H_2 flame, because of a higher noise-level in the NO/C_2H_2 flame. Conversely, the sensitivities for the trace elements Ba, Zr, and B are better in the NO/C_2H_2 flame, because the corresponding background emission at the wavelength of each of the analysis lines in this flame is less intense than its counterpart in the N_2O/C_2H_2 flame. It is possible that the somewhat higher flame temperature of the NO/C_2H_2 mixture also contributes towards these effects. No differences in sensitivity for Sr, between the two mixtures, were observed, although the pen recorder trace was sometimes smoother during analyses with the NO/C_2H_2 flame.

The NO/C_2H_2 flame is about 50 % less sensitive than the N_2O/C_2H_2 flame towards the major geochemical elements Mg, Ca and Al (Table 2) which normally occur in concentrations on the order of a few percent. In the N_2O/H_2 flame only the elements Mg, Ca and Sr could be measured quantitatively (Table 3). Compared with the N_2O/C_2H_2 flame, the reduction in sensitivity towards Sr from 0,09 ppm/1 % to 0,8 ppm/1 % absorption makes the N_2O/H_2 flame less suited to the detection of trace elements.

Comparative insensitivity can, under certain circumstances, be a great advantage in the geochemical AAS analysis of the major elements. In order to avoid exceeding the measuring range of the instrument, it may be necessary to adjust the analysis conditions : either, as is often the case, by dilution, by altering the burner head position by 90°, by choosing a less intense resonance line, or by a combination of any or all of these. Of the three possibilities, reduction of sensitivity by altering the orientation of the burner head is the best, because, despite high concentrations of elements, one is able to work with nearly linear calibration curves. Furthermore, excessive errors are often caused by large-scale dilution ; and even when a weaker resonance line is available, it may not always be of use because it often happens that the signal-to-noise-ratio, for such a line, is considerably worse than is the case for the corresponding major resonance line. The present work shows that analyses on high concentrations of Mg, Ca, and Al in solution yielded reproducible results, with the various flames studied, without the need of excessive dilution even when these elements were analysed at the most sensitive resonance line. The standard deviation of these measurements were comparable with mean results for other elements obtained using the air/acetylene flame.

From the comparison of the characteristics of N_2O with those of NO (2.above) and the advantages of working with NO for the determination of specific elements, it seems reasonable to suggest that AAS laboratories should have NO, as well as N_2O, on hand for use as oxidant. It is hoped that further comparative measurements will reveal which gas mixture may best be used in the determination of those elements which are not detectable with the air/acetylene flame.

IV - Acknowledgements.

Some preliminary experiments on NO/C_2H_2 gas mixtures were carried out on the Type 403 AAS apparatus in the Enginee's Office of the Bodenseewerke Perkin-Elmer in Frankfurt/Main. I am very grateful to this firm for the use of their equipment and to Herr MOSTER for his assistance during these experiments. I wish to thank the firm Messer Griesheim (Düsseldorf) for generously supplying the nitric oxide (NO) through the good services of Herr PFERRER and Herr Dipl.-Phys.PALMEN. My special thanks are extended to Prof.Dr.E.ALTHAUS for critically reading the manuscript and Dr.M.S.BREWER for correcting the English text.

References

AMOS,M.D. & WILLIS,J.B. (1966) : Use of high-temperature pre-mixed flames in atomic absorption spectroscopy. Spectrochim.Acta 22, 1325-1343.
LUECKE,W. (1971) : Zur Methode der Atomabsorptions-Spektralanalyse der Erdalkalien und refraktären Oxide in geochemischen Referenzproben mit einer $N_2O-C_2H_2$-Flamme. N.Jb.Miner.Mh. 6, 263-288.
LUECKE,W. & ZIELKE,H.-J.(1971) : Atomabsorptionsspektrometrische Bestimmung von Iridium mit Hilfe einer Lachgas-Acetylenflamme. Z.Anal.Chemie 253, 20-23.
MANNING,D.C. (1965) : A burner for nitrous oxide-acetylene flames. Atomic Abs.Newsletter 4 (4), 267-271.
MANNING,D.C. (1966) : The nitrous oxide-acetylene flame in atomic absorption spectroscopy. Atomic Abs.Newsletter 5 (6), 127-134.
PARKER,W.G. & WOLFHARD,H.G. (1952) : Some characteristics of flames supported by NO and NO_2. Fourth Symposium on Combustion. The Williams & Wilkins Comp. ; Baltimore 1953.
SLAVIN,W., VENGHIATTIS,A. & MANNING,D.C. (1966) : Some recent experience with the nitrous oxide-acetylene flame.

Atomic Abs.Newsletter 5 (4), 84-88.
WOLFHARD,H.G. & PARKER,W.G. (1954) : Spectra and combustion
    mechanism of flames supported by the oxides of nitrogen.
    Fifth Symposium on Combustion. Reinhold Publishing Cor-
    poration ; New York 1955.
WILLIS,J.B. (1968) : Atomic absorption spectroscopy with
    high temperature flames.   Applied Optics 7, 1295-1304.

APPARATUS

II

Spectral Output Properties of a Spectral Lamp with Cross-Current Excitation

H. B. B. VAN DAM and Z. VAN GELDER

Philips Research Laboratories, Eindhoven, Netherlands

RESUME

Le rendement spectral des lampes à profil étroit d'émission (N.E.P.) est étudié en fonction du courant de la décharge, de la géométrie de la lampe, de la pression du gaz porteur et du type de gaz utilisé.

On montre que l'intensité de la raie obtenue à partir de cette lampe, présente un maximum qui est fonction du courant de la décharge et qui dépasse l'intensité des lampes classiques à cathode creuse dans un facteur de 5 à 10.

Les mesures d'absorption montrent que le profil d'émission des lampes N.E.P. est moins sensible aux variations d'intensité que dans les lampes à cathode creuse classique.

ABSTRACT

     The spectral output of narrow-emission profile intensity lamps (N.E.P.) was investigated as a function of the discharge currents, geometry of the lamp, the fill gas pressure and the type of rare gas used. It is shown that the intensity obtained from the lamp gives a maximum which is a function of the discharge current and exceeds the intensity of hollow-cathode lamps by a factor of 5-10.

     Absorption measurements show that the emission profile of N.E.P. lamps is less sensitive to variations of the intensity than the profile of hollow-cathode lamps.

Auszug

Die Spektral-Leistung einer nicht-kritischen Emissions-
Profil-Helligkeits-Lampe (N.E.P.) wurde als eine Funktion
der Entlade-Ströme, der Geometrie der Lampe, des Füllgas-
Druckes und der Art des verwandten Edelgases untersucht.
Es wird gezeigt, daß die durch die Lampe vermittelte
Helligkeit ein Maximum darstellt, was durch den Entlade-
strom bewirkt wird; diese übertrifft die Helligkeit einer
Hohl-Katodenlampe um einen Faktor von 5-10.

Absorptionsmessungen zeigen, daß das Emissionsprofil der
"N.E.P." Lampen gegenüber Helligkeitsschwankungen weniger
empfindlich als das Profil der Hohlkatodenlampen ist.

In the last few years a spectral source[1] has been
developed in our laboratory. This spectral source, called
Narrow-Emission Profile high-intensity (N.E.P.) lamp
consists of three electrodes (fig. 1), an anode, a heated
cathode and a sputter electrode. The gas discharge (with
current i_p) in a rare gas between the anode and heated
cathode is guided by the quartz tubes and the cylindrical
sputter electrode. The quartz tubes dimensions are such
that no metal vapour can diffuse out of the discharge
region. The sputter electrode has a negative potential
with respect to the anode and heated cathode (or plasma
inside the cylinder). Due to this negative potential,
atoms are sputtered from the sputter electrode in a
glow discharge, by ions which are supplied by the plasma;
the ion current is denoted by i_s. The atoms diffuse into
the plasma and are excited or ionized (or diffuse to a
wall, e.g. the quartz tubes). This in breef, is the
process which takes place in the lamp.

The aim was to find out how the intensity depended
on parameters such as i_s, i_p, the geometry of the lamp,
the kind of rare gas used and the fill gas pressure.

Fig. 2 shows the intensity and the voltage between
the anode and sputter electrode, V_s, of iron N.E.P.

lamps as a function of the discharge current i_p for
various values of the parameters i_s, the diameter 2R of the
cylindrical sputter electrode,   the fill gas and
pressure. Very similar curves have been found for other
elements like Cu, Ni, Co, Mn, Mg, Al, W. The surprising
effect is the maximum of the intensity curve obtained
for a given i_p. This effect is accompanied by a continuous
decrease of V_s, which can be explained as follows. The
number of atoms sputtered from the inner surface of the
sputter electrode is determined by the number of ions
bombarding the surface and the ion energy, which last is
proportional to V_s. If i_p increases the ion density increases and, with a constant V_s, more ions are accelerated to the sputter electrode, so that i_s increases.
It will be clear that, with a constant number of ions
towards the sputter electrode, V_s will decrease and
hence the sputter process yield also decreases.

Because the probability for radiative decay of
the excited state $(A(2,1))$ is greater than the de-exci-
tation rate due to collisions with electrons times
electron density $(K(2,1)n_e)$ the radiation intensity I
starts to grow proportional to the excitation rate
which means

$$I \alpha \, n_e \, n_1,$$

where n_1 is the density of the metal atoms in the ground
state.
With increasing i_p the intensity increases due to increasing excitation by electron collisions until the
effect of decreasing yield predominates.

The properties of the N.E.P. lamp with respect to
atomic absorption and fluorescence measurements are of
course very important. In atomic absorption an emission
profile has to be as small as possible[2] in order to
get linear calibration curves over a concentration
region as large as possible (absorbance-concentration

in $\mu g/ml$). It is therefore of interest to know the
shape of the emission profile or at least its width and
the dependence of the profile on the intensity of the
radiation out of the lamp. These profiles can be
measured with for instance a Fabry-Perot interferometer.
This is a good quantitative but time consuming method.
Therefore we used a qualitative method. Variations in
the shape of the spectral line were measured by
determining the absorbance of the resonance line by
means of a constant vapour density in an absorption
cell. The radiation from the lamp traverses a vapour
cloud of some element diffusing out of a hole (1 mm)
in an electrically heated oven. The vapour is contained
within a quartz envelope filled with argon at a pressure
of 5 mm Hg. The temperature of the evaporated metal
atoms is about room temperature at a distance of approximately 5 mm above the hole[3]. The absorption profile is
determined by Doppler broadening (p_{ar} = 5 Torr,
$p_{metal} \approx 10^{-5} - 10^{-6}$ Torr). This means that the emitted
resonance radiation is absorbed by a vapour with a
constant and small absorption profile. Changes in the
emission profile now give place to changes in the amount
of absorbance. It must once more be stressed that this
method only gives a qualitative impression of the variation of the emission profile. It is however a fast
method.

Fig. 3 shows the variation of the absorbance and
thus indirectly of the emission profile with increasing
intensity of a copper N.E.P. lamp and hollow-cathode
lamp respectively. It has been found that the profile of
a hollow-cathode lamp varies much more strongly with
variations in the intensity than the N.E.P. lamp does.
This can be explained as follows. The emitted radiation
has to traverse a vapour cloud which has been build up
by sputtered atoms diffusing out of the excitation
volume. This causes self-reversal. If the intensity
increases the density of the vapour cloud outside the
excitation volume will increase which results in a
larger self-reversal. Due to the special construction

of the N.E.P. lamp, as mentioned above, the self-reversal is kept to a minimum.

In conclusion we might say that the advantage of the N.E.P. lamps over hollow-cathode lamps is an intensity which is several times higher and an emission profile which is less sensitive to variations in the intensity.

References

1) Z. van Gelder   Applied Spectry. $\underline{22}$ 581 (1968).
2) Z. van Gelder   Spectrochim. Acta $\underline{25B}$ 669 (1970).
3) H.F. van Heek   Spectrochim. Acta $\underline{25B}$ 107 (1970).

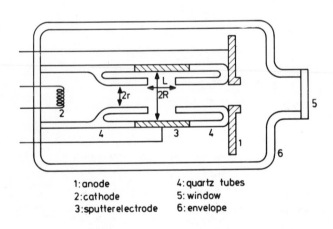

1: anode   4: quartz tubes
2: cathode   5: window
3: sputter electrode   6: envelope

fig. 1.   Schematic drawing of the N.E.P. lamp.

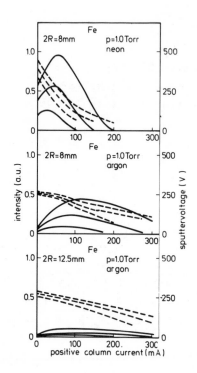

fig. 2. Intensity I (solid curves) and sputter voltage
V_s (dashed curves) versus positive-column
current i_p for lamps with iron sputter
electrodes filled with 1 Torr neon and 1 Torr
argon respectively. Sputter current:

(a) 20 mA;

(b) 15 mA;

(c) 10 mA.

154

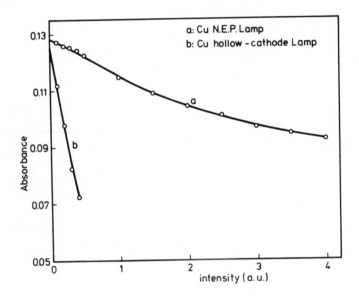

fig. 3. Absorbance versus intensity (arbitrary units)
for
(a) a N.E.P. lamp with a 10 mm diameter copper
sputter electrode and filled with 1 Torr
argon. The positive-column current was kept
at 175 mA.
(b) A copper hollow-cathode lamp

12

Some Practical Applications of Electrodeless Discharge Tubes to Atomic Absorption Spectroscopy

C. WOODWARD

Research Department, Imperial Chemical Industries Limited (Agricultural Division), Billingham, Teesside, England

RESUME

Des lampes sans électrodes ont été préparées pour environ 30 éléments et ont prouvé leur utilité dans de très nombreuses analyses par absorption atomique. La plupart de ces lampes sont faites à partir de métaux ou d'halogénures. Cependant pour Li, Na, K, on utilise des silicates ou des borates ; pour quelques métaux ; Li, Na, Mg, Fe, Cu, Pb, les phosphates peuvent être utilisés. Des lampes multiéléments pour Li, Na, K, sont facilement préparées et conviennent parfaitement pour l'analyse de routine.

Ce travail montre l'avantage de la spectroscopie d'absorption atomique par rapport à l'émission de flamme (utilisant un instrument à filtre) pour la détermination de Na dans des matrices complexes : oxyde ferrique et acide phosphorique.

Le mercure dans les eaux de rivières a été aussi déterminé en utilisant une méthode sans flamme, une lampe sans électrode et une cellule d'absorption de un mètre.

Summary

EDT's were prepared for approximately 30 elements and **proved** useful for many analyses by AAS. Most EDT's were made from free metal or halides. However EDT's for Li, Na and K could be made from silicates or borates and for several metals, e.g. Li, Na, Mg, Fe, Cu and Pb, phosphates could be used. Multi-element EDT's for Li, Na and K were easily prepared, stable, reliable and quite satisfactory for routine use for AAS.

This work demonstrated the advantage of AAS over flame emission (using a filter instrument) for determination of Na in complicated matrices, e.g. ferric oxide and phosphoric acid. Hg in river water has also been determined using flameless AAS, an EDT and a 1-meter absorption cell.

Zusammenfassung

Es wurden elektrodenlose Entlade-Röhren für ca. 30 Elemente vorbereitet, welche sich für viele Analysen

in der Atom-Absorptions-Spektroskopie als nützlich
erwiesen. Die meisten elektrodenlosen Entlade-Röhren
waren aus Bergmetall oder Halogenid gefertigt. Jedoch
können elektrodenlose Entlade-Röhren für Li, Na und
K aus Silikaten oder Boraten und für mehrere Metalle
wie z.B. Li, Na, Mg, Fe, Cu und Pb aus Phosphaten
gefertigt werden. Mehrfach-Element-elektrodenlose
Entlade-Röhren für Li, Na und K wurden ohne Schwierig-
keiten angefertigt und waren für den alltäglichen
Gebrauch in der Atom-Absorptions-Spektroskopie stabil,
zuverlässig und recht zufriedenstellend.

Diese Arbeit stellte den Vorteil, den die Atom-Absorptions-
Spektroskopie gegenüber der Flammen-Emission (bei Anwendung eines Filtergerätes) für die Bestimmung von Na in
komplizierten Matrizen wie Eisenoxyd und Schwefelsäure,
hat, heraus. Hg in Flusswasser wurde ebenfalls durch die
flammenlose Atom-Absorptions-Spektroskopie, eine elektrodenlose Entladeröhre und eine 1 Meter lange Absorptions-
küvette bestimmt.

Introduction

The Analytical and Physical Methods Section of Research Department,
Imperial Chemical Industries Limited (Agricultural Division) is required to
provide an analytical service to research chemists working on several types
of "new ventures" project as well as to all areas of a large industrial
chemical complex.   Consequently the problems confronted are very varied
and their solution requires the utilisation of a wide range of analytical
techniques.   For some years flame spectroscopy, in particular atomic
absorption spectroscopy (AAS), has made a significant contribution to this
work.

Investigations into the applications of microwave-excited electrodeless
discharge tubes (EDT's) began over three years ago when it was necessary
to demonstrate the versatility and wide applicability of AAS.   At that
time, assorted matrices were being regularly analysed for about eight
elements, e.g. Mg, Cu, Zn, etc., by straightforward AAS using commercial,
and some laboratory-made, hollow-cathode lamps.   It had been concluded
however that it was not an economic proposition for an analytical chemist
to make his own hollow-cathode lamps.   Optimistic papers in the literature,
coupled with the availability of an excellent glass-blowing service,
provided the incentive for our investigations into the laboratory preparation
and use of EDT's.

Experimental and Results

After some trial and error the preparation technique was mastered sufficiently that an EDT, satisfactory for use in AAS with a double-beam spectrophotometer, could be prepared for most elements of interest within about one hour. Figure 1 shows the elements for which EDT's have been used for AAS in these laboratories. A blank in this Table does not necessarily indicate failure but, more often, e.g. Be, Sc, Rb, that no attempt has been made to prepare an EDT. The preparation method for most of these EDT's was essentially that described by Dagnall and West (Ref. 1). The element of interest was present either as the metal itself or as a halide. Halides were either introduced directly, e.g. $FeCl_3$, $BaCl_2$, $ZnCl_2$, or prepared in situ by reaction of the metal with iodine or chlorine, e.g. $Al + I_2$, $Sb + I_2$, $Mo + Cl_2$. For convenience and economy, the inert filler gas used was always argon.

Modifications of this preparation method were also used, for example in trying to make rare earth EDT's. Following a technique described by Richards (Ref. 2), aluminium chloride and dysprosium oxide were reacted by heating in an unsealed EDT envelope. After some reaction had occurred, excess aluminium chloride was removed by volatilisation and the EDT, containing dysprosium chloride and aluminium and dysprosium oxides, was sealed off in the usual way. At an input power of 165 watts, in a $\frac{3}{4}$ wave cavity linked to a Microtron 200 microwave generator, this EDT showed an intense blue discharge in which the dysprosium resonance line at 421.17 nm was identified. Using this and a nitrous oxide/acetylene flame, in the presence of excess potassium to eliminate ionisation, a sensitivity of 3ppm and a limit of detection of 5ppm Dy were obtained.

This preparation procedure applied to samarium, however, was unsuccessful. An argon emission spectrum only was observed. Neither was it possible to prepare a satisfactory EDT by direct reaction of samarium and iodine. This investigation was not comprehensive but suggested that there could be a correlation between the ease of preparation of a satisfactory EDT and the analytical sensitivity obtained for an element. If this were so, the rare earth elements for which AAS is relatively sensitive, e.g. Dy, Eu, Tm and Yb, would be those for which satisfactory EDT's could be prepared. Conversely, those for which AAS is relatively insensitive, e.g. Sm, Nd and Gd, would be difficult to excite under the normal operating conditions for EDT's.

For the alkali metals, little difficulty was found in preparing a number of satisfactory EDT's using either silicates or borates as the charge compound (Ref. 3). The silicates were prepared by fusion of the appropriate metal carbonate with a large excess of silica while commercial anhydrous metal tetraborates were used. In general the greater volatility of borates was beneficial because the EDT's could be operated at lower input powers. Figure 2 gives details of the EDT's prepared.

Preparation of EDT's from metal phosphates was also attempted at this stage. Phosphates tend to be highly transmitting to ultraviolet light so that formation of a coating of charge compound on the tube walls during use would not reduce the intensity of emission lines in the ultraviolet from elements such as Mg and Fe. Details of metal phosphate EDT's which were useable appear in Figure 2. EDT's prepared similarly from calcium, zinc and aluminium phosphates did not emit the required resonance lines at adequate intensities and consequently were unsatisfactory.

Figure 2 also lists the multi-element EDT's which were prepared for all combinations of lithium, sodium and potassium using either silicates or borates. In these the relative amounts of the different silicates and borates included were important if the EDT's were to be used for more than one element with constant operating conditions. The spectral output of such EDT's, when operated at a suitable input power, consisted only of the resonance lines of the alkali metals included. Figure 3 lists the relative intensities, measured by exposure of a photographic plate, of all lines emitted in the 200-800 nm range by an EDT containing lithium, sodium and potassium silicates operated at an input power of 150 watts.

Clearly the first requirement for any light source is that it should yield a useful analytical signal when used under normal working conditions. The presence of an intense line signal when radiation from the source is directed into a monochormator is no proof that the line emitted is a resonance line available for absorption. As will be noted later, self-reversal effects can be severe. The analytical applicability of these EDT's was therefore tested by measurement of the absorption produced by known concentrations of metals under standard instrumental conditions. The results for an EDT prepared from borates appear in Figure 4. EDT's prepared from silicates behaved similarly but usually showed more pronounced maxima with reduced sensitivities at higher input powers owing to line-broadening and self-reversal. As well as line-broadening being a problem at high powers it was found that the visual appearance of the discharge in an EDT could be misleading. A sodium EDT, for example, operated above 150 watts would appear an intense yellow but the analytical sensitivity would be much inferior to that obtained when the EDT was run at 100 watts. Under the latter conditions, the discharge would show some argon (blue) or nitrogen (purple) colour but clearly still contained the sodium resonance lines.

The general policy adopted with regard to EDT's was to prepare and to use them to demonstrate the applicability of AAS to the analytical problems confronted and, in most instances, subsequently to purchase hollow-cathode lamps for regular use. The reason for this was that, although some of the EDT's prepared were totally reliable and reproducible, in general their operation could not be taken for granted as was possible with commercial hollow-cathode lamps. The disadvantages of this situation in a laboratory providing a routine analytical service are obvious. The junior laboratory staff carrying out most of the work have sufficient problems with the complex sample preparation procedures used that one would wish to be able to treat the analytical instrument as a "black box". Clearly this reasoning need not necessarily apply in, for example, an academic research laboratory. EDT's have been used in these laboratories for all of the elements marked in Figure 1. A stock of hollow-cathode lamps has been gradually built up, however, so that EDT's are currently used regularly only for potassium as well as for occasional determinations of antimony, arsenic, caesium, lithium, silver, strontium, tungsten and zirconium.

EDT's have proved useful in many instances. For example, the determination of low concentrations of sodium in a matrix of ferric oxide and also, separately, in phosphoric acid is regularly required. In both instances, by thermal emission spectroscopy using the filter flame photometer available, the analysis suffers from background band emission interference from molecular species - FeO and HPO respectively. These interferences are, of course, absent from AAS. These examples demonstrate convincingly the advantages of AAS for alkali metal determinations in complicated matrices.

The determination of extremely low concentrations of mercury in river and estuary water has been carried out using flameless AAS based on the Hatch and Ott technique (Ref. 4). A Varian Techtron AA-4 monochromator, detector and read-out system was used. Availability of a mercury EDT, emitting a much more intense 253.7 nm resonance line than could be obtained from a hollow-cathode lamp, permitted a one-meter absorption cell to be used without an intermediate focussing lens. The consequent increase in sensitivity obtained was most valuable.

Conclusions

Commercial EDT's are supplied by several manufacturers but EDT's do not yet appear to be available for as many elements as are hollow-cathode lamps. To the best of the writer's knowledge there is not a complete commercial AAS instrument based on EDT's. This is a possible future development because EDT's made by experienced glass technologists should be superior to those made by analytical chemists. The conclusion drawn from this work, however, was that although EDT's had some advantages, commercial hollow-cathode lamps were preferable when speed, reliability and trouble-free operation were of paramount importance.

Acknowledgement

The author is most grateful to his colleagues T H Cushley, Miss J M Hall, R G Mann, Miss C P Norman and Mrs M Shippey who carried out most of the work described herein.

References

1   R M Dagnall and T S West, Applied Optics, 7, 1287 (1968).

2   E W Richards, Spec. Acta, 22, 158 (1966).

3   C Woodward, Analyt. Chim. Acta, 51, 548 (1970).

4   W R Hatch and W L Ott, Anal. Chem., 40, 2085 (1968).

USE OF EDT'S FOR AAS

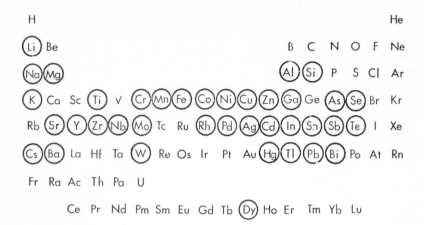

Fig. 1

CHARACTERISTICS OF ELECTRODELESS DISCHARGE TUBES PREPARED

Element(s)	Compounds used	Weight used (mg)	Input power − reflected power (W)	Sensitivity (p.p.m./1% abs)
Li	Silicate	15	140 − 2	0.07
	Tetraborate	15	100 − 8	0.09
	Phosphate	15	120 − 25	0.09
Na	Silicate	20	100 − < 1	0.02
	Tetraborate	25	100 − 1	0.02
	Phosphate	15	100 − 30	0.02
K	Silicate	15	140 − 45	0.036
	Tetraborate	15	70 − 7	0.021
Li + Na	Silicates	19 + 2	90 − 2	0.15, 0.02
Li + K	Silicates	13 + 13	100 − 7	0.18, 0.05
Na + K	Silicates	1.2 + 25	130 − 20	0.02, 0.05
Li + Na + K	Silicates	12 + 2 + 12	100 − 2	0.13, 0.02, 0.05
Li + Na + K	Tetraborates	8 + 8 + 8	100 − 9	0.10, 0.025, 0.05
Mg	Phosphate	15	110 − 4	0.017
Fe(III)	Phosphate	15	150 − 7	0.54
Cu	Phosphate	15	110 − 11	0.18
Pb	Phosphate	15	105 − 5	0.85

Fig. 2

RELATIVE LINE INTENSITIES
IN MULTI−ELEMENT EDT

WAVELENGTH nm	ELEMENT	RELATIVE INTENSITY
404·41	K	25
404·72	K	15
589·00	Na	100
589·59	Na	60
670·78	Li	5
766·49	K	20
769·90	K	15

Fig. 3

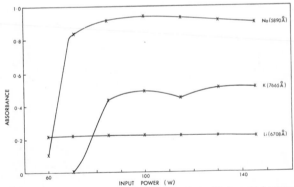

Variation of absorbance with input power for multi-element tube prepared from borates. Metal concentrations (aqueous solution) 6 p.p.m.; air−propane flame; slit 3; gain as necessary in range 0−5.5.

Fig. 4

13

A 'Total-Consumption' 'Laminar-Flow' Nebulizer and Burner System for Flame Spectroscopy

R. A. G. RAWSON

Rothamsted Experimental Station, Harpenden, England

SOMMAIRE

L'absorptiomètre atomique amélioré que nous décrivons utilise les gaz combustibles et l'air préchauffés et présente (a) un projecteur vertical des aérosols du nébulisateur à la flamme, (b) un capillaire refroidi par eau dans le nébulisateur, et réglable pendant le fonctionnement, (c) une chambre de vaporisation maintenue à environ 600ºC permettant de vaporiser instantanément le nuage de pulvérisation qui y pénètre, (d) un condenseur refroidi par eau au-dessus de (c) qui élimine 60 % de la vapeur d'eau et un cinquième seulement des produits solides provenant de l'aérosol, et (e) un tube rectiligne (de 100 mm sur 55 mm de diamètre) allant du condenseur à un brûleur en T du même diamètre, présentant une fente réglable de 120 mm x 1,5 mm. Toutes les pièces sont réalisées en acier inoxydable résistant aux acides et à la chaleur.

SUMMARY

The improved atomic absorptiometer described uses pre-heated fuel gases and air and has (a) a vertical aerosol path from nebulizer to flame, (b) a water-cooled capillary in the nebulizer that can be adjusted during operation, (c) a vaporizing chamber maintained at approximately 600ºC to vaporize instantly all incoming spray, (d) a water-

cooled condenser above (c) that removes 60 per cent of the
water vapour and only a fifth of the solids from the
aerosol, and (e) a straight tube (100 mm length x 45 mm
diameter) from the condenser to a 'T' burner of the same
diameter with a 120 mm x 1.5 mm adjustable slot. All
components are made of acid-resisting and heat-resisting
stainless steel.

Zusammenfassung

Der beschriebene Atom Absorptiometer verwendet vor-
geheizte Heizgase und Luft und hat (a) einen senk-
rechten Aerosol Pfad vom Vernebler zur Flamme (b)
ein wassergekühltes Kapillar-System in dem Vernebler,
das während des Betriebes eingestellt werden kann (c)
eine Verdampfer-Kammer, die auf ungefähr $600^{\circ}C$ gehalten wird, um sofort alle einströmenden Sprühsubstanzen
verdampfen zu lassen, (d) einen wassergekühlten Kondensator darüber (c) der 60 % des Wasserdampfes und nur
1/5 der festen Teile des Aerosols entfernt und (e) ein
gerades Rohr (100 mm Länge x 45 mm Durchmesser) von dem
Kondensator zu einem 'T' Brenner des gleichen Durchmessers
mit einem 120 mm x 1,5 mm einstellbaren Schlitz. Alle
Teile sind aus säure- und hitzebeständigem rostfreiem
Stahl hergestellt.

Great sensitivity in atomic absorbtion measurements is
important for us, to lessen error from instrument 'noise'
and allow more dilute solutions to be used, so decreasing
buffer concentration, solution viscosity, and burner
clogging; it does away with the need to concentrate the
solutions containing small amounts of Cu, Zn and Mn, as in
many plant digests. We improved the efficiency of the
established method of nebulizing test solution and feeding

the aerosol produced to a flame, rather than trying new methods because accuracy and reproducibility of results were important.

Existing nebulizer systems convert only from 10-15% of the aspirated solution to aerosol, the rest is waste. To overcome this we thought heat was needed. In a conventional nebulizer system, the temperature of the spray chamber fell from 24 to 12°C during the first few minutes of aspiration. The system we developed provided enough heat to convert all the solution nebulized quickly to aerosol.

Fig. 1 shows the lay-out of an atomic absorptiometer with the unit in the centre housing the nebulizer and burner system, together with hollow cathode lamp and flow meters to control mixed fuel gases and air for the flame. On the left is a 330 Hilger grating monochromator, and on the right the power packs for lamp, photomultiplier tube and amplifier with meter for direct read-out. The converter unit (nebulizer, vaporizing chamber, condenser and burner system) is held by a single clamp to an adjustable stand for raising or lowering the burner; it can easily be removed for maintenance.

Fig. 2 shows details of the stainless steel nebulizer unit converting test solution to aerosol. The nebulizer (A) has an adjustable capillary (1) cooled by water flowing through the surrounding chamber (C). Air entering the nebulizer at (m) is heated to about 250°C as it passes through the chamber (a), which conducts heat from the vaporizing chamber above, heated by the 1500 W sheathed heater element (K). The dead space (b) between (a) and (c)

prevents heat transfer from (a) to the cold water in (c).
Conventional nebulizers of this concentric type usually
operate with the tip of the capillary inside the nebulizer,
just entering the orifice. In our apparatus, the capillary
tip is either flush with the orifice at maximum rate of
uptake or protrudes 5 mm at minimum rate of uptake. This
arrangement prevents 'memory effects' from deposits on the
walls of the orifice.

To prevent low pressure developing around the orifice
(which causes backstreaming and an accumulation of solids
on the surface of the nebulizer), the orifice is surrounded
by the gas ring (e) admitting a mixture of hydrogen with
about 10% propane pre-heated in the chamber (d) to $300^{\circ}C$.

Fig. 3 shows the complete converter unit. The
vaporizing chamber B (operated at red heat, about $600^{\circ}C$)
is tapered at its base, where the jet from the nebulizer
is fast and narrow, to transmit maximum heat to the emerging
air/liquid stream. About 3 cm up it opens to an expansion
chamber where the stream of aerosol slows before passing
through the heat shield (h) into the condenser C. The heat
shield is essential; without it, the catchment gutter (n)
becomes overheated and condensate is re-evaporated on
reaching it instead of flowing to the drain through tube (p).
A loosely packed fibreglass washer (r) prevents aerosol
entering the space between the heat shield (h) and the
catchment gutter (n) and condensing on the under-surface of
the catchment gutter. A gas ring (j) in this space permits
acetylene to be used which would oterhwise be decomposed by
heat on passing through the vaporizing chamber if introduced

at (d). The temperature gradient at the centre of the converter is shown at increasing distances from the nebulizer orifice, while aspirating at 3.5 ml/min.

The condenser is a smooth-walled stainless-steel tube, 4.5 cm internal diameter x 10 cm long, cooled by water flowing through the tube (t). To obtain even distribution of aerosol at the 12 cm slot of the 'T' burner, the condenser tube was uniform 4.5 cm diameter up to the burner head, which had the same internal diameter. This minimised both the streaming velocity of the aerosol and its angle of spread at the burner. Spring-loaded diaphragm valves at the ends of the burner allow gas to escape in the event of flash-back. (Flash-back cannot burst the converter unit made of 2.5 mm thick stainless steel.)

Fig. 4 shows (burner removed) the red hot interior of the vaporizing chamber, while aspirating at 3.5 ml/min. The only spray visible is a little white speck at the nebulizer orifice.

This chamber does not cause 'memory effects', providing it is kept at a temperature of $500^{\circ}C$ or more, because droplets approaching its walls are repelled by their own vapour pressure and cannot touch the walls.

Fig. 5 shows calibration lines obtained for some elements (continuous lines), compared with lines (broken) from a conventional instrument. Figures at the end of each line indicate the increased sensitivity.

REFERENCE

Rawson, R. A. G. (1966) Improvement in performance of a simple atomic absorptiometer by using pre-heated air and town gas. Analyst 91, October, pp. 630-637.

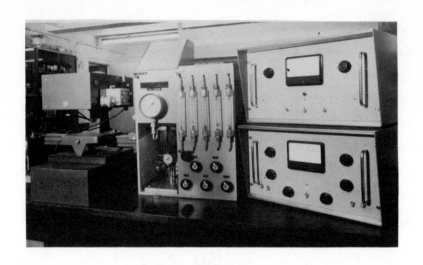

Fig. 1   Lay-out of atomic absorptiometer showing the
three independent units.

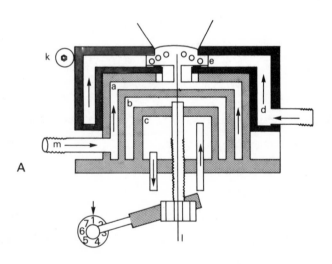

Fig. 2   The water-cooled nebulizer unit with adjustable
capillary.

170

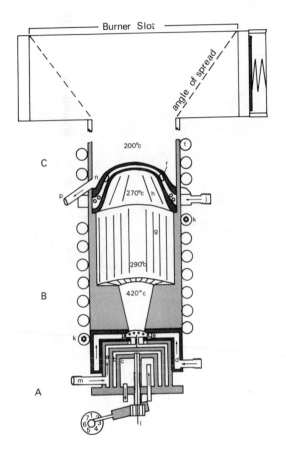

Fig. 3 The complete converter unit showing nebulizer, vaporizing chamber, condenser and burner.

Fig. 4   This shows (burner removed) the red hot interior
of the vaporizing chamber while aspirating at
3.5 ml/min.

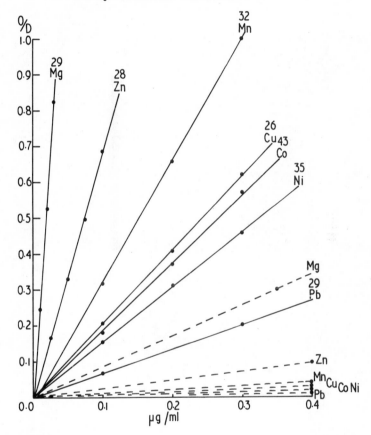

Fig. 5   Figures at the end of each line indicate the
increased sensitivity.

14

Atomisation par Bombardement Electronique; Etude Expérimentale et Comparative

F. ROUSSELET
Laboratoire de Biochemie Appliquée, Faculté de Pharmacie, Paris, France

A. ANTONETTI, J. ENGLANDER
Laboratoire O.P.M., Ecole Polytechnique, Paris, France

et C. AMIEL
Laboratoire de Microponctions I.N.S.E.R.M., Faculté de Pharmacie, Paris, France

RESUME

La sensibilité des mesures par spectrophotométrie d'absorption atomique est étroitement dépendante du rendement du système transformant les molécules (ou les ions en solution) en atomes capables d'absorber la raie de résonance de l'élément à doser.

La technique classique utilisant la nébulisation des solutions à doser dans la flamme voit sa sensibilité absolue limitée par le mauvais rendement d'atomisation et la nécessité de disposer d'un volume d'échantillon de l'ordre de 3 ml au minimum. Il peut être utile, en biologie notamment, de pouvoir reculer la limite ainsi imposée pour permettre des dosages à l'échelle microtissulaire.

Différents systèmes d'atomisation sans flamme améliorant les sensibilités ont été proposés : les fours tubulaires chauffés par arc (L'VOV) ou par simple effet Joule (MASSMANN) ou sur filament (WEST). Le chauffage par bombardement électronique présente théoriquement un double avantage : possibilité d'obtenir de très hautes températures (température de fusion du Tungstène) et création d'une pression partielle en électrons favorable à l'obtention d'atomes métalliques à l'état fondamental.

Les échantillons (volume compris entre 10 et 100 nl) sont déposés sur une cible en Tungstène placée sous le passage du faisceau lumineux et soumis, dans un vide poussé, au bombardement d'électrons accélérés par un champ électrique élevé (2 kV/cm par exemple).

Les problèmes rencontrés en pratique dépendant de la définition des paramètres électriques du système (stabilisation de la haute tension) et de la qualité du vide.

Les résultats obtenus avec un montage expérimental sont comparés avec ceux des autres procédés.

ABSTRACT

Sensitivity of measurements by atomic absorption spectrophotometry is tightly dependent on the efficiency of the system transforming molecules (or ions in solution) into atoms capable to absorb the resonance radiation of the element to be determined.
The conventional technique using the nebulization of solutions to be determined into flame witnesses its absolute sensitivity being limited by poor atomization yield and the need to have a huge sampling volume of about 3ml min. available. It may be useful, and more specifically in biology, to push back the limit thus imposed so as to enable determinations at microtissual scale.

Various flameless atomization systems were proposed in order to improve such sensitivities : tubular ovens arc-heated (L'VOV) or by Joule effect (MASSMANN), or again by filaments (WEST). Heating through electron bombardment offers in theory a double advantage : possibility of obtaining extremely high temperatures (tungsten's melting point), and the creation of a partial pressure in electrons that is favorable to the obtention of metallic atoms at their ground state.
Samples (volume between IO and IOO nl) are deposited on a tungsten target set under the passage of the light beam and subjected in high vacuum to an accelerated electron bombardment by a high electric field (2 kV/cm for instance).
Practical problems depend on the definition of said system electric parameters (HV equalizing) and vacuum quality.
The results obtained under experimental conditions are compared with those obtained by other means.

Zusammenfassung

Die Meßempfindlichkeit der Atomabsoptions-Spektralphotometrie
ist weitgehend von der Ergiebigkeit des Umformungssystems der
Moleküle (oder der in Lösung befindlichen Ionen) in Atome, die
in der Lage sind, die Resonanzstreifen der zu dosierenden Elemente zu absorbieren, abhängig.

Das herkömmliche Verfahren, das sich der Vernebelung der zu
dosierenden Lösungen in der Flamme bedient, schränkt die absolute Meßempfindlichkeit dadurch ein, daß die Ergiebigkeit beim
Zerstäuben schlecht ist und ein Probevolumen von mindestens
3 ml zur Verfügung stehen muß.

Verschiedene die Empfindlichkeit verbessernde Zerstäubungssysteme
ohne Flamme wurden vorgeschlagen: röhrenförmige Ofen, die mit
Lichtbögen (L'VOV) oder mit Stromwärme (MASSMANN) oder mit
Wendeln (WEST) beheizt werden. Theoretisch bietet eine Beheizung
durch Elektronenbeschuß zwei Vorteile: man kann sehr hohe Temperaturen erzielen (Schmelztemperatur des Wolframs), und man kann
einen Teildruck mit günstigen Elektronen schaffen, mit denen man
Metallatome im Grundzustand erhält.

Die Proben (Volumen zwischen 1o und 1oo nl) werden auf eine
Wolfram-Zielscheibe unter dem Durchgang des Strahlenbündels
aufgebracht und in einem Hochvakuum dem Beschuß mit durch ein
starkes elektrisches Feld (2kV/cm z. B.) beschleunigten Elektronen ausgesetzt.

Die in der Praxis auftauchenden Probleme hängen von der Definie-
rung der elektrischen Parameter des Systems (Stabilisierung der
Hochspannung) und der Grüte des Vakuums ab.

Die Resultate, die mit den Versuchsgeräten erhalten wurden,
werden mit denen anderer Verfahren verglichen.

Pour améliorer la sensibilité absolue des mesures de spectrométrie d'absorption atomique, de nombreux procédés ont été proposés,
présentant la caractéristique commune de ne pas employer de flamme

comme système d'atomisation. Les plus connus utilisent soit un four tubulaire en graphite (L'VOV (1), MASSMANN (2)) ou un filament chauffés par effet Joule (WEST (3)). Ces dispositifs permettent non seulement de réduire le volume de la prise d'essai à quelques micro-litres, mais aussi d'atteindre des limites de détections 100 fois et par-fois 1000 fois meilleures que par la méthode classique.

Dans le même esprit et pour tenter d'améliorer encore la sensibilité obtenue nous avons expérimenté une autre source d'énergie d'atomisation, le bombardement électronique. Le principe de ce pro-cédé est simple : un faisceau d'électrons est soumis à une forte accé-lération sous l'influence d'un champ électrique élevé et vient frapper une cible métallique sur laquelle a été déposé le prélèvement à ana-lyser; l'énergie cinétique des électrons est transformée en chaleur, portant la cible à haute température et transformant les constituants du dépôt en vapeur atomique. (4) (5).

Le schéma de principe est représenté sur la figure 1.

Un tel procédé présente en principe deux avantages essentiels :

- il permet un réglage très fin des conditions d'atomisation, puisque la température atteinte dépend de deux paramètres pouvant varier indépendamment : l'intensité du flux d'électrons émis (fonction de la température du filament émetteur) et la vitesse de ceux-ci (dépendant de la tension imposée entre le filament émetteur et la cible);

- il maintient au niveau de l'échantillon à analyser un afflux constant d'électrons, favorable à la production d'atomes neutres à partir des ions.

La réalisation pratique, d'apparence également simple, est en fait plus complexe. En effet, elle nécessite d'une part l'obtention d'un vide poussé (10^{-3} Torr au moins), nécessaire au déplacement électro-nique et d'autre part l'emploi de tensions d'accélération élevée, et par conséquent une alimentation électrique complexe nécessitant un isole-ment rigoureux. Le schéma de l'ensemble de l'alimentation est repré-senté sur la figure 2.

REALISATIONS EXPERIMENTALES

Nous avons réalisé plusieurs dispositifs mettant en oeuvre le procédé décrit. Parmi ceux-ci nous en décrirons succinctement deux.

Le premier est destiné aux dosages en série et comporte donc plusieurs cibles porte-échantillons placées dans la même enceinte en sorte que plusieurs mesures puissent être réalisées successivement sans qu'il soit nécessaire d'interrompre le vide à l'intérieur de celle-ci.

L'instrumentation comporte une enceinte étanche en acier inoxydable munie de deux hublots en quartz destinés à laisser passer le faisceau lumineux. Les porte-échantillons, amovibles, sont constitués par des cylindres en tungstène dont le plateau supérieur destiné à recevoir la prise d'essai présente un diamètre de 2 mm. Ces porte-échan-tillons, au nombre de 12, se répartissent régulièrement sur la périphérie d'un disque en acier inoxydable dont le mouvement de rotation est commandé par une manette extérieure à l'enceinte, de sorte que chacun d'eux puisse être amené dans le champ du canon à électrons. Celui-ci peut être situé à la partie supérieure de l'enceinte et comporte alors un dispositif de focalisation du faisceau d'électrons. Dans le modèle simplifié que nous utilisons , la pièce essentielle du canon est un fil de tungstène façonné en forme de boucle entourant la tête du porte-échantillons. Il est isolé à 10 kV de la masse et peut admettre un courant de 30 Ampères, l'appareil fonctionnant donc comme une diode simple. Des écrans en tantale situés de part et d'autre du filament permettent de réduire les phénomènes de dépôt métallique sur les hublots de quartz. L'ensemble est représenté sur la figure 3   où xy est l'axe du faisceau lumineux

Nos expériences nous ont montré que la sensibilité des mesures dépend, comme on pouvait s'y attendre, du positionnement parfait de la tête du porte-échantillon qui doit affleurer le bord inférieur du fais-ceau lumineux à l'endroit de convergence maximale de celui-ci. La position du filament émetteur d'électrons présente également une grande importance : les meilleurs résultats sont obtenus lorsque le plan du filament se trouve environ à 0, 5 mm en dessous de la tête du porte-échantillon, en dehors par conséquent du parcours optique.

La manipulation comporte les temps suivants :

- Dépôt des 12 échantillons à l'aide d'une micro-pipette; l'évaporation du solvant est très rapide (1 mn environ);

- Mise en place de la tourelle;

- Pompage : avec la pompe à deux étages dont nous disposons, le tube à décharge de contrôle (distance entre électrodes 100 mm, = 1500 V) s'éteint en 2mn, mais il faut attendre 4 mn pour pouvoir commuter la haute tension (2000 à 4000 V) sans risquer d'ionisation $(10^{-3}$ Torr);

- Réglage de la haute tension : entre 2000 et 4000 V le plus souvent;

- Mesure : on fait passer pendant 5, 5 secondes le courant de chauffage du canon à électrons. On observe :

. quand le filament commence à émettre, un pic inversé,

. suivi immédiatement du flash d'absorption atomique et du retour à la ligne de base.

On peut effectuer une mesure par minute environ.

Dans un autre dispositif nous avons cherché à combiner le chauffage par effet Joule avec l'énergie résultant du bombardement électronique. Le prélèvement est disposé sur un filament de tungstène placé sous le passage du faisceau lumineux, situé dans un dispositif réalisé en "Pyrex" rappelant celui décrit par WEST. Un second filament, situé au dessus du premier, est également chauffé par effet Joule et une différence de potentiel continue peut être appliquée entre les deux filaments, indépendamment des circuits de chauffage (Figure 4). Le filament supérieur fonctionne comme cathode émettrice et le filament inférieur, porte échantillon, comme cible anodique. Quand la substance à analyser contient des matières organiques il est possible de minéraliser le prélèvement par un chauffage modéré (vers 700° C) avant d'effectuer l'atomisation proprement dite.

SULTATS

Avec les montages expérimentaux décrits il nous a été
ssible d'obtenir des résultats comparables à ceux que fournissent
 fours ou les filaments classiques pour les deux éléments étudiés,
ivre et calcium (Figure 5). Les effets de matrice semblent néan-
ins moins importants avec la méthode décrite.

Nous pensons que les sensibilités pourraient être encore
ttement améliorées grâce à :

- une meilleure stabilisation des circuits électriques,

- une plus grande rapidité de réponse du système d'enre-
strement du signal, celui-ci étant remarquablement bref (de
rdre de 1/10 ème de seconde)

En dehors des applications classiques le système semble
rticulièrement adapté au dosage des éléments dont la raie de réso-
nce se trouve dans l'ultra violet lointain (en dessous de 200 nm).

Enfin la technique permet l'étude directe des métaux ou
iage : une simple pastille de ceux-ci est déposée sur le porte
hantillon et sert de cible.

BIBLIOGRAPHIE

B.V. L'VOV, Spectrochim. Acta, 1961, 17, 761.

H. MASSMANN, Internationales Symposium Reinstoffe in Wissenchaft und technick,
Dresden, 1965.

T.S. WEST et X.K. WILLIAMS, Anal. Chim. Acta, 1969, 45, 1, 27-41.

F. ROUSSELET, M.L. GIRARD et C. AMIEL, C.R. Acad. Sc., 1968, 266, 1682.

F. ROUSSELET et M.L. GIRARD, Méthodes Physiques d'Analyse (G.A.M.S.)
1970, 6, N° 2, 167.

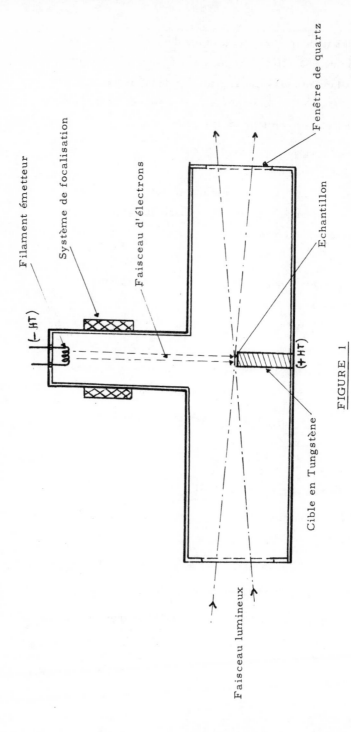

Filament émetteur

Système de focalisation

Faisceau d'électrons

(− HT)

Fenêtre de quartz

Echantillon

Cible en Tungstène

(+ HT)

Faisceau lumineux

FIGURE 1

DISPOSITIF DE BOMBARDEMENT ELECTRONIQUE

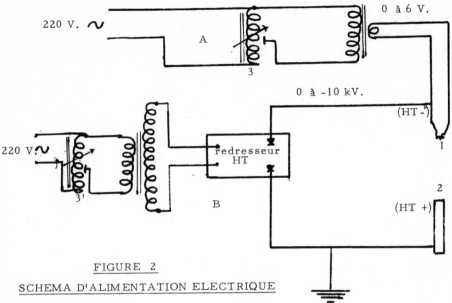

FIGURE 2

SCHEMA D'ALIMENTATION ELECTRIQUE

1 - Filament émetteur.

2 - Cible porte échantillon.

3 et 3' - Autotransformateur variable

A - Circuit de chauffage du filament.

B - Circuit HT d'accélération.

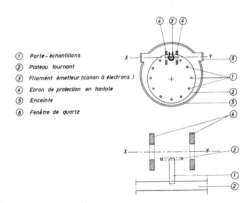

FIGURE 3

FIGURE 4

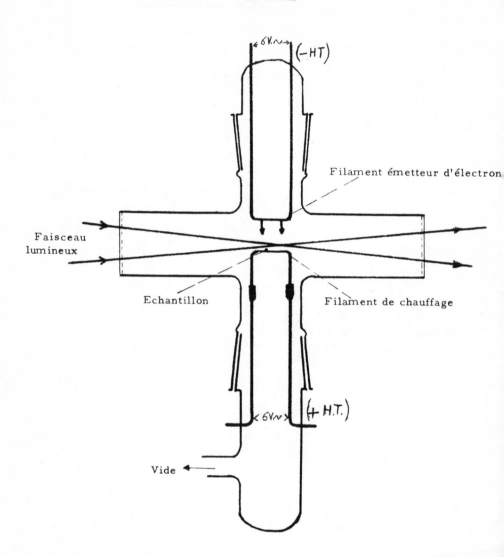

ATOMISATION PAR EFFET JOULE ET BOMBARDEMENT ELECTRONIQUE

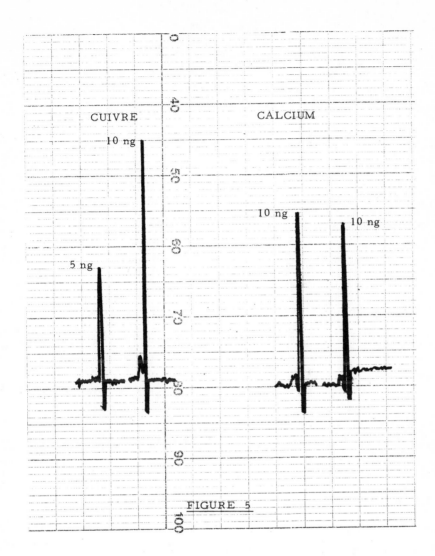

CUIVRE CALCIUM

10 ng

10 ng 10 ng

5 ng

FIGURE 5

185

15

A Simple Carbon Rod Oven for Use in Atomic Absorption Spectroscopy

G. D. REYNOLDS and K. C. THOMPSON

Shandon Southern Instruments Ltd, Camberley, England

SOMMAIRE

Un four simple à tige de graphite à chauffage électrique est décrit. Le système complet pourrait être facilement incorporé à un appareil d'absorption atomique. L'optimisation des divers paramètres de fonctionnement, tel que le diamètre de la tige, la forme de celle-ci, la position de l'interaction entre le rayonnement et les atomes, la nature du gaz de gaine et le courant d'atomisation ont été reconnus comme critiques.

La méthode de lecture était importante et l'on a essayé quatre types de lecture, à savoir : lecture directe sur enregistreur galvanométrique, enregistreur classique à plume, voltmètre de crête et mesure de surface de crête.

SUMMARY.

A simple electrically heated graphite rod oven is described. The complete system could be readily incorporated into an atomic absorption apparatus. The optimisation of the various operating parameters such as rod diameter, rod shape, position of interaction between the radiation and the atoms, nature of the sheathing gas and atomisation current were found to be critical.

The method of readout was important and four types

of readout were tried, viz:- direct to galvanometer
recorder, conventional pen recorder, peak reading voltmeter and peak area measurement.

ZUSAMMENFASSUNG

Es wird ein einfacher elektrisch beheizter Graphit-
Stab-Ofen beschrieben. Das komplette System kann ohne
weiteres in ein Atom-Absorptionsgerät eingebaut werden.
Die Optimierung der verschiedenen eingesetzten Parameter
wie Stab-Durchmesser, Stab-Form, Position der Wechsel-
wirkung zwischen der Strahlung und den Atomen, Beschaffenheit des Schutzgases und des Zerstäubungs-Stromes wurden
als kritisch empfunden.

Die Ablese-Methode war wesentlich und 4 Verfahren wurden
erprobt: Direkt-Schreiber am Galvanometer, herkömmliche
Feder-Registriervorrichtung, Spitzenlesung mittels Volt-
messer und Spitzen-Bereichsmessung.

INTRODUCTION.

The carbon rod technique was pioneered by West and
co-workers. (1-4) Basically the technique consists of
a carbon (or graphite) rod onto which a sample is placed.
The rod is heated by passage of an electric current to
evaporate the sample to dryness, followed by dry ashing
(if necessary), the sample is finally rapidly atomised
with a very large current (approximately 100 Amps). The
resulting atomic vapour can be detected using absorption
or fluorescence techniques. In this communication
absorption was used rather than fluorescence because the
oven described could be readily incorporated into commercially
available atomic absorption equipment and conventional hollow-
cathode lamp sources could then be used.

Kirkbright (5) has recently published a comprehensive review of electrothermal atomisation techniques.

APPARATUS.

A Shandon Southern Instruments A3000 atomic absorption-emission spedtrophotometer was used. The oven was fitted directly into the lens holder between the burner and the monochromator. It was not found necessary to remove the burner. The direct form of readout was obtained by connecting a Shandon Southern MO4-200 High Input Impedance Amplifier across a 1 megohm photomultiplier load resistor, the amplifier output being coupled directly to a Shandon Southern Galvanometer recorder. The time constant of this system was less than 0.5ms. Peak reading and integrating voltmeters were connected to the recorder output socket of the A3000 spectrophotometer. The readout being taken from the voltmeters to a Metrome E.478 recorder. These voltmeters will be fully described in a further publication. The time constant of the A3000 in the absorption mode was 45ms.

Rather than present a long list of detection limits this communication will cover the salient design features and the optimisation of the various operating parameters.

BASIC DESIGN CONSIDERATIONS.

1. Oven Design

The oven was of simple design and is depicted in Fig.1.

The oven was very compact and should be readily incorporated into most atomic absorption equipment.

The graphite rod made good electrical and thermal contact with the brass supporting pillars and could be easily replaced. Allowance was made for the lengthwise expansion of the rod during heating. The brass supporting pillars were air cooled, water cooling was not necessary. After atomisation of a vanadium sample, chosen since the boiling point of vanadium is 3000°C, aqueous solutions could be placed on the rod 20 seconds later without boiling.

The graphite rod had to be adequately sheathed by an inert gas (e.g. argon or nitrogen) especially for efficient atomisation of elements that form refractory oxides (e.g. Al, Si, and V). This also ensured long rod life.

It was essential to have a reproducible collimation system. The small adjustable apertures (Fig.1) could be readily and reproducibly set in a given position relative to the rod thus providing the precise collimation necessary for good results. The size of these apertures ensured that the whole of the light beam passed through the atomic vapour cloud. The apertures position was very critical, the optimum position being just above the sample cavity. The oven was designed so that movement of the apertures would not occur when the rod expanded during the atomisation of a sample.

2. Rod Design

Spectrographic graphite was found to be superior to carbon. The optimum rod diameter was found to be 3.2mm. Larger diameter rods required large currents to atomise high boiling point elements and consequently took a long time to cool down. Smaller diameter rods were mechanically weak. The rod shape was found to be very important and many designs were tried. The design which was finally chosen is shown in Fig.2. Using this design the centre of the rod became white hot whilst the ends remained below dull red heat. The lifetime of the rods was very good even when used for the atomisation of elements such as silicon, nickel and vanadium. The capacity of the sample cavity was about 2.5uL and a 2uL sample size was found to be optimum.

3. Voltage Applied across the graphite rod.

Increasing the voltage applied to the rod increased the height of the peaks obtained but decreased their width (Fig.3). The results depicted in Fig.3 were obtained using 2uL of a 1ppm lead solution and by taking the output of the photomultiplier to the high input impedance amplifier followed by the galvanometer recorder. (Time constant of this system was less than 0.5ms).

In general, for elements such as iron, cobalt, and nickel, a high voltage (12 volts) was optimum. Higher voltages caused appreciable background absorption due to carbon vapour. For elements such as lead and copper 9-11 volts was satisfactory.

191

4. Inert Gas and Inert Gas Flowrate.

There was little difference in response when either argon or nitrogen was used.   The inert gas flow rate was, in general, not very critical over the range 0.5 - 5 litres/min, but for elements that form refractory oxides the sensitivity decreased when the gas flow rate dropped below 1 litre/min. This was throught to be due to diffusion of air into the region around the centre of the rod.   The optimum gas flow rate was found to be 2-3 litres/min.

The main advantage of using argon instead of nitrogen was that in certain cases argon produced considerably less spectral interference due to broadband molecular absorption. For example in the determination of lead at 283.3nm 2uL of a 10,000ppm calcium solution (as nitrate) gave the same absorption signal as 2uL of 0.02ppm lead when using argon and 0.08ppm lead when using nitrogen.   This increased molecular absorption could be due to calcium nitride formation or the higher specific heat of nitrogen causing cooling of the atomic vapour above the rod.

5. Type of Readout.

The following forms of readout were tried.

(a) The output from the photomultiplier was connected
     across a 1 Megohm load resistor and the voltage
     thus derived was fed into a high input impedance
     wide bandpass amplifier and the output monitored
     on a galvanometer recorder.   The time constant of

the system was less than 0.5ms. The advantage of this type of system was that a true indication of peak shape was obtained and this proved very useful for studying interelement effects. The main drawback was the expense of the light sensitive paper.

(b) The output from the A3000 spectrophotometer was connected to a conventional pen recorder (full scale response time of onesecond). This system was simple and inexpensive but suffered from the drawback that the peaks obtained were clipped at moderate absorbance values because of the slow recorder response time. This produced non-linear calibration curves.

(c) The output of the A3000 spectrophotometer (the time constant of this system was 45ms) was fed directly to a peak reading voltmeter, the output of which was displayed on a conventional pen recorder. The advantages of this system were that the output was independent of the speed of response of the pen recorder, and the calibration curves were fairly linear to high peak absorbance values.

(d) The output of the A3000 spectrophotometer was fed to an integrating voltmeter. The signal was almost independent of the rate of heating of the graphite rod and some interelement effects, presumably due to the rate of atomisation of the sample, were eliminated. Drift problems were experienced, but later results using an improved design of integrating voltmeter appear very promising.

6. The Nature of the Solution added to the rod.

Low results were obtained from chloride containing solutions for such elements as nickel, cobalt and iron, presumably due to volatilisation of the metal chloride. Ideally, the solutions should contain only nitrate when atomisation should proceed through the oxide. If chloride (or other halides) are known to be present then sulphuric acid should be added to each solution so that during the dry ashing phase all halogens present will be removed as the hydrogen halides. Atomisation should then proceed through the oxide.

The spectral interference due to broadband molecular absorption is also dependent on the anion present. For instance in the determination of lead in the presence of sodium 2uL of 10,000ppm sodium chloride gave an absorption signal (at 283.3nm) equivalent to 0.8ppm of lead whilst the same quantity of sodium nitrate was equivalent to 0.08ppm of lead.

APPLICATIONS.

1. Lead in Blood.

The optimum conditions for the determination of lead in blood were found to differ widely from those used for lead in pure solution. Similar differences were noted for other elements when determined in complex matrices.

The blood was placed on the rod in the sample cavity and the temperature slowly increased until all organic matter had been volatilised. There was apparently no appreciable loss of lead during this procedure. The rod was then heated rapidly to atomise the lead and the peak height was measured under the conditions stipulated below. When the blood sample absorbances were measured at the 280.2nm lead non-resonance line, a blank reading equivalent to 0.3ppm of lead was always observed. This was found to be due mainly to sodium chloride present in the blood. The presence of sodium chloride was found to cause a broadening of the true lead peak shape and a decrease in the lead peak height.

The time constant of the A3000 output was increased, using the damping control, to 0.5 sec and the output was monitored by the peak reading voltmeter. Under these conditions aqueous lead solutions could be used for calibration purposes. The standard deviation of the blank obtained from 20 blank measurements on 10 blood samples was 0.025ppm lead. This showed that the blank was remarkably constant for a series of blood samples. Reasonable results were obtained for samples containing 0.1-1ppm of lead, but for samples containing more than 1ppm lead a dilution of the sample was advisable.

Although a slight build up of carbon was observed in the graphite rod cavity, after a few blood samples were atomised, this could be easily removed (in situ) by using the tip of a drill.

2. Oil Analysis.

The analysis of trace metals in oils appeared promising.
In many cases aqueous solutions could be used for calibration
purposes. The fact that sample dilution was not required
resulted in highly sensitive analyses. Elements studied
were lead, tin, iron, vanadium and silicon.

References

1. West, T.S. and Williams, X.K.
   Analytica Chimica Acta. 1969, 45, 27

2. Alder, J.F. and West, T.S. Ibid, 1970, 51, 365

3. Anderson, R.G., Maines, I.S. and West, T.S.
   Ibid 1970, 51, 355

4. Aggett, J. and West, T.S. Ibid, 1971
   In the press

5. Kirkbright, G.F. Analyst 1971, 96, 609

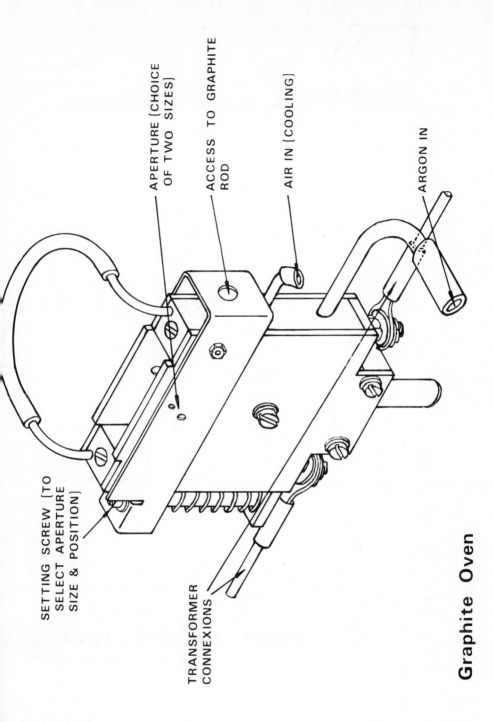

APERTURE (CHOICE OF TWO SIZES)

ACCESS TO GRAPHITE ROD

AIR IN (COOLING)

ARGON IN

SETTING SCREW (TO SELECT APERTURE SIZE & POSITION)

TRANSFORMER CONNEXIONS

Graphite Oven

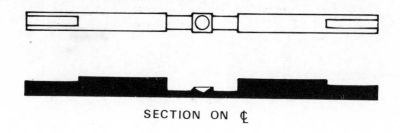

SECTION ON ₵

Rod Shape

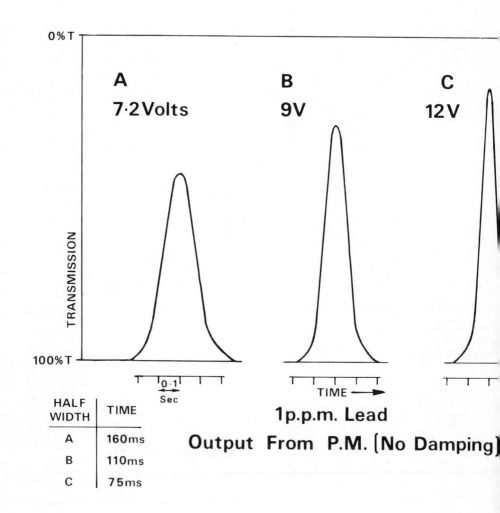

HALF WIDTH	TIME
A	160ms
B	110ms
C	75ms

1p.p.m. Lead

Output From P.M. (No Damping)

16

Détermination de Traces d'Eléments par Spectrophotométrie d'Absorption Atomique par la Technique du Filament

B. HIRCQ

Commissariat a l'Energie Atomique, Montrouge, France

R E S U M E

      On décrit la mise au point d'une cellule d'absorption atomique munie d'un générateur d'atomes, qui se présente sous la forme d'un filament métallique ou de carbone sur lequel quelques microlitres de solution sont déposés. Après avoir étudié l'influence du débit d'argon qui balaie la cellule, et celle de la température du filament, sur l'amplitude des pics d'absorption, un étalonnage en solution aqueuse et en présence d'uranium a été réalisé pour une série d'éléments.

      Dans cette série, les limites de détection correspondent à des quantités d'élément déposé allant de 0,1 picogramme à quelques nanogrammes, et pour une dizaine d'éléments à des quantités inférieures au nanogramme.

SUMMARY

The description relates to the development of an atomic absorption cell fitted with an atom generator, which appears as a metal or carbon filament on which a few microliters of solution have been deposited. After having studied the influence of the Argon flow which scans the cell, and of the filement temperature, on the amplitude of the absorption peaks, an aquous solution calibration in presence of uranium has been realized for a series of elements.

In this series, the detection limits correspond to quantities of deposited element from 0. 1 picogram to a few nanograms, and for about ten elements to quantities lower than one nanogram.

ZUSAMMENFASSUNG

Es wird die Entwicklung einer Atom-Absorptions-Zelle, welche mit einem Atom-Generator ausgestattet ist, ~~welcher die~~ der die Form eines Metall- oder Kohlenstoff-Fadens hat, auf welchen einige Mikroliter Lösung gebracht worden sind, untersucht. Nach der Untersuchung des Einflusses auf den Argon-Durchsatz, welcher die Zelle ausspült. ~~und~~ auf die Temperatur des Fadens, auf die Amplitude der Absorptions-Störbereiche, wird eine Eichung in wässriger Lösung in Gegenwart von Uranium bei einer Reihe von ~~Komponenten~~ vorgenommen.
       Elementen
In dieser Reihe entsprechen die Erfassungs-Grenzen den Mengen der angesetzten Elemente von 0,1 Pikogramm bis zu einigen Nanogramm, und bei etwa zehn Elementen Mengen unter einem Nanogramm.

La technique d'analyse par spectrophotométrie d'absorption atomique avec utilisation d'une flamme, présente des inconvénients majeurs : d'une part, une consommation d'échantillon importante, ensuite l'emploi de la flamme entraine certaines contraintes si l'on doit travailler en boîte à gants et enfin la sensibilité est parfois médiocre.

C'est pourquoi plusieurs auteurs s'orientèrent vers les systèmes sans flamme : MASSMAN (1) modifie le four de L'VOV (2) et utilise une chambre de graphite chauffée par effet Joule dans laquelle quelques microlitres de solution sont déposés, l'élément étant ensuite vaporisé à l'intérieur de l'enceinte après un préchauffage. BRANDENBERGER et BADER (3) vaporisent dans une cellule l'élément préalablement déposé par électrolyse sur un filament de cuivre. ROUSSELET (4) vaporise des composés organométalliques par bombardement électronique. WEST (5) et AMOS (6) vaporisent l'élément par chauffage ohmique d'un filament de carbone de quelques millimètres de diamètre.

Dans notre cas quelques microlitres de solution de l'élément à doser sont déposés sur un filament en rhénium ou en carbone. Le solvant est évaporé par faible chauffage ohmique et l'élément est ensuite vaporisé dans une cellule balayée par un courant d'argon qui entraine la vapeur atomique sur le trajet optique du spectrophotomètre (fig. 1). Il en résulte une absorption d'énergie qui se traduit sous forme d'un pic très étroit par enregistrement en fonction du temps.

Nous allons d'abord décrire le système muni d'un filament métallique.

I - DEPOT SUR FILAMENT DE RHENIUM -

Longueur, largeur et épaisseur du filament sont respectivement 8 mm, 0,6 mm et 50 microns. La prise d'essai est introduite dans la cellule par l'orifice d'introduction à l'aide d'une microseringue et déposée sur le filament.

L'intensité dans le filament est réglée à l'aide d'un transformateur variable et la durée du flash lors de l'atomisation est de l'ordre de la seconde. Les paramètres les plus importants sont l'intensité de flash, la valeur du débit d'argon et le pH de la solution déposée.

I-1 - Etude de l'absorption en fonction de l'intensité de flash.

Dans le cas du cadmium, le débit d'argon est de 600 ml/mn, la prise d'essai de 1 microlitre, le pH de 5,5 et les mesures sont effectuées à l'échelle 1 en milieu nitrate.

L'absorption nulle à 2,5 A (ce qui correspond à une température d'environ 1100°C), croit jusqu'à une valeur de 3,1 A (1400°C) et reste ensuite pratiquement constante (fig. 2). Nous remarquons l'allure parabolique de la courbe signal-intensité, ce qui montre que la concentration atomique est proportionnelle à la puissance fournie. Notons enfin que le signal décroit très fortement aux températures très élevées.

I-2 - Etude de l'absorption en fonction du débit d'argon.

Dans le cas du cadmium, l'intensité de flash est de 3,2 A, la prise d'essai de 1 microlitre, le pH de 5,5 et les mesures sont effectuées à l'échelle 1.

Le signal croit pratiquement de façon linéaire jusqu'à un débit de 550 ml/mn et se stabilise ensuite pour les débits plus élevés (fig. 3). Aux débits très élevés, le signal décroit fortement. Notons aussi que la hauteur du filament dans la cellule est un facteur critique.

Le troisième paramètre étudié est le pH de la solution.

I-3 - Influence du pH de la solution.

Dans le cas du zinc, nous observons une forte diminution du signal aux pH très faibles. L'optimum se situe à pH 5,5. Le phénomène est moins sensible pour les autres éléments étudiés.

L'étude de ces différents paramètres a permis de réaliser un étalonnage pour plusieurs éléments. Notons que les caractéristiques signal-intensité et signal-débit d'argon présentent toutes la même allure dans tous les cas étudiés.

I-4 - Application au dosage d'éléments.

Nous montrons sur les figures 4,5 et 6 les droites d'étalonnage obtenues dans le cas du zinc, du cadmium et du plomb.

Pour des valeurs inférieures à 30 % d'absorption, nous pouvons considérer que la hauteur du pic est directement proportionnelle à la quantité d'élément déposé sur le filament.

Nous avons jusqu'ici considéré essentiellement le cadmium. Cette méthode peut être appliquée à d'autres éléments, en particulier ceux dont les oxydes sont facilement décomposables sous l'effet de la température. Nous donnons dans le tableau 1 les limites de détection pour une série d'éléments.

I-5 - Reproductibilité de la méthode.

En général, à l'échelle 1, nous arrivons à des écarts types relatifs $\frac{\sigma H}{H}$ de l'ordre de 2 à 3 % pour une série de 10 mesures. A l'échelle 10 pour une même série de mesures l'écart type relatif reste inférieur à 8 %.

Dans le cadre de notre laboratoire nous avons été amenés à étudier l'influence de la matrice uranium.

1-6 - Influence de l'uranium.

En opérant directement en présence de la matrice uranium, il subsiste sur le filament une couche d'oxyde d'uranium, ce qui nuit à la reproductibilité : en effet, en effectuant des mesures successives, l'élément doit distiller au travers d'une couche d'oxyde de plus en plus épaisse, ce qui se traduit par une diminution rapide de la hauteur du pic. L'extraction de la matrice est donc impérative si l'on veut réaliser un dosage.

Le filament métallique ne permettant d'accéder qu'à un nombre restreint d'éléments, sans avoir la possibilité de réaliser un dosage direct en présence de la matrice uranium, nous avons été conduits à introduire un milieu réducteur, à savoir le carbone.

II - DEPOT SUR FILAMENT DE CARBONE -

La cellule est identique à la précédente, si ce n'est que les supports de filament sont en tungstène. Le diamètre du filament est de 1mm, sa longueur de 8 mm. L'intensité maximale correspondant à une température d'environ 2700 - 2800°C est de 50 A sous une tension de 10 V. L'alimentation ne nécessite qu'un transformateur de 500 W.

Les caractéristiques signal-intensité et signal-débit d'argon sont identiques à celles obtenues avec un filament métallique. Notons que le pH n'a qu'une influence minime dans tous les cas étudiés.

La différence essentielle réside dans la période dite de préchauffage.

II-1 - Influence de préchauffage.

En effet, en introduisant un élément réducteur, nous pouvons faire précéder la période d'atomisation par une période de préchauffage pendant laquelle les oxydes métalliques sont réduits.

Comme dans les systèmes "MASSMAN" et du "Carbon Rod" la température et la durée du préchauffage sont des facteurs prépondérants. Les conditions de préchauffage sont résumées dans le tableau 2, ainsi que les intensités d'atomisation et les limites de détection obtenues pour les éléments étudiés.

Pour les éléments volatils tels As, Hg, Rb,
il y a intérêt à faire une montée brutale en température,
les éléments présentant une tension de vapeur trop importante lors d'un préchauffage. Pour certains éléments,
nous avons remarqué qu'une montée en température progressive
lors de la période d'atomisation était préférable.

Cette technique nous a permis d'opérer directement en présence de la matrice uranium (fig. 7, 8, 9).

Le signal en présence d'uranium est, dans la
plupart des cas, plus faible et la reproductibilité moins
bonne. Cependant, l'écart type relatif $\frac{\sigma H}{H}$ reste inférieur à 5 % à l'échelle 1 pour une série de 10 mesures.
Notons enfin qu'il est nécessaire de changer plus souvent
le filament de carbone.

C O N C L U S I O N

Si l'utilisation d'un filament métallique ne
permet d'accéder qu'à peu d'éléments, elle nous a servi
cependant à étudier les paramètres essentiels et à déterminer un type de cellule sur lequel a pu s'adapter de façon
rentable le filament de carbone. Ce dernier permet d'opérer
en présence d'une matrice comme l'uranium et d'élargir très
nettement la gamme des éléments accessibles par la méthode.
Ce système permet enfin par une simple modification d'associer la fluorescence à l'absorption atomique.

R E F E R E N C E S

(1) H. MASSMAN - Spectrochim. Acta, 1968, 23 B, 217.

(2) B.V. L'VOV - Spectrochim. Acta, 1961, 17, 761 - 770.

(3) H. BRANDENBERGER et H. BADER -
Atomic Absorption Newsletter - 1967, 6 , 101.

(4) F. ROUSSELET - Vaporisation par bombardement électronique appliquée à la spectrophotométrie atomique -
Conférence 15-1-69 - G.A.M.S. - PARIS

(5) T.S. WEST and X.K. WILLIAMS -
Anal. Chim. Acta, 45, 27 (1969)

(6) M.D. AMOS, P.A. BENNETT, K.G. BRODIE
P.W.Y. LUNG and J.P. MATOUSĔK
Anal. Chem. 43 (2) 211 (1971).

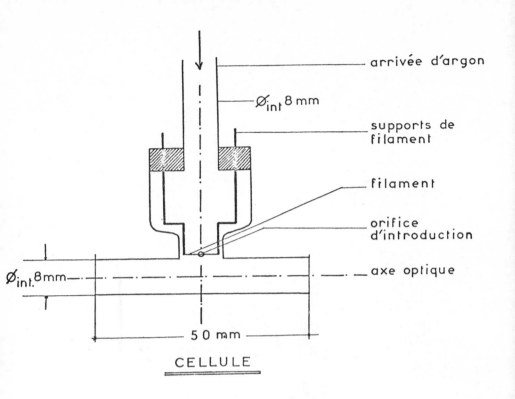

arrivée d'argon

$\emptyset_{int}$ 8 mm

supports de filament

filament

orifice d'introduction

axe optique

$\emptyset_{int.}$ 8mm

50 mm

CELLULE

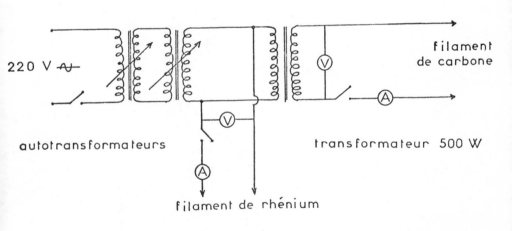

220 V ⏦

filament de carbone

autotransformateurs

transformateur 500 W

filament de rhénium

ALIMENTATION

Figure 1

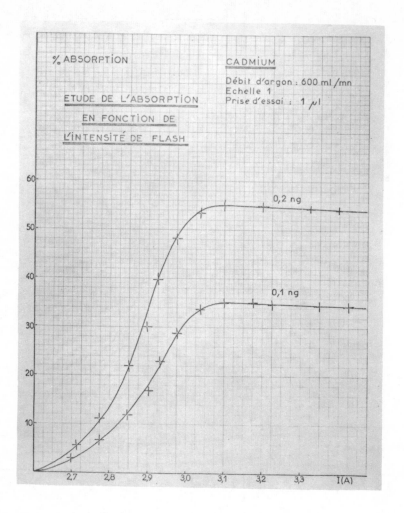

Fig 2

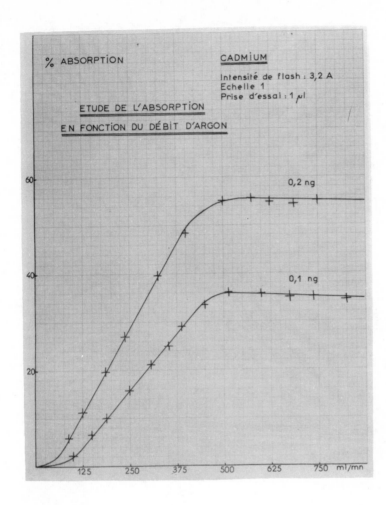

Fig 3

209

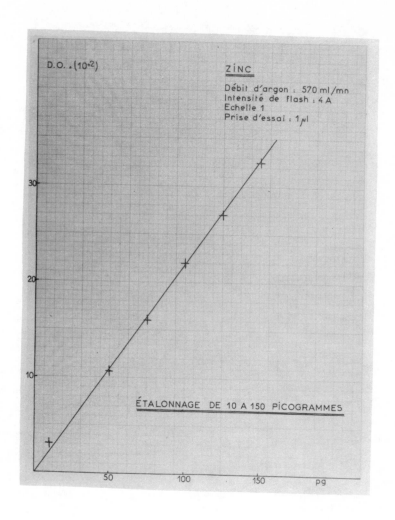

Fig 4

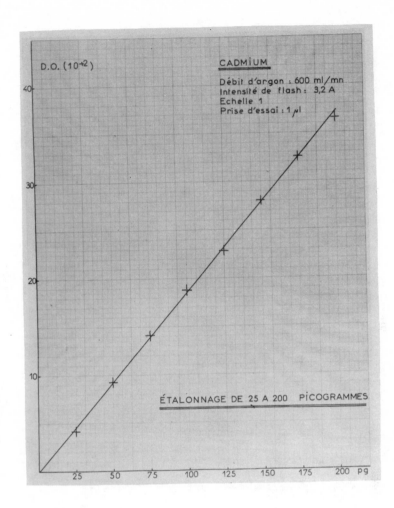

Fig 5

211

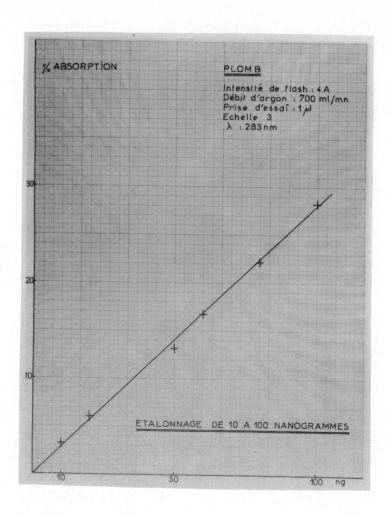

Fig 6

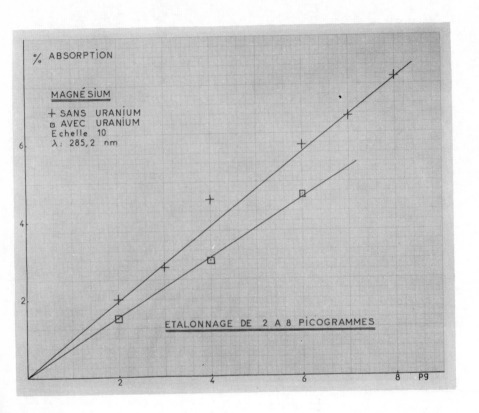

% ABSORPTION

MAGNÉSIUM

+ SANS URANIUM
▫ AVEC URANIUM
Echelle 10
λ: 285,2 nm

ETALONNAGE DE 2 A 8 PICOGRAMMES

Fig 7

213

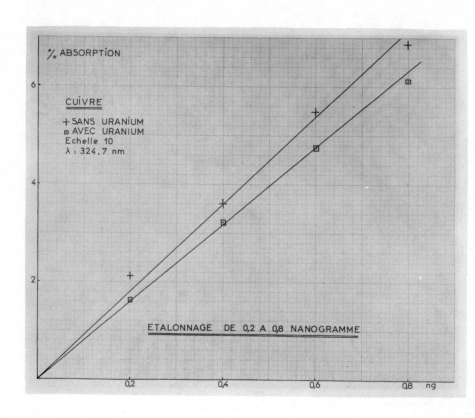

% ABSORPTION

CUIVRE

+ SANS URANIUM
▣ AVEC URANIUM
Echelle 10
λ : 324,7 nm

ETALONNAGE DE 0,2 A 0,8 NANOGRAMME

Fig 8

214

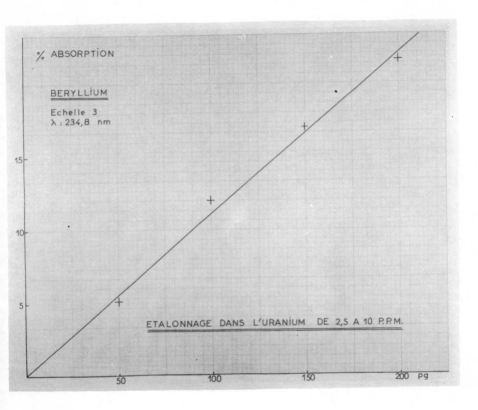

Fig 9

215

ÉLÉMENT	LİMİTES DE SENSİBİLİTÉ (en g)
A g	$2 \, . \quad 10^{-12}$
A s	$3 \, . \quad 10^{-9}$
A u	$1 \, . \quad 10^{-10}$
C d	$1 \, . \quad 10^{-12}$
H g	$2 \, . \quad 10^{-9}$
P b	$5 \, . \quad 10^{-9}$
S e	$5 \, . \quad 10^{-9}$
S n	$25 \, . \quad 10^{-9}$
Z n	$1 \, . \quad 10^{-12}$

CELLULE AVEC FILAMENT DE RHÉNIUM

TABLEAU 1

ÉLÉMENT	λ (nm)	PRÉCHAUFFAGE		ATOMISATION I (A)	LIMITES DE DETECTION (en g)
		I (A)	DURÉE (s)		
Ag	328,1	12	10	28	$1 \cdot 10^{-12}$
As	193,7			montée brutale	$1 \cdot 10^{-9}$
Au	242,8	20	15	25	$5 \cdot 10^{-10}$
Ba	553,5	17	90	40	$1 \cdot 10^{-9}$
Be	234,8	26	5	montée progressive	$5 \cdot 10^{-12}$
Bi	223,1	12	15	22	$5 \cdot 10^{-10}$
Ca	422,6	26	5	44	$1 \cdot 10^{-11}$
Cd	228,8	8	10	25	$5 \cdot 10^{-13}$
Co	240,7	15	10	montée progressive	$1 \cdot 10^{-10}$
Cu	324,7	16	10	32	$1 \cdot 10^{-11}$
Fe	248,3	24	5	36	$5 \cdot 10^{-11}$
Hg	253,6			montée brutale	$1 \cdot 10^{-10}$
K	766,5	15	30	montée progressive	$5 \cdot 10^{-11}$
Mg	285,2	18	5	32	$5 \cdot 10^{-13}$
Mn	279,5	10	10	montée progressive	$1 \cdot 10^{-11}$
Ni	232,0	15	30	montée progressive	$5 \cdot 10^{-11}$
Pb	217,0	12	20	21	$5 \cdot 10^{-11}$
Rb	780,0			montée brutale	$2 \cdot 10^{-10}$
Sr	460,7	20	120	montée progressive	$1 \cdot 10^{-10}$
Zn	213,8	8	10	28	$2 \cdot 10^{-13}$

CELLULE AVEC FILAMENT DE CARBONE

TABLEAU 2

Instrumental Background Correction and Internal Standardization in Atomic Absorption Analysis

F. J. SELLINGER

Jarrell-Ash, Division of Fisher Scientific Company, Zurich, Switzerland

Deux méthodes de compensation sont comparées et les avantages relatifs de chaque méthode sont mis en vedette . Une attention particulière est consacrée à l'approche instrumentale de résolution des problèmes analytiques qui exigent une compensation. L'on montrera que les données acquises avec notre spectrophotomètre d'absorption atomique totalement compensé illustrent les avantages analytiques obtenus en travaillant dans les différents modes de compensation.

ABSTRACT

Two methods of compensation are compared and the relative advantages of each are pointed out. Specific attention is given to the instrumental approach solving analytical problems requiring compensation. Data acquired with our Fully Compensated Atomic Absorption Spectrophotometer will be shown illustrating analytical advantages gained by working in the various compensation modes.

ZUSAMMENFASSUNG

Zwei Methoden der Kompensation werden verglichen und die relativen Vorteile einer jeden von ihnen dargestellt. Besondere Beachtung findet hierbei die instrumentale Ausrüstung, anhand welcher die analytischen Probleme, die eine Konzentration erfordern, gelöst werden. Die Daten, die mit unserem voll kompensierten Atom-Spektralphotometer ermittelt werden, werden gezeigt und veranschaulichen analytische Vorteile, welche Arbeiten mit verschiedenen Kompensations-Methoden bieten.

Our instrument was designed to correct errors in atomic absorption analyses that arise when determinations are to be made in difficult matrices or under difficult conditions. When problems do not derive from these causes, the instrument may be employed for two determinations made simultaneously in a single sample. The instrument is usable both in atomic absorption and flame emission modes of analyses. The apparatus carries all logic and command circuits necessary for connection to automated sample presentation and readout systems.

The optical schematic diagram of the instrument is shown in Figure 1. The apparatus employs two monochromators that space-share hollow cathode light that passes through the flame. In addition, each of the two monochromators also space-shares light that by-passes the flame, and subsequent electronic circuits correct light variations. This is of importance when two hollow cathode light sources are used at the same time. Each monochromator may be tuned to any wavelength and, for example, selected wavelengths may be those for two separate elements when no correction is necessary, and this frequently is the case with aqueous solutions. Some other matrices, however, cause hollow cathode light to be lost by scattering or by molecular absorption, and compensation for such phenomena is necessary. To achieve this, one monochromator is tuned to a resonant wavelength of the element being analyzed and the other monochromator to a nearby but non-resonant wavelength which, as such, is not selectively absorbed by atoms of the element under analysis. The first monochromator responds to all causes for light loss, including the selective atomic absorption. Electronic means embodying loop amplifiers are employed to effect the correction so that an accurate determination of the element may be made. The improvement that the method affords is shown in Figure 2. The curve for Cu 3274 is that of single-channel information for Cu concentrations in a MIBK matrix. The working curve is classed as unsatisfactory and exhibits the shape characteristic of light losses from causes in addition to that of atomic absorption. Variations in flame and aspiration conditions cause the calibration curve to change in slope and shape, and consequently reproducibility of data is highly dependent on exactness of all experimental conditions. The non-absorbing line chosen for correction was that of Ag which element was not present in the sample. The Ag radiation at 3281 cannot be selectively absorbed by Cu atoms, and therefore the magnitude of the signal should remain at a pre-set level. When this is not so, automatic gain is applied to the measuring circuit to restore the signal to the correct level and the same gain factor is automatically applied to the Cu channel. The correction thus provided is that of the arithmetic subtraction of absorbances which, in turn, is equivalent to the ratio of percentage of light transmission in each channel. This results in the straight-line calibration curve shown in the figure that has a slope almost theoretically perfect. This calibration curve allows better analytical precision, and the method permits greater tolerance to variation of experimental conditions.

An alternative mode of using the instrument is employed when each of the two monochromators is tuned to different absorbing lines for the same element. Many elements have several atomic absorbing lines giving differing sensitivities. It is to be anticipated that the use of two lines for the same element corrects for noise in the flame. Such noise may be classed as perturbations, with time, of the concentration and location of free atoms in the flame pathway. All such perturbations cause exactly similar variations of absorption signals both in time and magnitude for the several resonant lines of the same element. When, therefore, two resonant lines are selected and simultaneous measurements are made in each channel, the same variations of concentration of atomic species is recorded. Accordingly, a ratio of the measurements provides correction for flame noise. This is shown in Figure 3. For the purpose of demonstration, flame noise was magnified by the artifact of reducing the sample aspiration time from the normal value of 6 ml per minute to 0.3 ml per minute, with consequent reduction of sensitivity by a factor of 20.

An equivalent gain in detectability of the signal by the use of X 20 scale expansion restored the signal to its former value, but also with a twentyfold expansion of the flame noise. The signal shown on the left-hand side of the figure displays this and is the recorder trace from the single-channel mode of operation. When, however, a ratio is taken of absorption by the two Cu lines, then the signal has the improved appearance as shown on the right-hand side of the figure. It is evident that the improved signal permits greater precision of measurement or otherwise a reduced aspiration time, thereby to make use of a smaller sample volume. This method of noise suppression is known as the Curry two-line method.

It is also evident that the fundamental sensitivity is reduced although by reason of the lower noise, detectability can be restored through scale expansion. Figure 4 displays the data for the Curry two-line method for aqueous Cu standards. The calibration curve for each resonant line is shown, and it will be noted that the sensitivity given by the 3274 line approximates half that given by the 3247. Transmission data taken from the curves allowed the calculation to be made for the ratio of the two signals, and the value for each of three determinations is denoted on Figure 4 by a cross. The instrument was then set to the ratio mode of operation and the measured values are plotted with circles. Agreement between the theoretical and experimental values is entirely satisfactory.

The instrument may also be used with an internal standard added to the sample. A known concentration of a selected element is added to the sample and each monochromator is tuned to the respective resonant wavelength. The ratio of the internal standard to the element being measured may then be displayed. Unfortunately, there is not a free choice in the use of an element as an appropriate internal standard for another element since the behaviour of both in the flame requires to be similar. That this difficulty is a real one is shown by the data displayed in Figure 5. The figure displays three separate records obtained on a standard strip-chart recorder. The middle record is that of the analysis of Al at the 3092 line at a given concentration level when the instrument was used in the single-channel mode and the aspiration was continued for a period of 10 minutes, thereby to show the variations of signal that derive from variations of flame temperature and aspiration conditions. The instrument was then set to the Curry two-line method of operation and the signal displayed was that of the ratio of Al 3092 to Al 3944. It will be seen that the noise is considerably less and the calculated relative standard deviation is reduced by a factor greater than two. Not only is the precision better but also the Curry method permits the use of a shorter aspiration period. Thereafter a similar sample was prepared to which pure vanadium was added and used as the internal standard, and therefore the second monochromator was tuned to the V 3183 line. Again, aspiration was prolonged. It will be seen from the lower record of Figure 5 that the use of V as an internal standard for Al did not improve the precision of determination. Indeed, the relative standard deviation is worsened. It is probable that an element more suited as an internal standard for Al than V could be found, but to date the usefulness of the internal standard approach in atomic absorption appears limited.

The instrument also may be used for flame emission. Indeed, there are five ways to use the Fully Compensated Atomic Absorption unit and these are enumerated in Figure 6.

The principle modes of compensation include the A-B and the A/B mode. In the A-B mode the percent absorption signal from each channel is converted to the ratio A/B by an electronic devider. The computer takes the log of this ratio to give A-B or the subtraction of absorbances. In the A/B mode the percent absorption signal from each channel is converted to absorbance and ratioed by an electronic devider.

The Fully Compensated Atomic Absorption Unit is sophisticated in that it is designed for use in any of the five ways listed in

Figure 6. The utility of the instrument extends to analyses in any matrix for a very large number of elements over wide concentration ranges. It is as suited for research studies as it is to routine determinations. When in the latter mode of usage the analytical chemist has selected and set up the appropriate analytical conditions, routine operation of the instrument is of great simplicity. Analytical determinations may safely be entrusted to a junior technician. Indeed the corollary to this is that the instrument is readied for automatic operation.

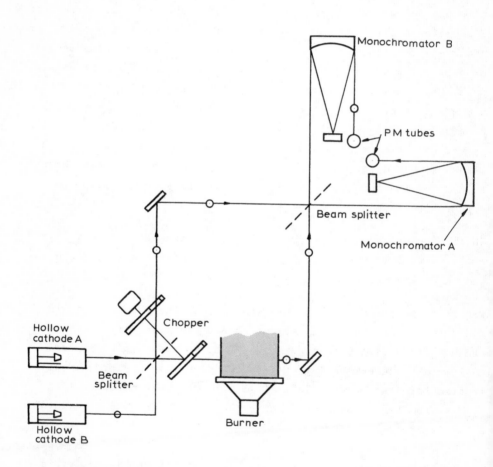

Fig. 1

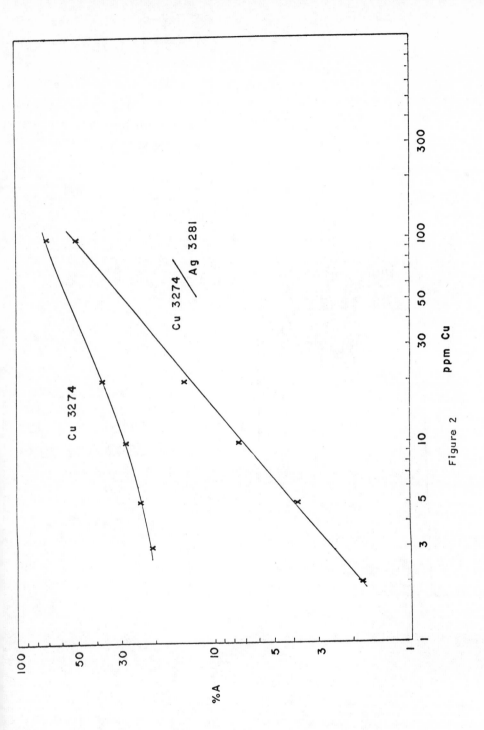

Figure 2

225

Cu 3247— Cu 3274 (3ppm)

0.3 ml/ min
(20 XS.E.)

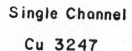

Single Channel
Cu 3247

Ratio
Cu 3247/ Cu 3274

Figure 3

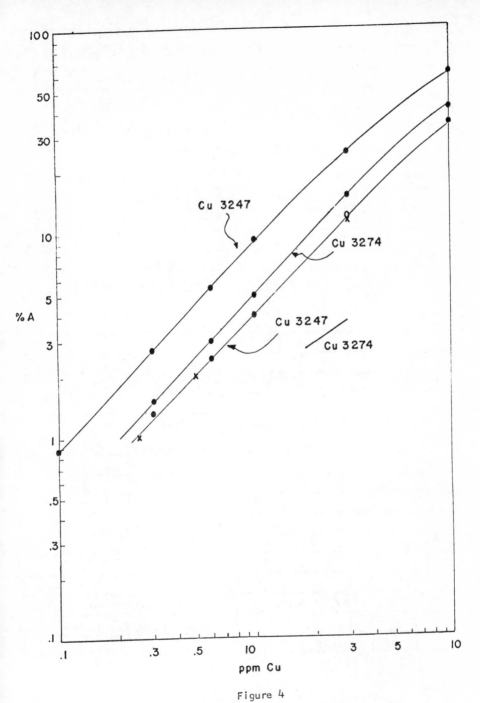

Figure 4

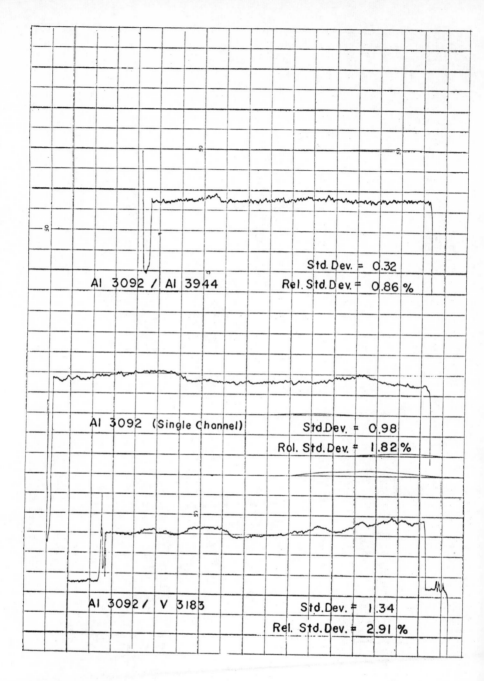

Al 3092 / Al 3944   Std. Dev. = 0.32
Rel. Std. Dev. = 0.86 %

Al 3092 (Single Channel)   Std. Dev. = 0.98
Rel. Std. Dev. = 1.82 %

Al 3092 / V 3183   Std. Dev. = 1.34
Rel. Std. Dev. = 2.91 %

Figure 5

228

WAYS TO USE

THE JARRELL-ASH FULLY COMPENSATED AA UNIT, 82-810

1. As two independent channels for Atomic Absorption with each set for the analysis of a different element.

2. As a unit with one channel operated in Atomic Absorption and the other channel, simultaneously, in Flame Emission.

3. As an analytical system compensating for interference caused by the matrix.

4. As an analytical system correcting for noise produced in the flame, by the Curry two-line method.

5. The instrument may be used to give the ratio signal for two separate elements when one is present in a known concentration and is employed as an internal standard for the other.

Figure 6

18

L'Acquisition et le Traitement en Temps Réel des Données d'Absorption Atomique sur Ordinateur de Gestion Exploité en Temps Partagé

J. LAPORTE

Compagnie d'Aménagement de la Région du Bas-Rhône-Languedoc, Nîmes, France

RESUME

L'ORDINATEUR I.B.M. 360 est équipé d'une mémoire centrale de 48 K, de 3 disques magnétiques de 22 000 K, d'une imprimante rapide et d'un canal multiple.

LA LIAISON ORDINATEUR-LABORATOIRE est assurée par branchement sur le canal multiple:

- d'un terminal (1827) centralisateur de mesures analogiques ou numériques, convertisseur analogique-numérique,

- d'une unité de contrôle et d'affichage (2848) équipés d'écrans cathodiques à clavier (2260).

LE LABORATOIRE - Les appareillages de laboratoire : spectromètres d'absorption atomique, d'absorption moléculaire, d'émission, conduc-timètres, pH-mètres, etc., sont alimentés par des passeurs automatiques, d'échantillons asservis au système et leurs organes de sorties analogiques (ou numériques) sont reliés au terminal.

LE SYSTEME D'EXPLOITATION - Par l'intermédiaire des claviers, l'ordinateur reçoit des opérateurs les informations initiales relatives aux appareillages, aux solutions étalons, aux échantillons témoins et aux échantillons à traiter.

SUMMARY

The IBM 360 computer has a central storage unit of 48K, 3 magnetic disks of 22,000 K, a fast printer and a multiple channel.

THE COMPUTER-LABORATORY COMMUNICATION is obtained by connection on the multiple channel:

- of a (1827) terminal for centralization of analog or digital measurements, which is an analog-digital converter.

- of a supervision and display unit (2848) fitted with cathodic tube screens and keyboards (2260).

THE LABORATORY - The laboratory equipment, viz: atomic absorption spectrometers, molecular absorption spectrometers, emission spectrometers, conductimeters, pH-meters, etc. are fed by means of sample automatic feeders which are computer-controlled, and their analog (or digital) output units are connected to the terminal.

THE OPERATION SYSTEM - The computer receives, via keyboards, from the operators the initial data relating to devices, standard solutions, reference samples and samples to be processed.

ZUSAMMENFASSUNG

Die IBM 360 Rechenanlage besitzt einen Zentralspeicher von 48 K, 3 Magnetplatten von 22 000 K, einen Schnelldrucker und einen Mehrfach-Kanal.

Die Vermittlung zwischen der Rechenanlage und dem Labor erfolgt durch Anschluss des Mehrfach-Kanals :

- des (1827) Terminals, als Analog-Digital-Wandler, für die Zentralisierung von Analog- oder Digitalmessungen;

- des Überwachungs- und Sichtgerätes (2448), das mit Bildröhren sowie Tastenfeldern (2260) ausgestattet ist.

DAS LABORATORIUM : Labor-Ausrüstungen, nämlich : Atomabsorptions-Spektrometer, Molekularabsorptionsspektrometer, Emissions-Spektrometer, Leitfähigkeitsmeter, pH-Meter usw., welche durch automatische, computergesteuerte Probenzuführungsgeräte gespeist werden, deren analoge (oder digitale) Ausgangsgeräte mit dem Terminal verbunden sind.

DAS ARBEITSSYSTEM : Die Rechenanlage erhält vom Bedienmann durch die Tastenfelder die Eingangsdaten, die sich auf die Geräte, die Standard-Lösungen, Bezugsproben und die zu bestimmenden Proben beziehen.

Le perfectionnement continuel des appareillages entraîne un accroissement considérable de la rapidité d'exécution des analyses.

De ce fait, le nombre des résultats analytiques bruts produits par un laboratoire d'application ou même de recherche a connu une progression spectaculaire. L'intervention de l'ordinateur au stade de l'exploitation statistique des résultats est encore un facteur d'augmentation du nombre des analyses.

Pour répondre à cette demande accrue, le laboratoire s'est automatisé : prélèvements et dilution automatiques, passeurs d'échantillons, etc., mais l'acquisition et le traitement des données brutes restent les parents pauvres. C'est pourtant la phase de l'analyse au cours de laquelle les erreurs sont les plus nombreuses, les plus graves et les moins décelables.

I - LES METHODES D'ACQUISITION ET DE TRAITEMENT DES DONNEES

Acquisition

Le premier appareil d'acquisition des données est l'enregistreur. Ses défauts sont connus : lecture difficile et longue, interprétation complexe.

Le convertisseur analogique-numérique est un progrès très net sur le plan de la précision et de la facilité de lecture mais le traitement n'est pas assuré.

L'imprimante facilite l'acquisition des données brutes et fournit un document écrit.

Le perforateur de ruban ou l'enregistreur magnétique ouvre la voie au traitement différé (BLOUIN L.T. et Coll. 1970).

Traitement

L'ensemble calculateur analogique, convertisseur, imprimante constitue la première tentative sérieuse sur la voie de l'acquisition et du traitement des données.

Les avantages sont certains : précision, fiabilité, facilité de collecte des données.

En contrepartie, chaque appareil doit être équipé d'un calculateur, d'un convertisseur, d'une imprimante. Les coûts sont élevés et il existe une grande disproportion entre les possibilités de l'appareillage (rapidité en particulier) et l'usage réel qui en est fait.

II - UTILISATION DE L'ORDINATEUR

L'ordinateur a d'abord été utilisé comme une simple machine à calculer les données introduites en temps différé.

Par la suite, la liaison entre l'appareil de mesure et l'ordinateur conduit au traitement en temps réel (THELLIER P.L. 1967 - GALLIARD J.C. 1970).

Mais le temps d'acquisition et de traitement des données étant incomparablement plus court que le temps d'exécution moyen d'une analyse, il était logique d'envisager l'affectation d'un seul organe d'acquisition et de traitement des données à plusieurs appareils de mesures : spectromètre d'absorption atomique, spectromètre d'absorption moléculaire, de flamme, conductimètre, etc.

A ce niveau, deux options principales peuvent être envisagées suivant le volume de travail du laboratoire et les moyens de calcul déjà existants dans son environnement :

. Utilisation d'un ordinateur de laboratoire

. Utilisation en temps partagé d'un ordinateur central relié à un terminal d'acquisition des données.

A) ORDINATEUR DE LABORATOIRE

1 - *LES CONSTITUANTS DU SYSTEME*

Compte tenu de la puissance de travail et de la souplesse d'utilisation de l'ordinateur, nous avons adopté le principe de base suivant. Toute complexité mécanique ou technologique doit être exclue au niveau de l'appareil de mesure et de son alimentation pour être reportée au niveau de la programmation de l'ordinateur :

Passeur d'échantillons - Le passeur d'échantillons ne contient que les organes mécaniques et électriques assurant les mouvements du plateau et des dispositifs d'alimentation de l'appareil de mesure.

La commande de ces organes, la coordination et la temporisation des différentes séquences est faite au niveau du programme.

Appareillage de mesure - Le signal analogique de mesure est prélevé à la sortie du capteur ou de l'étage d'amplification de l'appareil sans transformation ou mise en forme complémentaire. Tout appareillage classique peut donc être utilisé sans transformation ou interface spéciales.

Liaison appareillage-ordinateur - Les appareils sont reliés en permanence aux organes d'entrées de l'ordinateur, la prise de signal, son mode d'échantillonnage d'amplification et de conversion sont effectués par programme.

Ordinateur de laboratoire IBM 7

. Unité centrale de traitement de 8 K mots (16 bits + 2 bits de parité) de mémoire, cycle de base 400 nanosecondes.

. Station opérateur comportant un clavier, une imprimante, un lecteur perforateur de bande.

. Module d'entrées et sorties comportant :

  . des groupes d'entrées analogiques équipés de multiplexeurs à relais au mercure mouillé (vitesse maximum 200 lectures/seconde), d'un amplificateur multigains avec sélection d'échelle automatique ou programmable (10 mV à 5 volts) et d'un convertisseur analogique-numérique,

  . des entrées numériques de différents types (détecteur de

contact, dispositifs d'entrées manuelles, informations codées en binaire, etc.),

des sorties numériques (en direction de relais de commande, de registres numériques, etc.).

2 - *SYSTEME D'EXPLOITATION*

Une des principales caractéristiques de la logique du système IBM 7 est sa possibilité de prendre en charge les interruptions de programme suivant un classement par niveaux de priorité.

Indépendamment des priorités de classe propre à l'ordinateur lui-même (défaut d'alimentation, erreurs internes, etc.), il existe 4 niveaux de priorité, chaque niveau étant subdivisé en 16 sous-niveaux. A ces niveaux et sous-niveaux sont associés des accumulateurs, des index et des registres "tampons" assurant lors des interruptions la sauvegarde automatique des instructions et des données.

Mécanisme des interruptions

Différentes fonctions doivent être assurées pour chaque poste de mesure :

.. Identification du poste

. Demande de prise en compte par le système

. Mise en route par le système

. Acquisition de la donnée

. Traitement de la donnée

. Impression et stockage du résultat ou demande de contrôle

. Avance du plateau distributeur, etc.

A chacune de ces diverses fonctions est affecté, par programme, un niveau de priorité qui in diquera au système leur degré d'urgence, compte tenu de l'ensemble des appareils connectés.

C'est évidemment l'acquisition des données qui aura la priorité la plus grande comme c'est logique dans un système fonctionnant en temps réel où la perte de donnée est le risque majeur.

3 - *APPLICATION A LA SPECTROMETRIE D'ABSORPTION ATOMIQUE*

Cette application a déjà été décrite par de nombreux auteurs travaillant dans des conditions très variables (RAMIREZ-MUNOZ J. et Coll. 1966 - MALAKOFF J.L. et Coll. 1968/1 - MALAKOFF J.L. et Coll. 1968/2 - BOYLE Walter G. et Coll. 1970).

L'exemple cité ici représente la partie "Absorption atomique" de l'application générale étudiée (LAPORTE J. 1971).

.Chargement du plateau d'échantillons

Les premiers échantillons correspondent aux divers points de la gamme d'étalonnage de l'élément dosé (exemple : 0 et 6 points de gamme), ils sont suivis par des échantillons témoins (1 ou 2) et par les échantillons à doser.

.Réglage de l'appareil

Les divers réglages de l'appareil sont effectués manuellement par l'opérateur.

.Demande prise en compte par le système

Un relais actionné par l'opérateur ou un message introduit par le clavier de la console demande au système de prendre en compte l'appareil donné (interruption de programme).

-   Le système vérifie l'identité de l'appareillage, peut demander un supplément d'information (composition du plateau, témoins, etc.).

-   Après vérification et suivant son plan de charge, le système déclenche le processus de mesure (descente du tube de prélèvement, surveillance du temps de montée du signal, détection du palier, échantillonnage de 10 mesures).

.Traitement de la donnée

Le système effectue la moyenne des données, calcule l'écart-type et le coefficient de variation qui doit être inférieur à un seuil donné :

-   Si la mesure est valable le résultat est stocké en mémoire et peut être imprimé.

-   Si la mesure n'est pas valable le système peut reprendre la mesure ou demander un nouveau réglage.

-   Le système provoque la remontée du préleveur et l'avance d'un cran du passeur d'échantillons et provoque le départ de la mesure suivante.

.Etalonnage

Après la mesure du dernier point de gamme l'ordinateur calcule les paramètres de la courbe d'étalonnage.

.Echantillons témoins

Un ou plusieurs échantillons témoins permettent de s'assurer de la valeur de la courbe d'étalonnage.

. Echantillons inconnus

Le système calcule la concentration des différents échantillons inconnus parmi lesquels des échantillons de contrôle ou des points de gamme peuvent être introduits.

A la fin de la série de mesures le système édite les résultats définitifs accompagnés ou non de renseignements complémentaires (coefficients de variation, contrôles effectués, regroupement avec d'autres résultats, etc.).

4 - AUTRES APPLICATIONS EN TEMPS REEL

La logique, la structure et la rapidité de l'ordinateur permettent d'assurer l'automatisation, l'acquisition et le traitement des données de plusieurs appareils de même type (absorption atomique) ou de type différents tels que : spectromètre d'absorption moléculaire, d'émission, conductimètre, pH-mètre, chromatographe en phase gazeuse (WESTERBERG A.W. 1969), spectromètre de masse (JURS P.C. et Coll.1969).

En jouant sur la répartition des priorités et sur les bases de temps internes du système il est possible d'exploiter une dizaine d'appareils équipés de passeurs d'échantillons.

Si le temps moyen de mesure est de l'ordre de 30 secondes, le système ainsi décrit pourra effectuer et calculer 1 200 dosages à l'heure.

5 - STRUCTURE DES PROGRAMMES ET ORDINOGRAMMES

La figure 1 représente l'ordinogramme du programme d'acquisition des données d'un seul appareil (spectromètre d'absorption atomique). Toutefois, cet ordinogramme reste valable pour l'acquisition de données provenant d'appareils très divers (spectromètre de flamme, pH-mètre, colorimètre, etc.) car les caractéristiques et l'enchaînement des sous-programmes sont conçus de façon polyvalente.

Ainsi dans le cas où plusieurs appareils, identiques ou non, sont reliés à l'ordinateur, plusieurs programmes pratiquement identiques à celui de la fig. 1 s'exécutent les uns après les autres ou s'imbriquent les uns dans les autres.
Ce programme est fragmenté en sous-programmes indépendants (exemple : acquisition d'une mesure, lancement d'une conversion, validation, etc.) qui sont exécutés en séquences. Chaque sous-programme appelle celui qui le suit ou bien fait appel au répartiteur de tâches (SCHEDULER fourni par IBM) qui permet d'exécuter certains programmes après un délai déterminé et cela de façon épisodique ou répétée. Ces sous-programmes sont répartis sur les quatre niveaux de priorité (0, 1, 2, 3) de l'IBM 7. Le niveau 0, niveau de plus grande priorité, contient tous les sous-programmes gérant les "timers" et le répartiteur de tâches (dans un système en temps réel le temps évidemment est le paramètre le plus important). Les sous-programmes d'acquisition des mesures sont placés sur le niveau 1 (fig. 2, 3 et 4). Ce haut degré de priorité leur est attribué afin qu'aucune mesure ne se perde ou ne soit retardée.Les programmes de traitement des données (validation, interpolation...) sont exécutés au niveau de priorité 2 (fig. 5 et 6). Quant aux programmes d'impression ou de dialogue, ils sont placés au plus faible niveau de priorité (niveau 3) du fait de la lenteur des organes de communication (10 caractères/seconde) et d'un degré d'urgence relativement peu important (fig. 7)- Ordinogrammes : DUQUAY A. 1971).

En résumé, l'ordinateur de laboratoire avec des performances de stockage et d'édition relativement réduites, donc pour un prix raisonnable, peut assurer l'automatisation des appareillages, l'acquisition et le traitement des données brutes, éditer les résultats d'analyses,avec un accroissement certain de la précision de la répétabilité et de la fiabilité des mesures. La possibilité de dialogue constant entre la machine et l'opérateur permet aussi d'assumer les tâches annexes telles que l'identification des résultats, les contrôles, la mise en forme des bulletins d'analyse, etc.

Dans notre esprit, cette application n'est qu'une première étape sur la voie du traitement de l'information. Dans un second temps, l'ordinateur de laboratoire deviendra le terminal actif de l'ordinateur principal. Ceci permettra de réaliser la nécessaire intégration du laboratoire dans le système général de traitement de l'information au niveau de l'entreprise.

B ᵇ) ACQUISITION ET TRAITEMENT DES DONNEES SUR ORDINATEUR DE GESTION EXPLOITE EN TEMPS PARTAGE

Le volume de travail du laboratoire ne justifie pas toujours l'acquisition d'un ordinateur spécifique.

Dans ce cas, l'ordinateur de gestion tel qu'il existe dans de nombreuses entreprises, exploité en temps partagé, peut résoudre les problèmes posés.

L'ordinateur central est relié à un *terminal de laboratoire* dont le rôle est comparable à celui des unités d'entrées et sorties de l'ordinateur de laboratoire précédemment décrit.

C'est un organe de liaison entre les différents appareillages et l'ordinateur central.

La multiprogrammation permet de réaliser le partage des temps entre les applications du laboratoire et les autres utilisateurs.

CONCLUSION

Le chef d'un laboratoire d'analyses est un homme souvent nerveux et anxieux. Incapable de suivre à la trace chaque échantillon, de vérifier chaque calcul, de refaire chaque analyse, il signe cependant tous les résultats, il est donc responsable de toutes les erreurs dues à la "poésie" de ses collaborateurs et la malignité des choses.

De plus, le temps moyen de doublement des connaissances qui, pour le commun des mortels, est de l'ordre de sept ans, est pour lui de quatre à cinq ans. C'est aussi le temps moyen de vie active de ses appareillages.

Mais ceci n'est encore rien à côté de la progression de la "puissance de calcul" (Informatique et applications) dont le rythme de doublement est actuellement de un an.

Pour échapper à ses angoisses en gagnant du temps, l'analyste doit donc prendre en marche ce train rapide en espérant pouvoir se reposer au hasard d'une gare.

La seule chose qu'il doit absolument éviter c'est d'écrire
ou de parler sur ce sujet car ses idées seront périmées avant que
l'encre ne sèche ou que les lumières ne soient éteintes.

Communication de Jean LAPORTE
Georges KOVACSIK
Alain DUQUAY   *(FRANCE)*

au

3ème Congrès International
de Spectrométrie d'Absorption
et de Fluorescence Atomique

BIBLIOGRAPHIE

BLOUIN L.T., DOSTIE C.V., BLOOM. W.L. et LOW F.J. (1970) :
Automation of existing flame photometers with BCD punched tape
output for computer processing of data. Anal. Chem., 42,
pp. 1298-1301.

BOYLE Walter G. et SUNDERLAND William (1970) : Atomic absorption
with computer controlled sampling. Anal. Chem. 42, pp. 1403-1408.

DUQUAY A. (1971) : Automatisation et acquisition des données dans
un laboratoire. Thèse en préparation. Laboratoire de chimie
appliquée - Ecole Nationale Supérieure de Chimie de MONTPELLIER -
Université des Sciences et Techniques de MONTPELLIER.

GALLIARD J.C. (1970) : Acquisition et traitement des données par
calculateur numérique par capteurs conventionnels ou analyseurs.
Revue Chimie et Industrie - Génie Chimique, 103.

JURS P.C., KOWALSKI B.R. et ISENHOUR T.L. (1969) : Computerized
learning machines applied to chemical problems molecular formula determination from low resolution mass spectrometry.
Anal. Chem., 41, pp. 21-27.

LAPORTE J. (1971) : Automatisation, acquisition et traitement des
données. Spectrométrie d'Absorption Atomique - PINTA et Coll.
Tome I, pp. 74-84. Edition MASSON.

MALAKOFF J.L., RAMIREZ-MUNOZ J. et AIME C.P. (1968/1) : Advances in
the use of computer techniques in flame photometry. Analytica
Chim. Acta, 43, pp. 37-46.

MALAKOFF J.L. RAMIREZ-MUNOZ J. et SCOTT W.Z. (1968/2) : Computer
techniques for three-dimensional analysis in atomic-absorption
flame photometry. Analytica Chim. Acta, 42, pp. 515-522.

239

RAMIREZ-MUNOZ J., MALAKOFF J.L. et AIME C.P. (1966) : Use of computer techniques in emission and atomic-absorption flame photometry. Analytica Chim. Acta, 36, pp. 328-338.

THELLIER P.L. (1967) : Traitement de l'informatique et contrôle en temps réel. Revue Automatique (Octobre).

WESTERBERG A.W. (1969) : A real time sampling algorithm in an one-line computer system for gas chromatographs. Anal. Chem., 41, pp. 1595-1598.

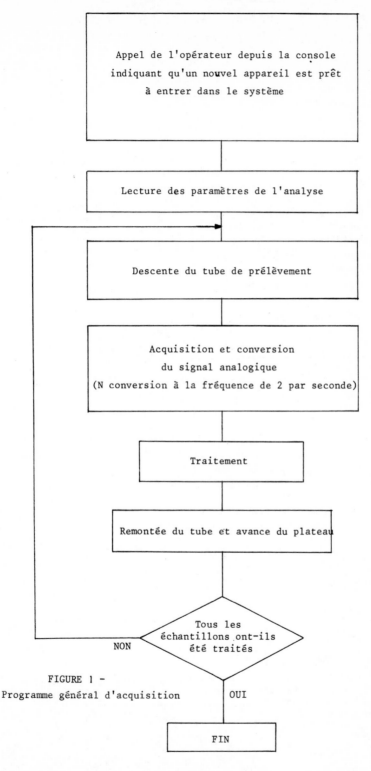

FIGURE 1 -
Programme général d'acquisition

241

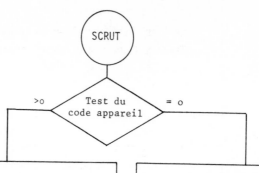

```
                          ┌─────────┐
                          │  SCRUT  │
                          └────┬────┘
                               │
              >o         ╱ Test du  ╲        = o
        ┌────────────────  code appareil  ────────────────┐
        │                  ╲          ╱                    │
```

| Ajoute au répartiteur de tâches le programme ACQ 1 d'acquisition de la mesure

. fréquence : 1 mesure toutes les secondes

. nombre de lectures : 10

. fixe un délai de 20 secondes avant la 1ère mesure |

| Fin du sous-programme traitement des programmes en attente par ordre de priorité |

| Lancement d'une sortie digitale permettant la descente du tube de prélèvement |

| Fin du sous-programme traitement des programmes en attente |

FIGURE 2 -   SCRUT : Sous-programme de scrutation (appareil en service : code positif - appareil non en service : code nul).

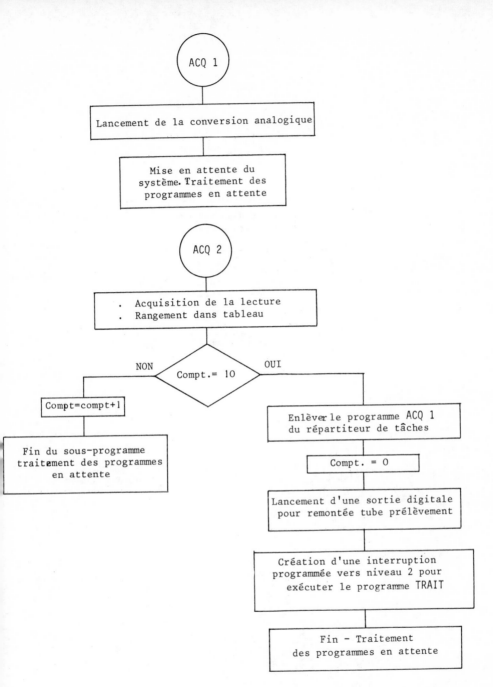

FIGURE 3 -   Sous-programmes d'acquisition

ACQ 1 : Lancement de la conversion analogique-numérique
ACQ 2 : Acquisition en fin de conversion

FIGURE 4 -   DIAL :   Programme de dialogue

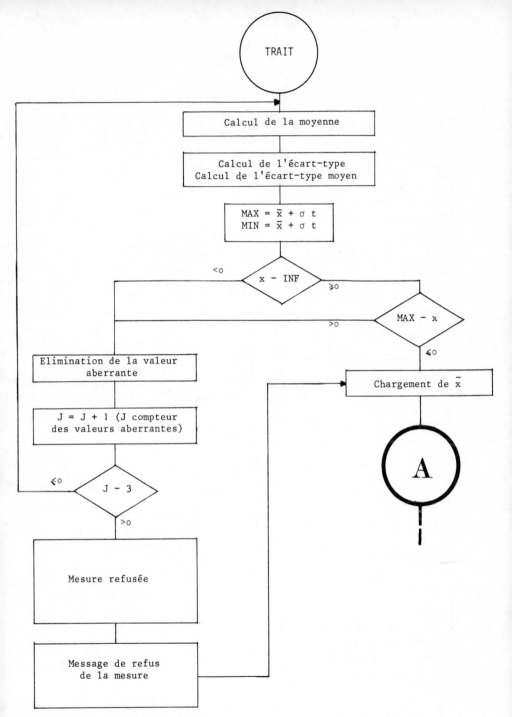

FIGURES 5-6   TRAIT : Sous-programme de traitement (validation et interpolation).

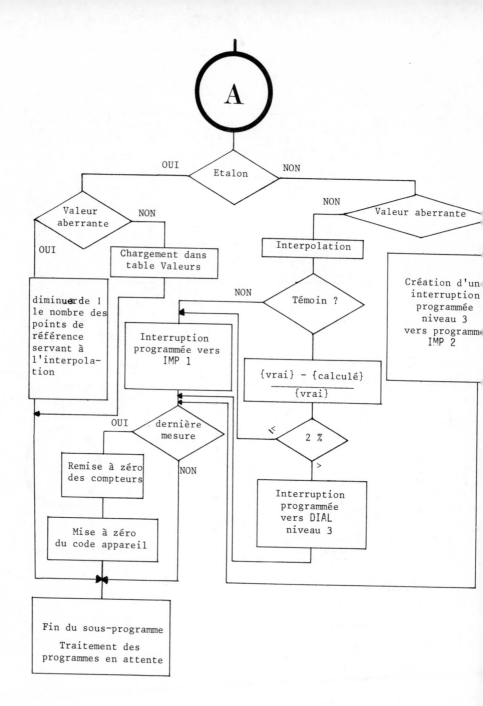

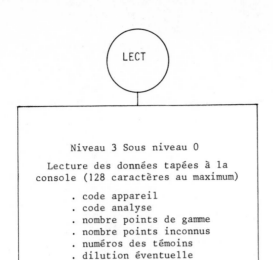

LECT

Niveau 3 Sous niveau 0

Lecture des données tapées à la
console (128 caractères au maximum)

. code appareil
. code analyse
. nombre points de gamme
. nombre points inconnus
. numéros des témoins
. dilution éventuelle
. valeurs points de gamme

IMP 1

Impression du
n° appareil
code
résultat

Fin de programme

IMP 2

Impression du
n° appareil
code
n° mesure et
d'"ERREUR"

Fin de programme

FIGURE 7 -   LECT : Sous-programme de lecture
             IMP 1 et IMP 2 : Sous-programmes d'impression.

247

19

Analysis of Mercury by Flameless Atomic Absorption Spectrometry

J. Y. HWANG and P. A. ULLUCCI

Instrumentation Laboratory Inc., Lexington, U.S.A.

Résumé

Les auteurs décrivent un appareillage permettant le dosage du mercure par absorption atomique dans une cellule à fenêtres de quartz à température ordinaire. L'application aux produits biologiques, utilise une réduction à l'hydrazine pour dégager le mercure. La méthode permet de déterminer une quantité absolue de 0,2 µg de mercure avec une précision de ± 6 %.

Summary

The authors describe a device for Mercury determination by atomic absorption into a quartz-window cell at room temperature. The application to biological products use a reduction by hydrazine for the release of mercury. The method allows to determine an absolute quantity of 0,2 µg Hg with an accuracy of ± 6 %.

Zusammenfassung

Die Verfasser beschreiben ein Gerät, mit welchem Quecksilber durch Atom-Absorption in einer Zelle mit Quartz-Fenster bei normaler Temperatur dosiert werden kann. Die Anwendung auf biologische Produkte erfolgt in Hydrazin-Reduktion, um das Ouecksilber freizumachen. Die methode ermöglicht die Bestimmung einer absoluten Menge von 0,2 Kg Quecksilber mit einer Genauigkeit von ± 6 %.

Among the many elements known or considered to be harmful to man's health, mercury and other heavy metals are being thrust more and more into the pollution spotlight. Scientific data on heavy metal toxicity are scarce. The Food and Drug Administration does have one line of action it may take against high mercury levels in food –it may confiscate food in interstate shipment with mercury levels exceeding 0,5 ppm (1).

The initial symptoms of mercury poisoning are not easily recognized because they are non-specific : fatigue, headache, and irritability. Later come tremors, numbness of arms and legs, difficulty in swallowing, deafness, blurred vision, loss of muscular coordination, and emotional disturbance. Continued ingestion leads to death.

A sensitive and reliable method of analysis of mercury, therefore, has been sought. The methods most widely employed in the determination of mercury are a colorimetric procedure using dithizone (2) and, more recently, atomic absorption spectrometry (AAS) (3, 4). The former method, however, has been considered unsatisfactory because of its extreme sensitivity to variations in laboratory conditions (5). The latter suffers from relatively poor sensitivity because of inefficient atomization in the flame media when conventional flames are used.

To improve the sensitivity of mercury analysis by AAS, the present method utilized reduced mercury vapor from a reduction cell for absorption measurements.

Experimental

Reagents and standard solutions : 4% $NaHCO_3$, 40 % hydrazine hydrate, and 1,000 g/ml Hg solutions were employed. Reagents were all reagent grade. Hg standard solution was prepared from Hg Cl_2 powder. Throughout the experiment, distilled deionized water was used.

Apparatus

For the absorption measurements, an Instrumentation Laboratory model 353 dual doublebeam atomic absorption spectrophotometer was used along with a model 19 Honeywell recorder. The system is set up as shown in Figure 1. The absorption cell with suprasil windows on both ends may simply be attached to any standard burner by means of elastics, wire, or scotch tape. Use of high solids or a nitrous oxide burner head facilitates alignment of the absorption cell in the optical path. This procedure avoids the manipulation of removing the entire nebulizer assembly form the AA unit. The argon gas flow system consists of a standard argon tank, regulator, on-off valve, and flow meter. The waste line is bubbled through 1N HCl solution which is placed under a hood or vent. An impinger was utilized as the reduction cell, which was placed on a magnetic stirrer to expedite oxidation reduction reaction.

Prodecure :

1- Remove rubber stopper and add 1 ml of 4% $NaHCO_3$ followed by 1 ml of 40% hydrazine hydrate to the reduction cell.

2- Replace rubber stopper ; turn on magnetic stirrer and argon flow. (Argon -10-psig regulator setting with the flow meter at 3,0 standard cubic feet/hour (SC-FH).) Zero recorder.

3- Turn off argon flow and stirrer. Add the mercury standard or sample to the cell. The amount of sample added depends upon the concentration range of the sample. One ml of a 0,2 µg/ml mercury standard will give approximately 300 mÃ.

4- Replace stopper immediately and turn on magnetic stirrer. Stir sample for exactly 2 min (use of stopwatch is recommended).

5- After exactly 2 min, turn on argon gas flow. The absorption signal will be seen immediately. Continue flushing argon until recorder returns to zero.

6- The system is now ready for another sample. The instrumental settings are listed in Table 1. Automatic background correction was made on each measurement.

Table 1	
Instrumental settings	
Hollow cathode lamp	Hg(I.L.62847)
Lamp current	4 mA
Photomultiplier	1P-28,RCA
P.M. voltage	620 V
Slit width	320 µ
Wavelength	253,7 nm

Results

In an attempt to attain maximum sensitivity of mercury, flushing rate of argon gas and mixing time prior to flushing were investigated.

Flushing rate

The best sensitivity was achieved at an argon flow rate of 3,0 SCFH. At lower and higher flow rates, a significant reduction in sensitivity was observed because of the broadening of the recorder signal in the former case and the short residence time of reduced mercury vapor in the absorption cell in the latter case.

Mixing time

Mixing time was varied between 10 sec and 10 min with the best sensitivity obtained at 2 min, as shown in Figure 2. At delay times below 2 min, the apparent loss of sensitivity can be ascribed to the incompleteness of the reduction reaction. The decline in sensitivity above 2 min appears to be due to various factors. One dominant factor would be wider distribution of reduced mercury vapor at longer mixing times. However, more work remains to be done to elaborate this finding.

Sensitivity and precision

As illustrated in Figure 3, 0,2 µg of mercury usually gives about 300 mÃ with average precision of ± 6 % under the present investigation. The automatic background.

correction system is recommended, because many organic vapors containing cyclic compounds reportedly showed considerable light absorption in the vicinity of the 253,7 nm line.

In conclusion, the method was found to be extremely simple to run, rapid, and accurate. The method, with little or no modification, will find many applications in the analysis of water, air, fish, and biological samples.

References

1 - Chem.Eng.News, p.36 (june 1970).
2 - SANDELL,E.B., Colorimetric Determination of Traces of
      Metals, 3rd ed. (Interscience, New York, 1965) p.621.
3 - MORRIS,M.D. and WHITLOCK,L.R., Anal.Chem. 39, 1180
      (1967).
4 - HINGLE,D.N., KIRKBRIGHT,G.F. and WEST,T.S., Analyst 92,
      759 (1967).
5 - TSUBOUCHI,M., Anal.Chem. 42, 1087 (1970).

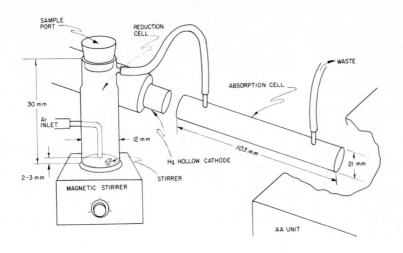

Figure 1 Setup of mercury analysis by the flameless atomic absorption technique.

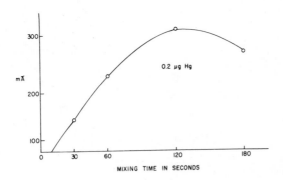

Figure 2 Sensitivity vs mixing time.

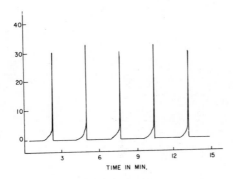

Figure 3 Sensitivity and precision.

253

20

Microdetermination of Lead in Blood by Flameless Atomic Absorption Spectrometry

J. Y. HWANG, P. A. ULLUCCI, S. B. SMITH, Jr., and
A. L. MALENFANT

Instrumentation Laboratory Inc., Lexington, U.S.A.

Résumé

Une méthode microanalytique pour la détermination du plomb dans le sang est étudiée à l'aide d'un dispositif sans flamme.
Cette technique utilise un chauffage thermique de l'échantillon dans une cellule fermée où se produit une vapeur de plomb.
L'atomisation est faite sous atmosphère d'argon, de manière à favoriser la population des atomes de l'analyte et également à empêcher l'oxydation du ruban de tantale servant de support d'échantillon.

Summary

A microanalytical method for the determination of lead in blood utilizing a flameless atomic absorption technique has been developed. This technique employs electrothermal heating of the sample in an enclosed cell to produce atomic lead vapor. The atomization takes place in an argon atmosphere that not only increases the atomic population of the analyte, but also retards the oxidation of the tantalum strip that serves as the sample boat.

Zusammenfassung

Eine mikroanalytische Methode für die Bestimmung von Blei in Blut, bei welcher die Technik der flammlosen Atomabsorption zur Anwendung gelangt, wurde entwickelt. Bei diesem Verfahren wird die Probe in einer geschlossenen Zelle elektrothermisch aufgewärmt, um atomischen Bleidampf zu erzeugen. Die Zerstäubung geht in einer Atmosphäre vor sich, die nicht nur die Atomanzahl der Analyse erhöht, sondern auch die Oxydation des Tantalstreifens verzögert, der als Probenträger dient.

The technique is a modification of that described by Donega and Burgess (1). A high speed strip recorder for recording absorption signals has been substituted for the oscilloscope, and an automatic background correction system has been added to the basic absorption unit used in their experiment. The blood sample is treated prior to analysis by chelation and extraction of lead with ammonium pyrrolidine dithiocarbamate (APDC) and methyl isobutyl ketone (MIBK), respectively. This scheme of sample preparation was recently reported by Farrelly and Pybus (2). A minor variation in their formula was made in preparing the sample for analysis by the flameless atomic absorption technique. The solvent extraction is accomplished directly from whole blood samples and requires neither precipitation of the protein nor adjustment of the blood pH. This is significantly faster than the conventional technique, since it eliminates the time required for the precipitation of protein with nitric, perchloric, or trichloroacetic acids. The principle arguments for the adoption of this modified technique are that :

1- It avoids the unsatisfactory results experienced with the direct application of the blood sample : the excessive background introduced by the matrix and the buildup of residue.

2- It avoids the introduction of corrosive reagents. The acids required in the protein precipitation technique, 10% trichloroacetic, 30% nitric, and 7% perchloric, not only gave significantly high blank values but also attacked the tantalum ribbon.

3- The solvent extraction technique provides certain advantages, e.g. the shorter solvent evaporation time permits a more rapid analysis, the process is free of chemical and physical interferences, there is no accumulation of residue on the tantalum strip, and the method is effective with very small blood samples, of the order of 100 µl.

I - Experimental.

The absorption cell is molded of Lexan, with a quartz window at each end. It is equipped with an inlet and an outlet for the argon gas, with a sample port, and with electrodes to which the tantalum strip is attached. A schematic diagram of the cell appears in Figure 1. The argon gas system consists of a standard argon tank and a two-stage regulator, which is fitted with a shut-off valve and a flow meter. The combination of a Variac and a step-down transformer is used to provide electric current to heat the tantalum strip. The strip has a V-shape indentation in its center which can hold between 50 and 150 µl of sample.

All atomic absorption measurements were made with an Instrumentation Laboratory Model 353 dual double-beam atomic absorption spectrophotometer. The design features of this instrument have been outlined in the literature (3).

Automatic background correction is carried out by providing a light source in the optical system which is sensitive to the background absorption, but insensitive to the specific atomic absorption of the analyte. In the determination of lead hollow cathode tube in channel A pro-

vides a light source which is sensitive to the presence of
atomic lead in the flame. It is, however, also sensitive
to background absorption. A hydrogen continuum in channel
B provides a light source which is insensitive to the atomic absorption signal of the lead line, but is sensitive
to the background absorption across the band pass of the
monochromator. Since the two lamps are pulsed at different
frequencies, the absorption signals resulting from each
can be electronically separated, even though they both
follow the same optical path. Channel A responds to the lead
present plus the background. Channel B responds to the background. Subtracting the channel B signal from the channel A
signal yields the net lead signal. The system operates in
the same way for any other element (Figure 2).

II - Reagents.

The following solutions were used in this study :
Formamide, APDC 2% solution, Saponin 1% solution, and water
saturated MIBK. Standard solutions of lead nitrate containing 0,1, 0,3, and 0,5 µg/ml of lead were prepared immediately before use. All solutions were prepared using only distilled, deionized water.

III - Procedures ; sample preparation.

To 0,1 ml of whole blood were added, in order, one
drop of 1% saponin solution, 0,2 ml of formamide, 0,1 ml of
2% APDC, 0,5 ml of water saturated MIBK. The blank and standards, prepared from water and standard solution respectively, were measured and treated by the same reagents as the
sample of whole blood. The saponin acts to hemolyze the
blood while the formamide solution prevents emulsion. The
sample is mixed following the addition of each reagent,
and is then mixed thoroughly with MIBK. The aqueous and
organic layers separate completely without centrifugation.
At this point, the samples are ready for the absorption
measurements.

IV - Making the determinations.

Twenty microliters of the prepared samples are
placed on the tantalum strip. The Variac is set initially
at lower current, passing a current sufficient to evaporate the organic solvent. Argon gas is flushed continuously
through the absorption cell at 7,5 standard cubic feet per
hour (SCFH). In approximately 30 seconds, when the strip
is dry, the Variac source is turned off and the dial is
set to higher current in preparation for the lead measurements. The high current passed at this Variac setting vola-
tilizes the sample and produces an immediate response by
the photometer which appears as a sharp spike on the recorder. Upon the completion of the run, the Variac is immediately turned off ; the system is ready for the next
determination.

V - Aligning the instrument.

Optimum performance of the instrument requires that the absorption cell, the monochromator, and the tantalum strip be placed in exact alignment. The absorption cell is visually aligned with the optical path. A narrow cardboard strip is placed through the sample port and allowed to rest on the tantalum strip. The cell is then adjusted so that the hollow cathode light beam is approximately 2 to 3 mm above the center of the tantalum strip. The alignment and geometry of the tantalum strip are extremely critical in attaining maximum sensitivity. Other operating specifications are presented in Table I.

VI - Automatic background correction.

Because of their background and residue buildup characteristics, direct blood samples were abandoned in favor of MIBK extraction of Pb-APDC. Background effects from blood samples and from standard solutions were investigated after extraction. The actual tracings of the spectra of both blood and standard solutions, with and without background correction, are presented in Figure 3. These spectra are shown as functions of sensitivity in milliabsorbance units (mA) and time in minutes. In the tracings representing measurements without background correction, the processes of the evaporation of MIBK and the pyrolysis of Pb-APDC appear as double peaks. Pb absorbance signals are generated as soon as high currents are applied to the tantalum boat in the absorption chamber.

With automatic background correction, the amplitude of the broad peak is greatly diminished and the spike attributable to the lead is proportionately sharper. The undulating spectrum preceding the lead peak indicates that there is in sequence an undercorrection of background in excessive eveporation of MIBK, overcorrection of background when evaporation ceases, and finally undercorrection of background in the pyrolysis process. The amplitude of the lead peaks is the same with or without background correction. Although these tracings were recorded at the fast chart speed 1,5 inches per minute, the width of the broad background bands decreases as the chart paper is driven even faster. For this reason, background correction, though desirable, is not strictly necessary.

VII - Analytical results.

A recovery study was made for samples (Table II). The analytical results of this study were compared with those obtained by two different techniques of atomic absorption spectrometry. One analysis was done by the conventional nebulizer-flame absorption, the other by the solide phase sampler technique (4). The conventional technique calls for the precipitation of serum protein with trichloroacetic acid prior to the measurement of lead absorbance. The sampler technique calls for MIBK extraction of Pb-APDC and volatilization in a sampler vessel by an air-acetylene flame.

A study of Table III shows good agreement among the results of the three different techniques with no significant error patterns.

The present method has proven to be simple and very rapid. The precision of 5% RSD at the concentration level of 5×10^{-9} g and the sensitivity of 7×10^{-11} g are good. Because it is effective for the determination of lead in blood samples obtained by finger puncture, the method will be extremely valuable in mass screening programs involving young children.

References

1- DONEGA,H.M. and BURGESS,T.E., Anal.Chem., 42, 1521 (1970).
2- FARRELLY,R.O. and PYBUS,J., Clin.Chem., 15, 566 (1969).
3- SMITH,S.B.Jr., BLASI,J.A. and FELDMAN,F.J., Anal.Chem., 40, 1525 (1968).
4- HWANG,J.Y., ULLUCCI,P.A., MALENFANT,A.L., IL Reprint, Atomic Absorption Spectrometric Determination of Lead in Blood by the Solid Phase Sampler Technique (1970).

Table I		
Instrumental Parameters		
	Channel A	Channel B
Hollow Cathode	Lead 62927	H_2 continuum 63490
Lamp Current	5 mA	25 mA
Photomultiplier	R 106	
P.M. Voltage	530 V	
Slit Width	320 μ	
Wavelength	217,0 nm	

Table II			
	Recovery study		
Sample	Unspiked Sample μg %	Sample + 10 g% Pb μg %	% Recovery
A	39	47	96
B	32	42	100
C	28	39	103

Table III		
Comparison of various AA methods (µg/%)		
Flame AA[a]	Flameless AA[b]	SPS AA[c]
15	14	--
19	20	19
24	23	24
24	24	21
28	26	27
30	29	33
52	52	--

a : Conventional flame atomic absorption technique coupled with TCA protein precipitation method.

b : Present technique combined with APDC-MIBK chelation-extraction method.

c : Solid phase sampler technique combined with APDC-MIBK chelation-extraction method.

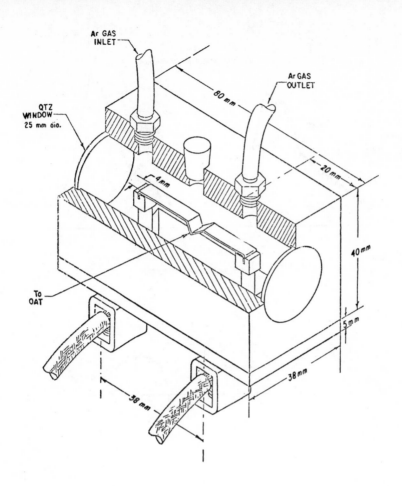

Fig. 1

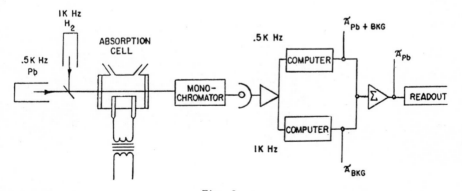

Fig. 2

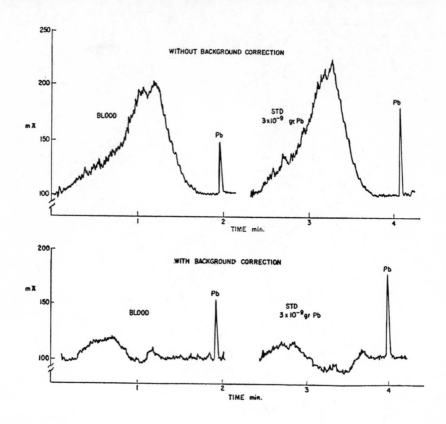

Fig. 3

ATOMIC FLUORESCENCE

21

New Atomization Techniques in Atomic Fluorescence Microanalysis

V. SYCHRA and D. KOLIHOVÁ

Department of Analytical Chemistry, Technical University, Prague, Czechoslovakia

Résumé

Est discuté l'application des techniques "coupelle d'echantillon" et "boucle atomiseur" pour la détermination de quelques éléments volatiles par la spectrométrie de fluorescence atomique.Sensitivité,précision et reproductibilité sont évaluées.Principale attention est attirée à la possibilité de la détermination directe des traces d'élements dans le matériel biologique.Détermination directe du cadmium et du zinc dans le sérum de sang est décrite en détail.

Summary

The application of "sampling cup technique" and a hot wire loop atomizer for the determination of some volatile elements by atomic fluorescence spectrometry is discussed.Sensitivity,precision,and reproducibility are evaluated.The main attention is given to the possibility of a direct determination of trace elements in biological material.A direct determination of cadmium and zinc in blood serum is described in detail.

Zusammenfassung

Die Anwendung den Probentiegel-Technik und den Schleife-
atomisierer für die Bestimmung von einigen flüchtigen
Elementen/mit Hilfe der Atomfluoreszenzspektrometrie ist
diskutiert.Die Empfindlichkeit,Genauigkeit und Repro-
duzierbarkeit der Methode sind geschätzt.Die Hauptauf-
merksamkeit wurde auf die direkte Bestimmung von Spurenelementen in biologischen Material gerichtet.Es wird
eine direkte Bestimmung von Kadmium und Zink in Blut-
serum beschrieben.

Introduction

In atomic spectrometry a variety of techniques has
been developed to increase the efficiency of atomization
in flame as well as non-flame atom reservoirs during the
last few years.We have evaluated the applicability of
a number of these techniques for atomic fluorescence spectrometry particularly with respect to their use for the
analysis of water and biological liquids.Two "new" atomic fluorescence techniques,one using a flame·and one
a non-flame atom reservoir were tested in our laboratory
from this point of view.The results are discussed in this
short communication.

In an effort to improve detection limits and simultaneously to use small sample volumes for flame atomic fluorescence spectrometry,we have developed a technique,very
similar to the "sampling boat technique" applied in atomic absorption/1/.By analogy,it is called the "sampling

cup technique".Its principle is indeed well known.The cup
with the sample solution /maximum volume of 100 μl/ is
placed close to the flame and after drying,the cup is introduced into a circular premixed flame by means of a simple
device which enables an adjustment in all three directions.
This device is shown in Figure 1.The cup is held by two
beams with platinum wire loops at the end.The whole assembly
unit is placed in a rail saddle and located on the optical rail in front of the entrance slit of the mono-
chromator.The other experimental arrangement is similar to that described in our previous papers /2,3/,
i.e.the atomic fluorescence is excited by using
high-intensity hollow cathode lamps for the particular element.The lamp is placed as close as possible
to the flame.A double-pass of the exciting radiation
through the flame,is realized by placing a spherical
aluminum mirror behind the flame.The fluorescence
emission from the flame is focused with a condensing
quartz lens /placed in a special baffle tube/ behind
the entrance slit of the monochromator.All measurements
were performed with a commercial Varian-Techtron
model AA-4 atomic absorption spectrophotometer equipped with a high-speed Hitachi-Perkin Elmer,model 165
recorder.

In the following discussion some characteristics
of the system are described and some practical results
are presented.

Cup material and size

We have tested various cups of cylindrical shape made from 0.18 mm niobium,tantalum,platinum and nickel foil.The optimum size was found to be 9 mm o.d.
x 6 mm deep.Cups made from all the investigated materials yielded comparable fluorescence signals for most
of the elements studied.The most satisfactory material
with regard to reliability,low cost,flame temperature
and applications was nickel.Platinum cups were expensive,the lifetime of tantalum cups was limited because of their oxidation in the flame and niobium cups
became porous and spongZy after several repeated measurements and in consequence fluorescence signals ex-
hibited very poor reproducibility.Nickel cups showed
no signs of deterioration and change in sensitivity
and reproducibility even after fifty repeated determinations.

Flame

Air-hydrogen,hydrogen-argon-oxygen,separated air-
-acetylene and nitrous oxide-hydrogen flames burning
in conventional circular Méker-type shielded burner
heads /diameter of 26 mm/ were examined.The separated
fuel-lean air-acetylene flame was found to be the most
convenient with respect to its temperature,absence of
interferences and light scattering properties.Alter-
native flames,e.g.air-hydrogen and hydrogen-argon-oxy-
gen which were expected to exhibit better detection
limits for most elements studied due to their favourable signal-to-noise ratio and lower quenching effects

were in general too cool to enable a sufficiently rapid atomization which is necessary for good /sharp/
peak fluorescence signals.The nitrous oxide-hydrogen
flame was found to be too hot and have too strong oxidizing properties with regard to the cup materials used.

Cup position

The optimum cup position was just above the cones
of the primary reaction zone.In this place,the cup
reached its maximum temperature /about $900^{\circ}C$ as measured with an optical pyrometer/ within two seconds.The
top of the cup should be 3 mm bellow the lower end of
the monochromator entrance slit to prevent any grey body emission of the cup body from falling on the monochromator slit.This causes an increase in the background
level after the sample has been vaporized.The atomic
fluorescence signals were found to be nearly independent of the height of observation in the flame /at least
in the range 0 - 25 mm above the top of the cup/.Taking
into account possible light scattering,all measurements were carried out 10 mm above the cup top.It should be
stressed that the whole optical and sampling system requires very accurate adjustment to avoid any reflection
of the exciting radiation on the cup,on the beams,etc.
which then could fall on the monochromator slit.

Sampling

Eppendorf microliter pipets with disposable plas-
tic tips for 5,10,20,50 and 100 microliters were used

for sample handling .

Elements studied and detection limits

Four easily volatilized elements were studied:
zinc,cadmium,lead,and silver.Absolute detection limits
of these elements obtained by this "sampling cup technique" are listed in Table I and compared with detection
limits of conventional atomic fluorescence flame spectrometry attained with the same equipment and experimental
arrangement.In the last column of this table,an impro-

TABLE I

DETECTION LIMITS /μg/ml/[a] OF THE DETERMINATION OF
SOME ELEMENTS BY AFS WITH THE "SAMPLING CUP TECHNIQUE"

Element /nm/	Sampling cup technique		Flame[b] C_2H_2-air	Improvem factor
	Absolute det.limit/g/	Corresponding concentration- 100 μl sample vol.		
Cd 228.8	1×10^{-12}	1×10^{-5}	2×10^{-4}	20
Zn 213.8	5×10^{-12}	5×10^{-5}	1.3×10^{-3}	26
Ag 328.1	1.3×10^{-11}	1.3×10^{-4}	8×10^{-4}	6
Pb 405.8	1.2×10^{-9}	1.2×10^{-2}	2×10^{-1}	17

[a] S:N= 2:1

[b] With the same experimental arrangement

vement factor over conventional flame fluorescence
is given assuming that a maximum sample volume of 100
microliters is taken.

Linearity of analytical curves

Analytical curves bear the same linear relationship at low concentrations /at least over 2 - 3 orders
of the concentration/ as has been obtained for conventional atomic fluorescence flame measurements. An analytical curve for lead with the "sampling cup technique" is shown in Figure 2.

Interferences

So far no systematic study of the effects of
extraneous ions on the determination of cadmium, zinc,
lead, and silver was made. In this preliminary study, only interferences due to the presence of the main matrix
elements /i.e. the effect of sodium, potassium, calcium,
magnesium, and phosphorus/ in biological fluids namely
blood serum and whole blood on cadmium, zinc, and lead
were investigated. No chemical interferences caused by
these interferents in concentrations corresponding
to their amount in diluted serum or blood were found.
Atomic fluorescence peak signals were within experimental errors except for lead, where the presence of
each of sodium, potassium, calcium, magnesium, or phosphorus resulted in two peaks. It was confirmed that both
peaks are caused by lead atoms. When the fluorescence

271

signals for lead were integrated the values obtained
for both lead solutions,i.e.with and without the interferent were also within experimental errors.

Light scattering

Spectral interferences due to scattering of
the excitation radiation on unevaporated particles in
the flame were investigated by evaporating 1000 and
10 000 -fold excess of the interferent in the absence
of the element determined.No signal due to light scat-
ter was observed when the measurement was made 10 mm
above the top of the cup.In the case of lead,this fact
was checked experimentally by measuring direct line fluorescence at 405°78 nm/3/.The results obtained when
the 405°78 line was selectively filtered off from the
excitation radiation and those obtained when this line
was not removed were the same.

Reproducibility

The relative standard deviation /R.S.D./ for peak
and integrated fluorescence signals calculated from fif-
teen determinations of 0.5 ng of zinc was 4.0 and 2.5%,
respectively.

Applications

Using this "sampling cup technique",a rapid,simple,
and sufficiently accurate method for the determination

of zinc and cadmium in blood serum was developed.To overcome the effect of the organic matrix,the procedure for
oxidizing the samples as described by Delves/4/ was used.
In this procedure the samples are ashed directly in the
cup by means of 30% hydrogen peroxide.

Procedure:

For the determination of zinc,10 μl of 50 - 100x
diluted blood serum /5 μl of undiluted serum for the determination of cadmium/ are pipetted into the cup and
dried by placing the cup close to the flame.After drying,the cup is cooled,20 μl of hydrogen-peroxide are
added and the cup is again placed near to the flame
and heated carefully untill a dry residue is obtained.
This generally requires not more than 2 minutes.The
sample is thus ready for analysis.The cup is then introduced quickly into the flame and the transient fluorescence signal measured at the appropriate fluorescence
wavelength.The analytical curve is prepared similarly
by using aqueous reference solutions /or the addition
technique is used/.Extreme care must be taken of the
use of high purity hydrogen peroxide and deionized water for oxidizing and diluting the samples,otherwise
high blank values results.The relative standard deviation
did not exceed 8 and 20% for zinc and cadmium determination,respectively.Table II shows results of the analysis of two serum samples for zinc and cadmium by
the "sampling cup techniques" in comparison with those
obtained by usual flame atomic fluorescence.The results
obtained both by means of the calibration curve and by

using the addition technique are in a good agreement
with those obtained by nebulizing diluted serum samples
into a separed air-acetylene flame/5/.Recorder tracings
of the determination of zinc in blood serum are shown
in Figure 3.Very good reproducibility when analysing
ashed serum samples is attained.

TABLE II

DETERMINATION OF ZINC AND CADMIUM IN BLOOD SERUM
BY AFS WITH "SAMPLING CUP TECHNIQUE"

Serum sample	Sampling cup technique /μg/ml/				Usual AFS in flame/μg	
	Calibration curve		Addition technique			
	Zn	Cd	Zn	Cd	Zn	Cd
No.1	1.3	0.003	1.5	0.003	1.4	$\sim$ 0.0
No.2	2.0	0.003	2.1	0.004	2.2	$\sim$ 0.0

a
  Semiquantitative results

The main advantage of the method described is the
small sample volume required /less than 1 μl of serum
for the determination of zinc/,relatively very good
precision for the cadmium determinatioh,and general
freedom from interferences.Cadmium is very difficult

to determine directly by usual flame atomic fluorescence
method with a conventional experimental arrangement because of the extremely low cadmium content in normal
serum.

Preliminary results from our laboratory have shown
that the "sampling cup technique" can be applied as well
for the determination of elevated lead levels in whole
blood according to the method suggested by Delves/4/.
This method in the "fluorescence mode",/especially
the possibility of direct line fluorescence measurement/
seems to be more advantageous than the atomic absorption
determination.

In addition to the applications described above,we
have tested the "sampling cup technique" with very good
results for the determination of cadmium in drinking water,mineral waters,and wine.

Conclusions

Atomic fluorescence spectrometry with the "sampling
cup technique" seems to be very useful for small sample volumes containing easily atomized elements.For these elements it offers very good absolute detection limits,
comparable with those obtained by other non-flame
atom reservoirs.By evaporating and atomizing the samples
from the cup into a sufficiently hot environment,i.e.
the flame,chemical interferences due to incomplete
dissociation as well as spectral interferences due to
light scattering are avoided.These types of interferen-

ces constitute a serious problem for some "open" non-flame atom reservoirs/6/, where the sample is evaporated into a cool atmosphere. In these cases hydrogen-argon diffusion flames burning around the non-flame cell are often used in order to diminish these interferences/6/. The main disadvantage of the "sampling cup technique" is its applicability to a rather limited number of elements.

In the second part of this communication, a flameless atomic fluorescence technique with a hot wire loop atomizer is discussed. This was first mentioned by Winefordner/7/ and described in detail by Bratzel and co-workers/8,9/. We have investigated the method particularly with respect to applications for biological samples. Unfortunately, the research is still going on and only a brief discussion can be presented here.

The experimental arrangement used in our laboratory is practically the same as described by Bratzel and co-workers/9/ and therefore it will not be discussed here in detail. Some improvements both in the electrical and optical systems were introduced which resulted in lower detection limits and better reproducibility.

An auxiliary "loop" realized by means of a variable ohmic resistance, the resistance value of which is set equal to that of the heated "analytical loop" was added. The electric current flows through this auxiliary loop for several seconds just before the power is supplied to the "analytical loop".A quick change-over switch is needed to switch over from the auxiliary loop to the analytical loop position.By using this arrangement,the power dissipated in the loop is supplied more quickly and reproducibly.Another adjustable resistor enables to supply the power to the "analytical loop" in three steps, corresponding to the different temperatures for drying, ashing and atomizing the samples,a similar feature as commercial power generators for graphite furnaces have.

The only change in the optical system was the introduction of mirrors to ingcease the fluorescence signal observed.The heated loop atomizer was tested in connection with a commercial detection and amplifying system of the Varian-Techtron Model AA-4 atomic absorption spectrophotometer.The fluorescence signals were recorded with a high speed recorder /Hitachi-Perkin Elmer Model 165/.The authors are well aware that because of the short duration of the fluorescence signal this measuring system using the 285 Hz frequency is not optimal .

Surprisingly therefore very good results were obtained with this system with regard to detectability and reproducibility for pure aqueous solutions as well as for some samples with very simple matrices.Absolute detection limits for some elements are listed in Table 3. These detection limits are better or comparable with those obtained with other non-flame fluorescence atom reservoirs/6/.In all cases,tungsten loop were used and atomic fluorescence was excited by means of a high-intensity hollow cathode lamps.The reproducibility expressed

277

TABLE   III

ATOMIC FLUORESCENCE DETECTION LIMITS WITH A HEATED
WIRE LOOP ATOMIZER

Element /nm/	Heated loop /pg/[b]	Detection limit[a] Heated loop /µg/ml/[b]	Flame[c] /µg/ml/
Cd 228.8	0.04	0.00002	0.00004
Ag 328.1	0.07	0.00004	0.0003
Zn 213.8	0.08	0.00004	0.0006
Au 242.8	8	0.004	0.005
Pb 405.8	10	0.005	0.02

[a] S:N = 2:1

[b] Sample volume of 2 µl

[c] In H_2-O_2-Ar flame /same experimental arrangement/
by the relative standard deviation was found to be approximately 5-7% for peak signals and 3% for integrated fluorescence sighals,at 0.1 ng levels.The optimum sample
volume with regard to the linearity of analytical curves
was found to be 0.5 - 1.0 microliters.

When studying practical applications of the heated loop atomizer for the determination of zinc and cadmium in blood serum and lead in whole blood,an investigation of interference effects of sodium,potassium,magnesium, calcium,and phosphorus was carried out.In general,serious interferences almost independent of the loop temperature and resulting in a decrease of the fluorescence signals were observed.These interferences are analogous to those observed by Amos and co-workers/6/ with the Carbon Rod Atomizer and are due both to incomplete dissociation owing to the evaporation of the sample into the cooler environment around the loop and to different vaporization rates caused by a large quantity of extraneous ions and organic compounds.For the applications considered,the determination using analytical curves is not possible,because it is very difficult to match precisely the reference solutions to biological samples. The analysis by means of the addition technique is very time consuming,particularly taking into account the fact,that additions cannot be applied directly to the loop because of the strong dependence of the fluorescence signals on the sampling volume and its salt concentration. The only way how to overcome these interference effects is similar to that used for the Carbon Rod Atomizer/6/, i.e.to prolong the hot reducing atmosphere around the loop by applying a diffusion argon-hydrogen flame simultaneously with the sample vaporization from the loop, as well as to use the photon counting detection system to integrate precisely transient signals/10/.

Scattering problems connected with the vaporization and atomization of the biological samples from the heated loop can be considerably diminished by preheating the samples at an appropriate temperature.The remaining scattering can be avoided by means of direct line fluorescence measurement-if this is possible/e.g. for lead,bismuth/ or can be relatively easily corrected by measuring the fluorescence signal both in the argon and in the nitrogen sheath and calculating the true fluorescence signal from their ratio.

References

1. H.L.Kahn,C.E.Peterson and J.E.Schallis,
      Atomic Absorption Newsletter 1968,7,35.

2. J.Matoušek and V.Sychra, Anal.Chem. 1969,41,518.

3. V.Sychra and J.Matoušek, Talanta 1970,17,363.

4. H.T.Delves, Analyst 1970,95,431.

5. D.Kolihová and V.Sychra, Chem.listy,in press.

6. M.D.Amos,P.A.Bennett,K.G.Brodie,P.W.Y.Lung,
      and J.P.Matoušek, Anal.Chem.1971,43,211.

7. J.D.Winefordner, Pure and Applied Chemistry 1970,
      23,35.

8. M.P.Bratzel,R.M.Dagnall,and J.D,Winefordner,
      Anal.Chim.Acta 1969,48,197.

9. M.P.Bratzel,R.M.Dagnall,and J.D.Winefordner,
   Appl.Spectrosc.1970,$\underline{24}$,518.

10. D.O.Cooke,R.M.Dagnall,B.L.Sharp,and T.S.West,
    Spectrosc.Letters 1971,$\underline{4}$,91.

Figure 1:   Sampling cup assembly /entire view/.

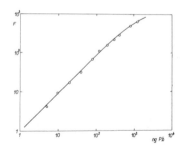

Figure 2:   Analytical curve for lead /405.78 nm/
with the "sampling cup technique".

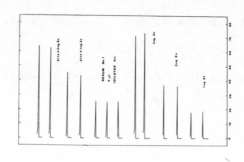

Figure 3:   Determination of zinc in blood serum
by AFS with the "sampling cup technique".

22

The Increase in Sensitivity of the Atomic Fluorescence Determination of Cd, Ag, Tl, Hg and Bi in Graphite Powder by Impulse Selective Vaporization of Solid Samples in an Argon Atmosphere

A. M. PCHELINTSEV, Yu. I. BELYAEV, A. V. KARYAKIN, and
T. A. KOVESHNIKOVA

V. I. Vernadsky Institute of Geochemistry and Analytical Chemistry, Academy of Sciences, Moscow, U.S.S.R.

Résumé

La vaporisation fractionnée par impulsion et l'atomisation de l'élément à analyser ont lieu à la suite du chauffage de l'échantillon (d'un poids de 20 mg) jusqu'à une température fixe par évaporateur à électrocontact dans une atmosphère d'argon. Les courbes d'extinction de la fluorescence par l'oxygène et l'air ont été tracées pour la fluorescence dans une atmosphère d'argon. La durée de vie des atomes excités et le rendement quantique de la fluorescence pour une atmosphère d'air ont été calculés. La substitution de l'air à l'atmosphère d'argon donne lieu à une augmentation respective de sensibilité de Cd, Ag, Tl, Hg, Bi de 16, 22, 5, 17, 65 et 7 fois. La sensibilité de l'analyse (critère-66) dans une atmosphère d'argon est : Cd (2,288.02 A) $-$ 1,75.10^{-9} , Ag (3,280.69 A) $-$ 8.10^{-9} , Tl (3,775.72 A) $-$ 6.10^{-9} , Hg (2,537.52 A) $-$ 9.10^{-8}, Bi (3,067.72 A) $-$ 1,2$10^{-7}$ %.
Coefficient de variation : environ 30 %.

Summary

The impulse fractional evaporation and atomization of the element to be determined take place as a result of sample heating (weight 20 mg) up to fixed temperature by electrocontact evaporator in Ar atmosphere. The curves of fluorescence quenching by oxigen and air have been made for fluorescence in argon atmosphere. The life of excited atoms and quantuum efficiency of fluorescence for air atmosphere have been calculated. The substitution of air for argon atmosphere gives rise to increase in sensitivity of Cd, Ag, Tl, Hg, Bi determinations 16, 22, 5, 17, 65, 7 times respectively. The sensitivity of analysis (66-criterion) in argon atmosphere is Cd (2288.02 A) $-$ 1,75.10^{-9} , Ag (3280.69 A) $-$ 8.10^{-9} , Tl (3775.72 A) $-$ 6.10^{-9} , Hg (2537.52 A) $-$ 9.10^{-8} , Bi (3067.72 A) $-$ 1,2.10^{-7} %.
Coefficient of variation $\sim$ 30 %.

Zusammenfassung

Die Impuls-Teil-Verdunstung und Zerstäubung des
zu bestimmenden Elements findet als Ergebnis der Erhitzung
eines Musters (Gewicht 20 mg) bis zur festgesetzten Temperatur durch Elektrokontakt Verdunster in einer Argon Atmosphäre statt. Die Fluoreszenz-Kurven, die durch Sauerstoff und Luft unterdrückt werden, sind für Fluoreszenz in
einer Argon-Atmosphäre erstellt worden. Die Lebensdauer
der erregten Atomeund der Mengen Effizienz der Fluoreszenz
für Luft-Atmosphäre wurde berechnet. Der Ersatz der Argon
Atmosphäre durch Luft verursacht eine Steigerung der Empfindlichkeit von Cd, Ag, Tl, Hg, Bi Bestimmungen 16, 22, 5,
17, 65 jeweils um das 7 fache. Die Empfindlichkeit der Analyse -Kriterion-66) in Argon Atmosphäre ist Cd (2288.02 A) -
$1,75.10^{-9}$, Ag (3280.69 A) - 8.10^{-9} , Tl (3775.72 A) - $6.$
10^{-9} , Hg (2537,52 A) - 9.10^{-8} , Bi (3067.72 A) - $1,2.10^{-7}$%
Variationskoeffizient ~ 30 %.

The increase in fluorescence quantum yield occurring in the presence of argon was noted by many authors.
The argon begins to be used as the composition part in the
gas mixtures. The increase in fluorescence yield occurs
much more efficiently in the case of complete substitution
of the air atmosphere because the oxygen is a very strong
quencher.
The study of the quenching fluorescence of Cd,Ag,
Tl,Hg and Bi in the vapour phase was carried out by means
of the set up supplied with the impulse heating atomizer
of the solid samples. The atomizer was a type of a electrocontact evaporator with changeable graphite crucibles
and its description was published elsewhere (1). Air and
oxygen were chosen both as the quenching gases because the
fluorescence measurements are carried out in the air atmosphere usually. The strong quenching action of the oxygen was
studied intensively in organic chemistry. Fig.1 shows the
results obtained when air and oxygen are both quenchers.
The matrix is carbon powder.
The quantum yield of resonance fluorescence is
determined as the ration of the emission probability (A) to
radiationless transition probability (C)

$$F = \frac{A}{A+C} \qquad (1)$$

The theory of fluorescence quenching was developed many
years ago. It is based on the gas kinetic theory of collisions. The fluorescence intensity in the presence of a quencher is given by Stern-Volmer equation (2)

$$I_p = I_o/(1 + K'\tau P) \qquad (2)$$

where I_o - fluorescence intensity without quencher,
  K' - quenching rate constant,
  P - pressure of the quenching gas,
  τ - life-time of atoms in the excited state.
The Stern-Volmer formula is valid if conditions are as fol-

lows : low pressure of the gas so as the resonance fluorescence is the only emission and no reabsorption occurs, and Lorentz width of a absorption line is small. The value of I_o/I has to be a linear function of the gas pressure as it follows from (2). The value of $K'\tau$ can be derived from the slope of the straight line in the quenching experiments. The value of the quenching rate constant can be calculated assuming the unmobility of the quenchers

$$K' = \frac{q\,\sigma\,n\,v}{P} \qquad (3)$$

were q is a probability of the collision of the quencher molecule with the fluorescent atom, σ is a cross-section of the collision, n number of the quenching molecules. The value of the cross-section can be estimated as follows

$$\sigma = \pi\,(r_1 + r_2)^2 \qquad (4)$$

(where r_1 and r_2 -radii of the atom in the excited state and that of the atom of quencher respectively). This is true when assuming the approximation that collision can considered as that occurring between the solid bodies. The velocity of the excited molecules can be determined as follows

$$v = \left(\frac{8\,K\,T}{\pi\,\mu}\right)^{1/2} \qquad (5)$$

where K is a Boltzmann constant, T is a absolute temperature, μ is a mass of the collision particles :

$$\mu = \frac{m_1 m_2}{m_1 + m_2} \qquad (6)$$

Suggesting the value of the quenching probability to be equal to unity one can derive

$$K' = (r_1 + r_2)^2\,8\,\pi\,\frac{(m_1 + m_2)}{K\,T\,m_1 m_2}^{1/2} \qquad (7)$$

and the life-time of atoms in the excited state can be estimated by the formula

$$\tau = \frac{tg\alpha}{K'} \qquad (8)$$

The value of the $tg\alpha$ was derived from the curves presented in Fig.1 ; the life-time of the excited atoms was calculated by the formula (8). All necessary and the calculated data are given in the Table 1.

Quantum yield of fluorescence can be calculated from the data of the mean life-time of the excited atoms as well as the probability of radiationless energy transfer. The probability of the radiationless energy transfer can be estimated using the same assumption as that was suggested to calculate the value of the quenching rate constant

$$C = \sigma\,n\,v \qquad (9)$$

Considering the formula (4), (5) and substituting the n value by formula (10) one can receive

$$n = P/\,K\,T \qquad (10)$$

$$C = P (r_1 + r_2)^2 \left[\frac{8 \pi (m_1 + m_2)}{KT \, m_1 m_2} \right]^{1/2} \tag{11}$$

Comparing the formula (11) with that of (7) one can see that
$$C = K' P \tag{12}$$

Joining formula (12) with formula (8) and keeping in mind that
$$\tau = \frac{1}{A} \tag{13}$$

one can derive the value of the quantum yield
$$F = \frac{1}{1 + Ptg\alpha} \tag{14}$$

The value of $tg\alpha$ for each element to be determined was adopted from the graph of the quenching by the air. The values of the quantum yield calculated in this manner are listed in Table 2. The gain in sensitivity can be reached on substitution air to argon atmosphere. Some data are given in the same Table 2 illustrating the sensitivity of the atom fluorescence determination of the element mentioned above using impulse heating atomizer in both air and argon atmospheres.
The sensitivity of analysis (6 -criterion) in argon atmosphere is Cd-$1,75.10^{-9}\%$, Ag-$8.10^{-9}\%$, Tl-$6.10^{-9}\%$, Hg-$9.10^{-8}\%$, Bi-$1,2.10^{-7}\%$. Coefficient of variation 30 %

References

1) BELYAEV,Yu.I, PCHELINTSEV,A.M., ZVEREVA,N.F. Zhurnal analiticheskoi khimii, 26, 492 (1971).
2) STERN,O., VOLMER,M., Z.wiss.Photogr.,19, 275 (1920).
3) ZEMANSKY,M.W., Z.für Phys., 72, 587 (1931).
4) KUHN,W., Danske Videnskabelige Selskab. Zürich, Habilitationsschrift, 1926.
5) GARRET,PH., Phys.Rev.,40, 779 (1932) ;
KOPFERMANN,H., TIETZE,W., Z.für Phys.,56, 604 (1926).

Table 1

Primary data and calculated values of life-time of atoms in excitation state.

Elements	r_2 $n \cdot 10^8$ cm	m_2 $n \cdot 10^{24}$ g	tg $n \cdot 10^6$ $\frac{cm.sec^2}{g}$	K' $\frac{cm.sec}{g}$	τ $n \cdot 10^8$ sec	τ^* $n \cdot 10^8$ sec	Ref.
Cd	1,56	186.60	19.50	3557.09	0.548	0.199	3
Ag	1.44	179.09	34.35	3596.26	1.04		
Tl	1.71	339.29	59.10	3716.59	1.59	1.4	4
Hg	1.60	333.01	414.00	3469.38	11.90	10.8	5
Bi	1.82	346.94	26.48	3963.15	0.668		

* Published data.

Table 2

Quantum fluorescence yield F, tgα values for fluorescence excitation in air atmosphere and sensitivity gain in argon atmosphere.

Elements	Sensitivity (6σ-criterion), %		Sensitivity gain	tgα $n.10^2$ mm^{-1} Hg	F
	evaporation in Ar atmosphere	evaporation in air atmosphere			
Cd	$1,8.10^{-9}$	$2,8.10^{-8}$	16	1.93	0.064
Ag	$8,0.10^{-9}$	$1,8.10^{-7}$	22.5	2.90	0.043
Tl	$6,0.10^{-9}$	$1,0.10^{-7}$	17	2.25	0.055
Hg	$9,0.10^{-8}$	$5,8.10^{-6}$	65	8.40	0.015
Bi	$1,2.10^{-7}$	$8,2.10^{-7}$	7	0.95	0.123

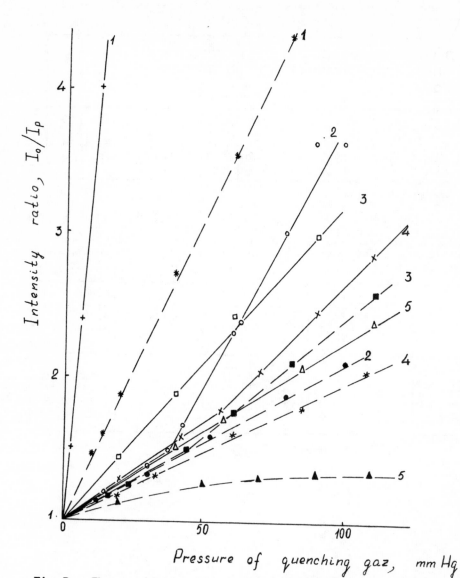

Fig.I. The quenching fluorescence of Hg (I), Tl (2), Ag (3), Cd (4) and Bi (5) by oxygen (solid lines) and air (dotted lines). I_0 - fluorescence intensity for oxygen pressure equal to zero. I_ρ - fluorescence intensity for oxygen pressure equal to ρ.

23

Application des Propriétés de Luminescence a l'Analyse des Niveaux d'Energie des Ions Lourds

G. BOULON, C. PEDRINI, et B. JACQUIER

Laboratoire de Spectroscopie et de Luminescence, Villeurbanne, France

RESUME.

On analyse les propriétés de luminescence par utilisation de méthodes optiques dans le but d'étudier les niveaux d'énergie des ions lourds, en particulier l'ion Bi^{3+}, incorporé dans des matrices polycristallines de haute pureté (métaantimoniates alcalino-terreux, oxydes, orthovanadates, gallates de terres rares).

A partir des spectres d'excitation et d'émission réalisés en fonction de la teneur en activateur et de la température (6 à 600°K), on montre que les maximums sont liés aux transitions électroniques entre le niveau fondamental $^{1}S_0$ et les niveaux excités $^{1}P_1$ et $^{3}P_1$ des états $6s^2$ et $6s6p$ de l'ion libre Bi^{3+}, niveaux abaissés et décomposés par l'action du champ cristallin à l'intérieur des différents sites de symétrie.

Les mesures des durées de vie des niveaux excités entre 4 et 400°K sont en accord avec cette attribution et mettent en évidence, en outre, l'intervention du niveau métastable $^{3}P_0$ qui piège les électrons portés sur les niveaux excités supérieurs $^{1}P_1$ et $^{3}P_1$. Les spectres de thermoluminescence et les déclins de phosphorescence confirment la présence de ces niveaux pièges et permettent d'en mesurer la profondeur.

ABSTRACT.

Luminescence properties are used in order to study the energy levels of heavy ions, specially Bi^{3+}, incorpored in very pure polycrystalline host lattices (alkaline-earth metaantimonates, rare-earth oxydes, orthovanadates and gallates).

From the excitation and emission curves performed versus activator concentration and temperature (6 to 600°K), it is shown that the maxima are correlated with the electronic transitions between the $^1S_0$ fundamental level and the $^1P_1$ or $^3P_1$ excited levels belonging to $6s^2$ and $6s6p$ configuration of the Bi^{3+} free ion. These levels are lowered and splitted by the action of the crystal-field varying the activator point symmetry.

Measurements of the luminescent decay times from 4°K to 400°K are in agreement with this attribution. Moreover, they prove the intervention of the $^3P_0$ metastable level which traps the electrons raised on the $^1P_1$ and $^3P_1$ upper excited levels. The glow curves and the phosphorescence decays confirm the presence of these traps and permit determination of their depths.

<u>Zusammenfassung</u>

Man analysiert die Eigenschaften der Lumineszenz durch optische Methoden, mit dem Ziel die Energieniveaus schwerer Ionen zu untersuchen, insbesondere des Ions Bi^{3+} , das in polykristallinen Matrizen von hoher Reinheit eingebaut ist (erdalkalische Metaantimoniate, Oxyde, Orthovanadate, Gallate seltener Erden).

Ausgehend von Anregungs- und Emissionsspektren, die in Funktion des Aktivatorgehalts und der Temperatur (6 bis 600° K) realisiert werden, wird gezeigt, dass die Maxima in Beziehung zu den Elektronenübergängen zwischen dem Grundzustand $^1S_0$ und den angeregten Niveaux $^1P_1$ und $^3P_1$ der Zustände $6 s^2$ und $6s6p$ des freien Ions Bi^{3+} stehen, gesenkte und zerstörte Niveaus durch die Aktion des kristallinen Feldes im Inneren der verschiedenen Symmetriestellen.

Die Messung der Lebensdauer der angeregten Niveaus zwischen 4 und 400° K stimmen mit dieser Zuteilung überein und erklären ausserdem das Auftreten eines metastabilen Niveaus, $^3P_0$, welches die auf die höheren angeregten Niveaus $^1P_1$ und $^3P_1$ transportierten Elektronen auffängt.

Die Spektren der Thermolumineszens und das Abnehmen der Phosphoreszenz bestätigen diese Auffänger-Niveaus und gestatten ihre Tiefenmessung.

I - INTRODUCTION.

On sait que les propriétés de fluorescence des substances cristallines contenant des traces d'un ion activateur sont
liées aux transitions électroniques entre les niveaux d'énergie
de cet ion. Dans le but d'étudier les niveaux des ions lourds
isoélectroniques du mercure, plus particulièrement ceux du bismuth trivalent, nous analysons la cinétique de la photoluminés-
cence par l'enregistrement des spectres d'excitation, d'émission,
des déclins de fluorescence, des spectres de thermoluminescence
ainsi que des déclins de phosphorescence en fonction de la température et de la teneur en activateur.

II - CHOIX DES PHOSPHORS.

L'incorporation des ions Pb^{2+} et Bi^{3+} a porté principalement sur des matrices cristallines à base de cations terres
rares comme les oxydes : La_2O_3 à structure hexagonale, Ln_2O_3
(Ln = Sc, Ln, Y, Gd) à structure cubique, les orthovanadates
$LnVO_4$ (Ln = Sc, Y, Gd) [1], les gallates tels que $LaGaO_3$ [2]. On
a, de plus, introduit ces ions dans les réseaux des métaantimoniates alcalino-terreux MSb_2O_6 (M = Ca, Sr, Ba) [3].

La substitution successive des ions Pb^{2+} ou Bi^{3+} avec
les ions M^{2+} ou Ln^{3+} placés dans des sites de différentes symé-
tries permet, d'une part, de préciser la décomposition des niveaux d'énergie et, d'autre part, l'évolution de l'intéraction
ion activateur - réseau.

III - ANALYSE DES NIVEAUX EXCITES.

1- Spectres d'excitation.

a) Dispositif expérimental.

Le schéma de principe de l'enregistrement des spectres
d'excitation est représenté sur la figure 1. L'excitation est
réalisée entre 2000 et 4000 Å par une lampe à arc concentré dans
le xénon (Osram XBO - 450W/4) dont l'enveloppe est en suprasil.
Le rayonnement est dispersé par un monochromateur Bausch et Lomb
à réseau. On a déterminé la courbe de répartition spectrale énergétique de la source excitatrice au moyen d'une thermopile de

Schwarz   à fenêtre de quartz.

Les produits sont déposés sur la pastille de cuivre d'un cryostat MERIC à circulation d'hélium liquide. Une résistance chauffante associée à un régulateur (type MV 2000 licence ANVAR) permet d'obtenir à volonté toutes les températures des poudres comprises entre 10 et 400°K. On mesure la température au moyen d'une sonde à l'arséniure de gallium.

b) Résultats.

Les figures 2, 3, 4, 5 représentent les spectres d'excitation de divers produits oxygénés activés par le bismuth ou le plomb. On suit, sur la figure 2, l'évolution des bandes observées dans La_2O_3(Bi) en fonction de la température.

Lorsqu'on a deux bandes d'émission bien distinctes, on étudie le spectre d'excitation pour chacune d'entre elles. Ainsi, pour Y_2O_3(Bi), les bandes d'excitation sont différentes pour les deux émissions verte et violette (figure 3).

Sur la figure 4 on constate que la variation de la teneur en activateur dans $LaGaO_3$ a seulement pour effet de modifier l'intensité des deux bandes /4/.

Les spectres d'excitation des produits oxygénés activés par le bismuth possèdent une grande analogie entre eux. On note en effet chaque fois la présence de deux domaines spectraux bien distincts vers 2500 Å et au-dessus de 3050 Å. $CaSb_2O_6$(Bi) se distingue des autres luminophores en présentant trois bandes (figure 5) mais seules deux peuvent être attribuées au bismuth, celle de courte longueur d'onde étant dûe à la matrice pure puisqu'on la retrouve dans le produit non activé.

2- Spectres d'émission.

a) Etude de la fluorescence.

On utilise le rayonnement intense de la lampe XBO - 450 W/4 associée au monochromateur Bausch et Lomb pour exciter les produits aux maximums des spectres d'excitation.

Le rayonnement de fluorescence est focalisé sur la fente d'entrée d'un monochromateur JOUAN-QUETIN (figure 6) dont le réseau (1200 traits par mm) est blazé à 4500 Å.

Les spectres d'excitation et d'émission décrits dans ce travail sont corrigés en tenant compte d'une part de l'absorption des différents systèmes optiques et d'autre part de la sensibilité spectrale du photomultiplicateur EMI 6256 S utilisé.

b) Résultats.

Ces produits émettent des bandes larges situées dans le proche ultra-violet, le bleu ou le vert /1-2-4/.

L'augmentation de la température a pour effet de déplacer le maximum de la bande d'émission du côté des courtes longueurs d'onde comme on peut s'en rendre compte sur les figures 7, 9, 10 pour $La_2O_3(Bi)$, $LaGaO_3(Bi)$ et $CaSb_2O_6(Pb)$.

La figure 8 montre l'influence de la longueur d'onde excitatrice sur les spectres d'émission de $Y_2O_3(Bi)$: quelle que soit la longueur d'onde excitatrice le spectre comporte deux bandes respectivement violette et verte.

Comme dans le cas des spectres d'excitation, lorsque la teneur en activateur varie, seule l'intensité des bandes d'émission se trouve modifiée. On note pourtant une exception en ce qui concerne $CaSb_2O_6(Bi)$ dont la bande d'émission se déplace considérablement quand la quantité de bismuth introduit varie (figure 11), ce qui semble indiquer la présence d'au moins deux bandes assez rapprochées.

3- Essai d'attribution.

On sait que Pb^{2+} et Bi^{3+}, comme Tl^+, appartiennent à la série des ions isoélectroniques du mercure qui, à l'état fondamental, possèdent tous une sous-couche $6s^2$. Il est donc facile de déterminer les états en utilisant les règles et les notations classiques de spectroscopie. On a reproduit sur la figure 12 les niveaux d'énergie $^3P_{0,1,2}$ et $^1P_1$ des ions libres pour le premier état excité $6s6p$.

Les états d'énergie du plomb et du bismuth ne peuvent être décrits rigoureusement par aucun des deux types de couplage LS ou jj. Ceci explique que les deux transitions d'intercombinaison $^1S_0 \Longleftrightarrow {}^1P_1$ et $^1S_0 \Longleftrightarrow {}^3P_1$ soient permises.

Il convient d'observer, enfin, que les transitions $^1S_0 \Longleftrightarrow {}^3P_0$ et $^1S_0 \Longleftrightarrow {}^3P_2$ sont interdites par la règle de sélection du moment angulaire total $\Delta J = 0, \pm 1$. Toutefois, $^1S_0 \Longleftrightarrow {}^3P_2$ est permise par l'approximation quadrupolaire électrique. Ces niveaux $^3P_0$ et $^3P_2$ sont donc métastables. Ils peuvent donc piéger les électrons, portés préalablement sur des niveaux excités plus élevés.

La grande analogie existant entre les spectres d'excitation des divers produits activés montre que le centre activateur est bien responsable des pics observés. On est donc conduit à associer les bandes d'excitation du domaine des grandes longueurs d'onde aux transitions $^1S_0 \longrightarrow {}^1P_1$ et pour les courtes longueurs d'onde à $^1S_0 \longrightarrow {}^1P_1$ propres au bismuth ou au plomb.

Le niveau $^3P_1$ correspond, en particulier, à la bande λ = 3065 Å pour La$_2$O$_3$(Bi), λ = 3070 Å pour LaGaO$_3$(Bi), λ = 3320 Å pour CaSb$_2$O$_6$(Bi) et λ = 2800 Å pour CaSb$_2$O$_6$(Pb). Dans Y$_2$O$_3$(Bi), on observe une décomposition de ce niveau qui est en accord avec la faible symétrie du site occupé par l'ion activateur (symétrie C$_2$ ou S$_6$).

Le domaine d'absorption observé vers 2500 Å dans les produits étudiés est identifié à la transition $^1S_0 \longrightarrow {}^1P_1$. Notons pour le métaantimoniate de calcium dopé au plomb et au bismuth l'existence d'une troisième bande d'excitation vers 2200 Å, dûe à l'absorption par le réseau.

Tous ces résultats sont obtenus sous excitation constante, l'état de régime entre les niveaux mis en jeu étant rapidement atteint, la variation des différentes populations pendant l'unité de temps est alors nulle. Au contraire, si l'on porte l'électron dans un niveau excité au moyen d'un éclair de courte durée, on sait que le déclin enregistré permet de préciser la cinétique de la fluorescence à l'intérieur du centre luminogène ainsi que l'attribution des niveaux d'énergie.

4- Durées de vie des niveaux excités.

a) description.

La mesure de la durée de vie d'un niveau excité à partir du déclin de la fluorescence exige d'utiliser un générateur d'éclairs ou d'étincelles dont la durée est beaucoup plus courte que cette durée de vie. En raison de la variation notable, à la fois, des constantes de déclin entre 10^{-7} et 10^{-3} s et de la position des bandes d'absorption entre 2000 et 4000 Å, trois types de généra-

teurs ont été utilisés : un générateur d'éclairs AMIOT émettant
des flashs intenses au-dessus de 3300 Å et permettant l'observation des constantes de déclin supérieures à $\tau = 10^{-6}$s ; un générateur d'étincelles HARTMANN pour exciter dans la région spectrale 2000 - 3000 et pour analyser des constantes τ supérieures à
3×10^{-8}s et enfin un stroboscope PHILIPS PR 9107, muni d'une lampe au xénon à enveloppe de quartz, riche en longueur d'onde supérieures à 2500 Å et fournissant des éclairs de largeur à mi-hauteur
voisine de 10^{-5}s.

Les produits sont déposés sur la pastille de cuivre d'un
cryostat à deux fenêtres de quartz dont la température varie entre
77 et 600°K. Pour les mesures à l'hélium liquide, nous avons utilisé un cryostat mis au point au Laboratoire de Luminescence I
de l'Université Paris VI.

Le courant, mesuré sur une résistance de charge de 2200
ou 220 ou 50 Ω (suivant la rapidité des phénomènes observés) d'un
photomultiplicateur 56 AVP de la Radiotechnique, est proportionnel
au flux émis par le crystal. On photographie les déclins sur l'é-
cran d'un oscillographe cathodique 251 A Ribet Desjardins ou CRC
OCT 588. Dans la mesure où la température de l'échantillon reste
constante durant un intervalle de temps assez grand (30 minutes à
1 heure), il est préférable d'enregistrer graphiquement le déclin
à l'aide d'un "BOXCAR INTEGRATOR MODEL 160" de la Compagnie Princeton Applied Research Corporation. On élimine ainsi les bruits
de fond qui se manifestent sous la forme d'ondes répétitives.

b) Quelques résultats.

Les déclins observés suivent une loi exponentielle simple ou peuvent être décomposés en deux exponentielles. Les valeurs
des constantes τ, en μs, de la fluorescence de quelques centres
Bi^{3+} à 295°K, 77°K et 4°K sont indiquées sur le tableau 1. Contrai-
rement aux centres luminogènes tels que les orthovanadates purs et
activés pour lesquels il y a compétition entre les transitions radiatives et non radiatives pour les températures supérieures à
50°K, [5-6] les variations des constantes de déclin $\tau(T)$ et de
l'intensité énergétique I(T) sous excitation continue ne sont plus
proportionnelles. En particulier $\tau(T)$ augmente considérablement

lorsque la température diminue et le rapport $\tau(4°K)/\tau(295°K)$ prend respectivement les valeurs de 1130 et 2860 pour $CaSb_2O_6(Bi)$ et $La_2O_3(Bi)$ par exemple .

La décomposition, à certaines températures des déclins selon deux exponentielles est liée à la structure des bandes d'excitation principale.

Les faibles valeurs de τ, à la température ambiante, confirment l'attribution de la fluorescence à une transition dipolaire électrique du type $^3P_1 \rightarrow {}^1S_0$ [1]. Par analogie avec les travaux de M.F. TRINKLER [7], K. ILLINGWORTH [8] et M. TOMURA [9] sur les centres Tl^+ et Pb^{2+}, isoélectroniques de Bi^{3+}, on peut penser que l'allongement de τ à basse température est dû à la présence d'un niveau métastable de la configuration 6s6p de l'activateur. Sous excitation de grande longueur d'onde il s'agirait du niveau $^3P_0$.

Si l'on s'en tient à la cinétique de la fluorescence sous excitation dans le niveau $^3P_1$, il faut, pour interpréter ces résultats, considérer le schéma d'un centre comprenant les niveaux fondamental 1, excité 2 et métastable m (figure 14). On voit que, sous excitation dans le niveau 2, le centre peut retourner à l'état fondamental, soit directement avec émission de fluorescence de probabilité f_{21}, soit par l'intermédiaire du niveau métastable m pour lequel l'échange d'énergie avec le niveau 1 est réalisé par dissipation thermique (probabilités p_{2m} et p_{m2}). Au cours de ce processus, les ions peuvent également atteindre le niveau fondamental par la transition $m \rightarrow 1$ dont la probabilité est cependant plus petite que f_{21}. Les probabilités calculées par deux méthodes indépendantes sont en bon accord [1].

L'une de ces méthodes permet aussi d'évaluer la différence d'énergie ou profondeur de piège E entre les courbes de potentiel relatives à chaque niveau $^3P_1$ et $^3P_0$. Dans le but de retrouver ces profondeurs de piège E on peut étudier de plus, les spectres de thermoluminescence et les déclins de phosphorescence.

IV - ANALYSE DES NIVEAUX METASTABLES.

1- Thermoluminescence.

a) Principe de la méthode.

La thermoluminescence consiste à exciter le phosphor à une température suffisamment basse pour que les électrons portés sur un niveau excité, soient piégés par le niveau métastable le plus proche. En réchauffant ensuite l'échantillon, on apporte sous forme thermique l'énergie nécessaire aux électrons pour qu'ils s'échappent des pièges. On obtient alors des courbes de thermoluminescence ("glow curves") en enregistrant l'intensité de l'émission en fonction de la température. L'existence d'un piège se traduit graphiquement par un pic. La température T_m du maximum appelée "température de thermoluminescence" caractérise la profondeur E des pièges. T_m varie légèrement suivant la vitesse de chauffe constante β utilisée.

b) Dispositif.

Deux types de cryostat ont été utilisés pour obtenir les courbes de thermoluminescence.

1°) Entre 77 et 400°K, nous employons un appareil mis au point au laboratoire. L'échantillon est enfermé dans une enceinte en acier inoxydable, munie d'une fenêtre de quartz et dans laquelle un vide de 10^{-6} Torr peut être maintenu. La poudre à étudier est déposée sur une pastille thermostatée de faible inertie thermique, permettant à la fois de la refroidir et de la réchauffer. Elle est constituée d'un petit tube de cuivre spiralé à spires jointives. Une des faces de la spirale obtenue est recouverte, par électrolyse, d'une couche de cuivre de 2 à 3 mm d'épaisseur. Ce dépôt est usiné de façon à loger une résistance chauffante (thermocoax), puis recouvert à nouveau d'une couche de cuivre électrolytique. On plane la surface et on creuse au centre du disque un logement destiné à recevoir la poudre luminescente et on colle, de part et d'autre, deux thermosondes en platine extrêmement plates servant à la mesure et à la régulation de la température. Le refroidissement est assuré par une circulation formée d'azote liquide dans le tube de cuivre et le réchauffement linéaire par une régulation à

action proportionnelle (dispositif CORECI) de l'intensité
admise dans la résistance chauffante.

2°) En-dessous de 77°K, on utilise le cryostat à circulation
d'hélium construit par la Société Méric.

On dispose de plusieurs sources d'excitation : les lampes à vapeur de mercure donnant essentiellement les raies
λ = 2537 Å et λ = 3650 Å, une lampe au deutérium suivie d'un monochromateur, pour les excitations de très courtes longueurs d'onde, et une lampe au xénon 450 watts,en suprasil, suivie d'un monochromateur, permettant d'exciter sélectivement dans tout le domaine de longueur d'onde supérieur à 2000 Å.

Le rayonnement de thermoluminescence est reçu par un tube photomultiplicateur muni ou non de filtres.

c) Résultats.

Nous ne donnons que quelques résultats de courbes de thermoluminescence obtenues avec ces produits.

On met en évidence dans $CaSb_2O_6(Pb)$, l'existence de deux groupes de pièges se traduisant par deux pics très éloignés situés vers 40 et 270°K (figure 15).

Par diverses méthodes de calcul [10], on détermine les profondeurs de piège, respectivement égales à 0,07 et 0,50 ev.

$CaSb_2O_6(Bi)$, excité dans le domaine des courtes longueur d'onde (2240 Å), présente une courbe de thermoluminescence comprenant plusieurs pics (figure 16).

L'excitation par λ = 3450 Å donne naissance, au contraire à un seul pic situé vers 180°K (figure 17), correspondant à une profondeur de piège de 0,32 ev.

Prenons enfin comme dernier exemple la courbe de thermoluminescence observée pour La_2O_3 (5×10^{-4} Bi) (figure 18). On constate la présence d'un pic vers 290°K (E = 0,53 ev) essentiellement sous l'excitation par λ = 2490 Å. D'autres pics sont observés entre 40 et 100°K, mais ils semblent déjà exister dans le produit pur.

2- Déclins de la phosphorescence.

L'analyse des déclins de la phosphorescence est une autre méthode conduisant à la mise en évidence des niveaux pièges
et au calcul de leurs profondeurs. En fait, elle est complémentaire de la méthode des courbes de thermoluminescence. En effet, si
cette dernière permet de calculer E et d'en déduire le facteur de
fréquence de sortie des électrons des pièges s, l'étude des déclins
donne directement s puis E.

On étudie les déclins de la phosphorescence à diverses
températures autour de celles des pics de thermoluminescence. Ce
n'est en effet qu'au voisinage de cette température qu'on observe
une phosphorescence intense correspondant à une forte probabilité
de sortie des électrons des pièges.

Connaissant la loi de déclin, on peut, par exemple en
utilisant la méthode de P. LENARD [11], obtenir la distribution
des profondeurs de piège m_{oE} en fonction de E en traçant la courbe $n_{o\tau} \cdot \tau = f(\log \tau)$, τ étant la durée de vie moyenne de l'é-
lectron et $n_{o\tau} \cdot \tau$ le nombre de pièges de vie moyenne comprise
entre τ et $\tau + d\tau$.

On voit sur la figure 19, par exemple les courbes obtenues avec $CaSb_2O_6(Pb)$ à diverses températures. Le déplacement
des maximums en fonction de la température à laquelle s'effectue
le déclin permet de calculer s puis E [12]. Pour ce piège, on
trouve $s = 10^8 s^{-1}$ et E = 0,51 ev, ce qui est en excellent accord
avec les valeurs trouvées en thermoluminescence.

La thermoluminescence et le déclin ont donc permis de
déterminer les profondeurs des pièges contenus dans ces matrices
activées par les ions Pb^{2+} et Bi^{3+}. Dans l'hypothèse où ces pièges s'identifient aux niveaux $^3P_2$ et $^3P_0$, on pourrait attribuer
dans $CaSb_2O_6(Pb)$ le piège peu profond (0,07 ev) à $^3P_0$ et le second (0,50 ev) à $^3P_2$. Le pic situé vers 180°K (E = 0,32 ev) donné
par $CaSb_2O_6(Bi)$ serait alors dû à $^3P_0$ puisqu'il est obtenu en
excitant dans le domaine des grandes longueurs d'onde ($\lambda = 3450 \mathring{A}$.

299

V - CONCLUSION.

Dans le but de montrer l'intérêt que présentent les méthodes optiques pour la détermination des niveaux d'énergie responsables des phénomènes de luminescence, nous avons donné les résultats concernant quelques produits polycristallins oxygénés dopés par des ions lourds Pb^{2+} et Bi^{3+}.

L'analyse des spectres d'excitation et d'émission permet d'attribuer les bandes aux transitions $^1S_0 \rightleftharpoons ^1P_1$ et $^1S_0 \rightleftharpoons ^3P_1$.

La mesure des durées de vie des niveaux confirme cette attribution et met en évidence en outre l'intervention du niveau métastable $^3P_0$. La thermoluminescence et les déclins de la phosphorescence révèlent aussi la présence des pièges et permettent de calculer leurs profondeurs.

BIBLIOGRAPHIE

1- G. BOULON
   Journal de Physique. 32, (1971), p. 333-347.

2- B. JACQUIER, G. BOULON, G. SALLAVUARD and F. GAUME-MAHN
   Journal of Solid State Chemistry (sous presse).

3- R. BERNARD
   Thèse, Lyon, (1956).

4- G. BOULON, F. GAUME-MAHN, J. JANIN et D. CURIE
   Revue d'Optique 12, (1967), p. 617-637.

5- G. BOULON, F. GAUME-MAHN, D. CURIE
   C.R. Acad. Sciences Paris, 270, (1970), p. 111.

6- G. BOULON, F. GAUME-MAHN et D. CURIE
   C.R. Acad. Sciences Paris, 270, (1970), p. 178.

7- M.F. TRINKLER, I.K. PLYAVIN, B.Y. BERZIN and A.K. EVERTE
   Optics and Spectr., 19, (1965), p. 213.

8- R. ILLINGWORTH
   Phys. Rev. 136, (1964), p. 508 A.

9- M. TOMURA, T. MASUOKA and H. NISHIMURA
   J. Phys. Soc. Japan, 19, (1964), p. 1982.

0- C. PEDRINI, G. BOULON et F. GAUME-MAHN
   C.R. Acad. Sc. Paris, t. 272, (1971), p. 538-541.

1- P. LENARD
   Hand. der exper. Phys.,(1928), 1ère partie, 181.

2- C. PEDRINI, G. BOULON et F. GAUME-MAHN
   C.R. Acad. Sc. Paris, t. 272, (1971), p. 851-854.

TABLEAU 1

T	295°K	77°K	4°K
$La_2O_3 - 1,6.10^{-3}Bi$	0,27 E	9,15 E	305 P
$La_2O_3 - 7,8.10^{-3}Bi$	0,3 E	9,1 E	300 P
$La_2O_3 - 8.10^{-3}Bi$	0,3 E	9,2 E	300 P
$CaSb_2O_6 - 1,2.10^{-2}Bi$	0,22 E	24 / 5 A	630 A
$CaSb_2O_6 - 2.10^{-2}Bi$	0,22 E	18,4 / 5,5 E	630 P
$CaSb_2O_6 - 3,5.10^{-2}Bi$	0,24 E	17,8 / 6,3 E	630 P
$Y_2O_3 - 10^{-2}Bi (C_2)$	0,55 E	14 / 2,4 E	480 / 95 A
$Y_2O_3 - 10^{-2}Bi (S_6)$			180 A
$Gd_2O_3 - 10^{-2}Bi (C_2)$	0,5 E	14 / 2,2 E	800 / 160 P
$Gd_2O_3 - 10^{-2}Bi (S_6)$			500 / 100 P

Valeurs de τ, en μs, de la fluorescence des centres
Bi^{3+} à trois températures, sous les excitations respectivement par
  a) le générateur d'étincelles (E)
  b) le générateur Amiot + filtre de Wood (A)
  c) le stroboscope Philips + filtre de Wood (P)

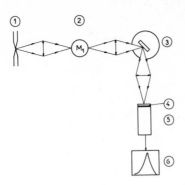

Figure 1-

Schéma de principe de l'enregistrement des spectres d'excitation.

   1- Source excitatrice (arc Xénon)   3- Cryostat
   2- Monochromateur M_1 d'excitation 4- Filtre d'émission
      (λ_{exc} variable)   5- Photomultiplicateur
                                          6- Enregistreur

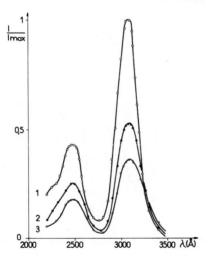

Figure 2-

Spectres d'excitation de la bande bleue de $La_2O_3(Bi)$ à plusieurs températures (1- T = 77°K ; 2- T = 295°K ; 3- T = 320°K).

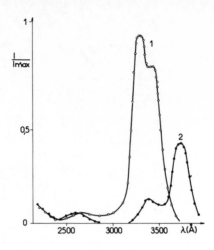

Figure 3-

Spectres d'excitation de l'émission verte (courbe 1) et de l'émission violette (courbe 2) de Y_2O_3 (Bi).

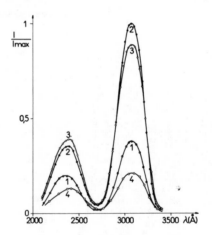

Figure 4-

Influence de la teneur en activateur sur les spectres d'excitation de $LaGaO_3$ (Bi).

1- $c = 10^{-3}$; 2- $c = 5.10^{-3}$; 3- $c = 10^{-2}$; 4- $c = 5.10^{-2}$.

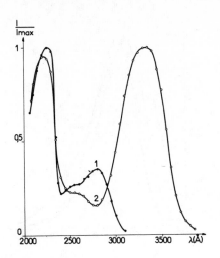

Figure 5-

Spectres d'excitation de l'émission bleue de $CaSb_2O_6(Pb)$
(courbe 1) et de l'émission verte de $CaSb_2O_6(Bi)$ (courbe 2).

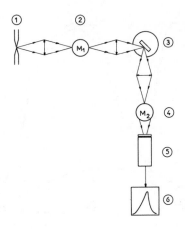

Figure 6-

Schéma de principe de l'enregistrement des spectres d'émission.

1- Source excitatrice (arc Xénon)   4- Monochromateur M_2 d'émission

2- Monochromateur M_1 d'excitation   5- Photomultiplicateur

   (λ_{exc} fixe)   6- Enregistreur

3- Cryostat

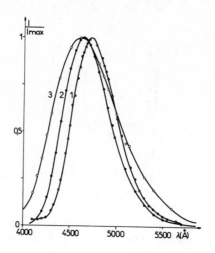

Spectres d'émission de La_2O_3(Bi) à plusieurs températures.
λ_{exc} = 3080 Å.
1- T = 10°K ; 2- T = 77°K ; 3- T = 295°K.

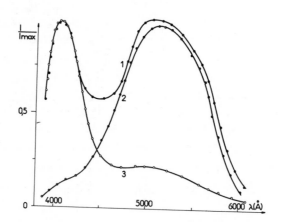

Influence de la longueur d'onde excitatrice sur les spectres
d'émission de Y_2O_3(Bi) à la température ambiante.
1- λ_{exc} = 2537 Å ; 2- λ_{exc} = 3400 Å ; 3- λ_{exc} = 3650 Å.

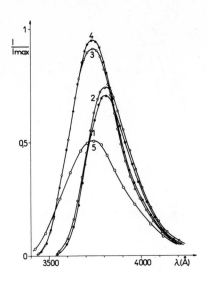

<u>Figure 9-</u>

Spectres d'émission de $LaGaO_3(Bi)$ à plusieurs températures
(λ_{exc} = 3080 Å).

1- T = 24°K ; 2- T = 35°K ; 3- T = 118°K ; 4- T = 137°K ;
5- T = 295°K.

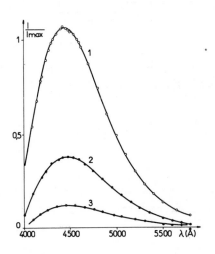

<u>Figure 10-</u>

Spectres d'émission de $CaSb_2O_6(Pb)$ à plusieurs températures
(λ_{exc} = 2537 Å).

1- T = 77°K ; 2- T = 195°K ; 3- T = 273°K.

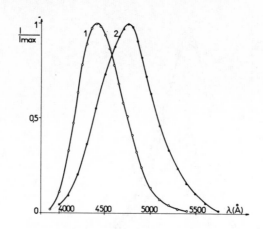

Influence de la teneur en activateur sur les spectres d'émission de $CaSb_2O_6(Bi)$, (T = 150°K ; λ_{exc} = 3450 Å).

1- c = 1,1 × 10^{-2} Bi ; 2- c = 6,7 × 10^{-2} Bi.

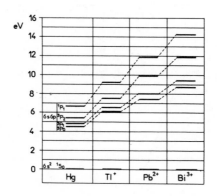

Niveaux d'énergie des ions libres isoélectroniques du mercure Tl^+, Pb^{2+}, Bi^{3+}, pour le premier état excité 6s6p.

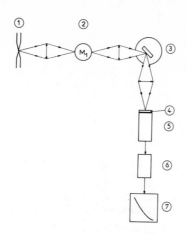

Figure 13-

Schéma de principe de la mesure des durées de vie.

1- Flash
2- Monochromateur
3- Cryostat

4- Filtre de fluorescence
5- Photomultiplicateur
6- Oscillographe

7- Enregistreur
du déclin

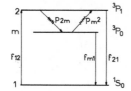

Figure 14-

Cinétique de la photoluminescence des centres isoélectroniques du mercure sous excitation dans le niveau $^3P_1$ avec intervention du niveau métastable $^3P_0$.

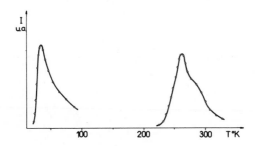

Figure 15-

Spectre de thermoluminescence de $CaSb_2O_6$ - 0,01 Pb au-dessus de 20°K. (λ_{exc} = 2260 et 2770 Å), β = 0,37°c/s.

309

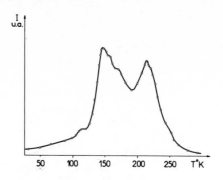

<u>Figure 16-</u>

Spectre de thermoluminescence de $CaSb_2O_6$ - 0,011 Bi au-
dessus de 20°K (λ_{exc} = 2240 Å). β = 0,30°c/s.

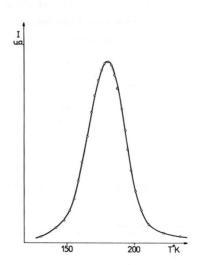

<u>Figure 17-</u>

Spectre de thermoluminescence de $CaSb_2O_6$ - 0,011 Bi (λ_{exc} =
3450 Å). β = 0,27°c/s.

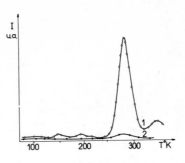

<u>Figure 18-</u>

Spectre de thermoluminescence de La_2O_3 - $5.10^{-4}Bi$.

1- λ_{exc} = 2490 $\overset{o}{A}$; 2- λ_{exc} = 3080 $\overset{o}{A}$. β = 0,4°c/s.

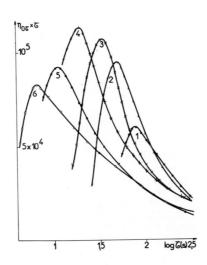

<u>Figure 19-</u>

Courbes de distribution des pièges de $CaSb_2O_6$ - 0,01 Pb à différentes températures:

1- T = 263°K ; 2- T = 268,5°K ; 3- T = 273°K

4- T = 278,5°K ; 5- T = 289°K ; 6- T = 294°K.

ROCKS, SOILS AND MINERALS

Atomic Absorption Flame Photometric Analysis of Trace Elements Employing the Impulse Evaporation from a Microzond

E. D. PRUDNIKOV

Institute of the Earth's Crust, A. A. Zhdanov Leningrad State University, U.S.S.R.

RESUME

L'utilisation de l'évaporation pulsatoire d'un échantillon dans la flamme d'une microsonde permet de détecter des éléments traces par absorption atomique et méthode photométrique de flamme d'émission. Les limites de détection atteignent 10^{-10} – 10^{-12} G et moins pour de nombreux éléments. Cette méthode permet des déterminations jusqu'à 0,01 – 10 ppm et moins de Cd, Zn, Pb, Cu, Ag, Sr, Eu etc... dans les différents matériaux provenant de macroéchantillons et de microéchantillons.

SUMMARY.

Atomic Absorption Flame Photometric Analysis of Trace Elements Employing the Impulse Evaporation from a Microzond.

Prudnikov E.D.

The employment of the impulse sample evaporation in the flame from a microzond permit to detect of trace elements by atomic absorption and emission flame photometric method. Detection limits reach 10^{-10}–10^{-12} gr and less for many elements. By the method may be determ ned to 0,01–10 p.p.m. and less Cd, Zn, Pb, Cu, Ag, Sr, Eu etc in the different materials out macro and microsamples.

ZUSAMMENFASSUNG

Die Atom-Absorptions-Flammen-Photometrische Analyse von Spurenelementen durch Anwendung der Impuls-

Verdunstung von einer Mikrosonde.

Prudnikov E.D.

Die Verwendung der Impuls-Muster-Verdunstung in der
Flamme von einer Mikrosonde ermöglicht die Ermittlung
von Spurenelementen durch Atom-Absorption und die
photometrische Emissions-Flammen-Methode. Die Erkennungs-
grenzen erreichen 10^{-10}-10^{-12} gr und liegen bei vielen
Elementen darunter. Durch diese Methode können bestimmt
werden bis 0,01 - 10 ppm und weniger Cd, Zn, Pb, Cu,
Ag, Sr, Eu etc. in verschiedenen Materialien aus Makro-
und Mikro-Mustern.

"ATOMIC ABSORPTION FLAME PHOTOMETRIC ANALYSIS OF TRACE ELEMENTS

EMPLOYING THE IMPULSE EVAPORATION FROM A MICROZOND."

PRUDNIKOV E.D.

Institute of the Earth's Crust of the A.A.Zhdanov Leningrad State
University,Leningrad,199164,University Embankment 7/9,URSS

Impulse sample evaporation in the flame from a microzond has
the advantage of increasing the sensitivity of the atomic absorption
photometric measurements because of more absolute using substance(1-
In the high temperature flame,nitrous oxide-acetylene flame for example,evaporate from a microzond and atomize even the non-volatile ele-
ments(Al,V etc) rather well.Sensitivity of the method reach 10^{-10}g
(for 1% absorption level) and by using adapters and systems providing
the repeated passing of the light of the standard exciting sourse across a flame 10^{-11}- 10^{-12}gr of elements may be detected (tab.).The
impulse method permit to detect of trace elements also by flame emission photometry with detection limits 10^{-10}- 10^{-12}gr and less(4)(tab
The low detection limits and small mass of analyzed sample allow im-

ılse evaporation method for the trace analysis of the different sub-
ances and for the microanalysis to be used.

For contents determination of the volatile elements air-acetyle-
ı flame and platinum microzond are used,while for one of non-volatil
ı elements nitrous oxid-acetylene flame and pyrographite microzond
re employed.The microzond containing a dry residue of 1-10 mkl sam-
le solution is introduced into the flame.The standart radiation of
ıe high frequency non-electrode lamps or hole cathode lamps is modu-
ated (1000 hz),then is passed through the flame volume over the mi-
rozond,is selected by a grating monochromator and is detected by pho-
omultiplier.The electric impulse signal is amplified by means of a
 esonant amplifier and registered by the recorder with 1 sec. time of
ıle run.Non-selective absorption is determined by registration of the
ırogen lamp radiation.

Maximum impulse amplitude depends on the quantity and total evapo-
tion time of an element,that is impulse duration.The latter depends
the flame temperature,on mass and material of an microzond,on vola-
ly and quantity of the element determined.In particular,evaporation
10^{-10}- 10^{-8}gr volatile Cd has less than 1 sec. impulse duration and
at of 10^{-6}gr non-volatile Al has the duration of about 3-5 sec.(air -
etylene-oxygen flame).If impulse duration is considerable it is nece-
ary to use the integrating system of measurements (1),the absolute qu-
tity of a radiation being found by means of the multiplication of max-
um impulse amplitude by its half width.For Cd (line 228,8 nm) the cur
ature of a gratuated graph for great element contents is observed be-
use of the rapid substance evaporation and of the long intinsic time
the recording system.

10^4 multiple quantities of Na,K,Ca,and Mg in solution with res-
ct to the determined quantities of Cd do not practically influence

the absorption impulse value.However the considerable quantities of A
and especially of Fe slightly increase the absorption value.Non-selec
ve absorption for the Cd wavelength line has not been found up to th
10^6 multiple quantities in the solution of the above elements and the
effect may be explained by their influence on the Cd evaporation time
from a microzond.This fact points out that it is necessary to control
the correspondence of the composition of analysed solutions with stan
dard ones and their desirable buffering.It should be noted that the
fractional element evaporation from a microzond may thelp non-selecti
noise decrease.

Atomic absorption measurements using impulse sample evaporatio
in the flame from a microzond permit to detect 0,1-10 p.p.m. of some
elements(Cd,Zn,Pb etc) in the different materials,10^{-4}-10^{-6}gr of the
sample being necessary for the analysis.In particular,by means of sam
ple portion less than 1mg(solution volume of 0,5ml) up to 0,1-1 p.p.m
of Cd in Na,K,Ca,Mg,Al,Fe and other elements salts,in ores and minera
may be determined with coefficient of variation of about 10-15%.This
method is characteristic of high absolute sensitivity,simplicity and
rapid determination.The impulse evaporation of Cd from 1-10 mg of dry
sample permit to detect to 10^{-3}-10^{-4}p.p.m. kadmium.By impulse flame
emission photometry may be determined of many elements with sensitivity 10^{-1}-10^{-3}p.p.m..

Subsequent development of the atomic absorption spectrophotometer measurement systems will allow to increase precision and sensitivity of the method offered.

References.

1.L'vov,B.V.,Plush,G.V.,The Integrating Measurement Method of the Atomic Absorption in a Flame,Zhurn.prikl.spectr.,1969,10,903.
2.Kahn,H.L.,Peterson,G.E.,Schallis,J.E.,Atomic absorption microsamplin

with the 2"sampling boat" technique, <u>Atom.absorp.Newslett.</u>,1968,<u>7</u>,35.

3.Prudnikov,E.D.,To the Possibilities of the Impulse Evaporation and
Registration Method in the Atomic Absorption and Emission Flame Photometric Analysis,Collection "<u>The last development in field of ato-</u>
<u>mic absorption analysis</u>"/LDNTP,Leningrad/ 1969,<u>1</u>,51.

4.Prudnikov,E.D.,To the Determination of Trace Elements by Emission
Flame Spectrophotometry,<u>Zhurn.prikl.spectr.</u>,1971,<u>14</u>,145.

TABLE

Detection limits (gr) of the elements by the method of the
impulse evaporation in the flame from a microzond (3.S criterion).

| ement | Line nm | Atomic absorption air-acetylene flame | | Element | Line nm | Atomic emission nitrous oxid-acetylene flame |
		without adapter	with adapter			
l	213,8	1.10^{-10}	5.10^{-12}	Sr	460,7	2.10^{-12}
l	228,8	1.10^{-10}	5.10^{-12}	Ba	553,55	1.10^{-11}
l	324,7	2.10^{-9}	1.10^{-10}	Al	396,1	3.10^{-10}
)	283,3	3.10^{-9}	2.10^{-10}	V	437,9	1.10^{-9}
s	328,07	2.10^{-9}	1.10^{-10}	Mo	390,3	1.10^{-8}
				Eu	459,4	2.10^{-11}
				Sm	476,0	1.10^{-10}
				Ho	405,4	1.10^{-10}
				Dy	404,6	3.10^{-10}

25

Emploi des Techniques de l'Etalon Interne ou de Correction de Fond en Spectrométrie d'Absorption Atomique

C. RIANDEY et M. PINTA

Office de la Recherche Scientifique et Technique Outre-Mer, Bondy, France

Résumé

On reprend les principes classiques de l'étalon interne et de la correction de fond, largement exploités en spectrographie d'émission. Dans le but de résoudre certains problèmes d'analyse des roches et des sols, on étudie les possibilité offertes par l'étalonnage interne (mesure du rapport des absorbances de l'élément dosé à celle d'un élément connu) pour corriger les perturbations de l'atomisation dues notamment à des effects physiques (salinité et viscosité de la solution, composition de la flamme...) et surtout chimiques (formation de combinaisons stables). On tente de dégager les conditions à remplir par l'élément étalon interne (nature et concentration).

Summary

The conventional principles of the internal standard and background correction widely used in emission spectrography, are taken back. In order to solve certain problems of rock and soil analysis, the study has covered the capabilities of internal calibration (measurement of the absorptance ratio of the dosed element to that of a known element) for correcting the disturbations of atomization namely due to physical effects (salinity and viscosity of the solution, composition of the flame...) and chiefly chemical ones (formation of stable combinations). One tries to find out the requirements to be met by the internal standard sample (nature and concentration).

Zusammenfassung

Wir kommen auf die klassischen Prinzipien des Innennormals und der Grundkorrektur, die in der SendeSpektrographie weitgehend angewandt worden sind, zurück. Um bestimmte Probleme der Gesteins- und Boden-Analyse zu lösen, untersucht man die/durch Innen-Eichung (Messung des Verhältnisses der Absorbierungen der dosierten Komponenten zu derjenigen der Unbekannten) gebotenen Möglichkeiten, um die Zerstäubungsstörungen, die grösstenteils auf physikalische Effekte zurückzuführen sind, zu korrigieren (Salzgehalt und Viskosität der Lösung, Zusammen-

setzung der Flamme...), und vor allem chemische Wirkungen (Bildung von festen Verbindungen).
Man versucht die Bedingungen zu ergrüden, welche das Element Innen-normal (Natur und Konzentration) erfüllen muss.

La précision finale d'un dosage dépend, en spectrométrie d'absorption atomique, comme dans toute méthode d'analyse, des trois critères suivants ; justesse, fidélité et sensibilité. Chacun d'eux est, on le sait,affecté par diverses perturbations. Nous étudions ici les possibilités offertes par l'étalonnage interne ou la correction de fond pour remédier instrumentalement à ces perturbations en absorption atomique classique (à flamme). Nous examinerons donc dans quelle mesure ces techniques sont susceptibles d'améliorer l'exactitude et la répétabilité ou reproductibilité. Les exemples donnés sont choisis en vue de l'application à l'analyse des roches, sols et eaux.

I - Appareillage.

Le spectromètre d'absorption atomique "IL 353" utilisé comporte deux canaux à double faisceau, le second canal, à filtres, permet de mesurer l'absorbance d'un autre élément (servant dans notre cas d'étalon interne). Les radiations des deux cathodes sont combinées pour passer à travers et à côté de la flamme, puis détectées par deux photomultiplicateurs et séparées grâce à une modulation à deux fréquences différentes.
Le deuxième canal peut aussi être utilisé pour la mesure de l'absorbance du fond continu. Un spectre continu est émis par une " cathode deuterium" et est superposé à la radiation caractéristique de l'élément dosé (à travers le même monochromateur). Les deux signaux, de fréquencesdifférentes, sont alors détectés par le même photomultiplicateur. Une soustraction de ces deux mesures élimine donc l'absorbance due aux absorptions non spécifiques.

II - Etalonnage interne.

Il est clair que si l'absorbance de deux éléments varie de façon comparable en fonction de divers paramètres, le rapport de ces absorbances doit demeurer constant. Grâce à l'appareil ci-dessus on s'efforce en somme de compenser électroniquement les perturbations.

Perturbations physiques : Il faut distinguer les perturbations physiques instrumentales de celles qui sont dues à des effets de matrice.

Perturbations de l'alimentation : on sait que le débit d'aspiration dépend des propriétés physiques des solutions : salinité, viscosité, tension superficielle, densité... Des différences de composition entre, d'une part étalons et échantillons, et d'autre part d'un échantillon à l'autre, entraînent des erreurs difficiles sinon impossibles à éviter. Par contre, l'étalon interne, ainsi qu'on pouvait s'y attendre, permet de les éliminer aisément. La figure 1 rend compte des résultats obtenus avec un élément pourtant très sensible aux variations de la nébulisation ; la courbe inférieure représente les variations de l'absorbance du cuivre (1 µg/ml - 324,7 nm) en fonction du débit d'aspiration (à pressions d'air et d'acétylène constantes). La courbe supérieure montre la très grande efficacité de l'étalon interne, le manganèse (20 µg/ml - 403,0 nm) ; le rapport des absorbances Cu/Mn est néanmoins pratiquement constant.

Le même essai (fig.2) pratiqué sur le calcium (4 µg/ml - 422,7 nm) avec comme étalon interne le strontium (20 µg/ml - 460,7 nm) donne de moins bons résultats. Le calcium de toute manière est moins affecté par ce type de perturbation.

Un remplacement du strontium par le cuivre entraîne au contraire des variations plus importantes de l'absorbance du calcium. Par conséquent, la similitude de comportement dans les flammes de l'analyte et de l'étalon doit être respectée, même dans ce cas. Des variations de nébulisation, surtout de cette importance, modifient les conditions de flamme. FELDMAN (1970) montre qu'une autre source d'erreur de nature un peu différente, les différences de température entre solutions nébulisées, est parfaitement corrigée par la technique de l'étalon interne.

Variation du rapport des débits comburant/combustible : on sait que certains éléments sont très sensibles aux conditions de flamme (nature, région, composition, géométrie). Il est évident qu'ici il convient de choisir un étalon interne dont les courbes de profil de flamme, et d'absorbance en fonction de la composition de la flamme, soient semblables à celles de l'élément dosé. Le couple fer/manganèse par exemple, remplit ces conditions. La figure 3 montre que le manganèse (25 µg/ml - 403,0 nm) minimise très bien l'importante action de la variation du débit d'acétylène -à débit d'air constant- sur l'absorbance du fer (10 µg/ml - 248,3 nm).

Perturbations chimiques : Ces perturbations, nous allons le voir, ne se laissent pas corriger aussi facilement que les précédentes. En plus des conditions déjà énoncées, il est certain que l'étalon interne doit en remplir d'autres. Le plus important critère de choix nous paraît être le suivant : étalon et analyte doivent former avec le concomitant des combinaisons de même type dont les volatilités dans les flammes sont comparables. Autrement dit, les éléments doivent être sujets aux mêmes interactions. Si, qualitativement ceci ne pose guère de problèmes, quantitativement il en est autrement. Nous avons essayé la correction sur le calcium (4 µg/ml - 422,7 nm), l'étalon interne étant le strontium (20 µg/ml - 460,7 nm), en présence d'aluminium et de silicium, interférents qui gênent le plus son dosage dans les roches et les sols.

Interaction aluminium sur calcium : (fig.4) Le canal B de l'étalon interne est calibré de façon à lire la même absorbance ou plutôt le même nombre de digits pour Ca et Ca/Sr. Les deux courbes inférieures représentent l'effet de l'aluminium sur le calcium et le strontium, la courbe supérieure montre que l'on obtient une certaine correction de l'interaction étudiée. On constate néanmoins que le rapport Ca/Sr a tendance à augmenter sensiblement, l'aluminium inhibant proportionnellement davantage le strontium que le calcium. Remarquons qu'il est possible d'amoindrir l'interaction aluminium sur strontium en augmentant la concentration de l'étalon interne. Mais, il faut penser qu'en milieu complexe la concentration convenable d'étalon interne sera difficile à déterminer.

Nous avons tout de même tenté, dans le cas de cette interaction, de déterminer la dose optimale de strontium, en fonction de la teneur en aluminium (toujours sur 4 µg/ml de calcium). Quatre concentrations en aluminium ont été retenues : 50, 250, 1000 et 2000 µg/ml, auxquelles correspondent les quatre courbes de la figure 5. Leurs intersections avec la courbe Al : 0 (courbe des références) fixent les doses de strontium convenables. Ces dernières conduisent à la courbe de la figure 5 bis, d'après laquelle 30 µg/ml de strontium compensent correctement l'effet sur le calcium de teneurs en aluminium comprises entre, disons 250 et 1200 µg/ml. On remarque que lorsque le rapport Al/Sr diminue, le strontium agit alors de façon classique, en tant que correcteur d'interaction chimique.

Interaction silice sur calcium : Les courbes inférieures de la figure 6 représentent l'action de la silice (en milieu acide) sur le calcium et le strontium. Ce dernier (ajouté ici comme étalon interne) sert aussi, on le sait, de correcteur d'interaction. Mais, ainsi qu'on le voit, à la teneur considérée, il n'intervient pratiquement pas comme tel. Malgré un pourcentage d'interaction plus élevé pour le strontium que pour le calcium, le rapport Ca/Sr diminue (courbe supérieure). Ceci apparemment, est dû aussi au fait que, quantitativement la silice a des effets différents sur les éléments du couple étudié, aux concentrations choisies. Il ne faut pas oublier que les interactions chimiques sont dépendantes de la concentration.

Devant ce résultat, nous avons associé le lanthane à l'étalon interne (fig. 7). En présence du seul lanthane, la correction est bien sûr déjà assez satisfaisante. Toutefois, on constate que la mesure du rapport Ca/Sr confère alors une nette amélioration de l'exactitude et même de la stabilité, et par conséquent de la précision finale. Cette technique est à retenir surtout quand, en milieu alcalin ou neutre, la silice dépasse la concentration maximale ajoutée pour nos essais.

Visant précisément des cas rebelles, nous avons de plus tenté d'adjoindre la flamme protoxyde à l'association étalon interne + lanthane. Mais l'opération est délicate en raison de l'intervention des perturbations de l'ionisation ainsi que nous allons le voir.

Perturbations physico-chimiques (de l'ionisation) : En flamme protoxyde d'azote-acétylène, nous avons essayé la correction de l'interaction du sodium sur le calcium (étalon interne : le strontium). La désionisation de ces deux éléments par le sodium entraîne de telles variations des absorbances que la calibration n'est plus possible qu'entre d'étroites limites de concentrations et de rapports de concentrations. Le strontium étant beaucoup plus désionisé que le calcium, les rapports Ca/Sr diminuent considérablement. Il n'y a donc pas grand chose à espérer de ce côté là.

III - Correction d'absorption non atomique.

L'absorbance du fond continu est soustraite électroniquement tout en travaillant toujours en double faisceau. Nous avons utilisé une fente large (320 μ).

Perturbations par particules liquides et solides dans la flamme ("scattering effect"). Celles-ci diffractent la lumière incidente en particulier aux basses longueurs d'onde. Il en résulte une majoration de l'absorbance mesurée. La figure 8 illustre cet effet. Une absorption parasite est ici observée sur le plomb. Elle est due à une forte salinité totale, simulée par addition d'importante quantités d'un concomitant quelconque, en l'occurrence le lanthane. On constate qu'elle est parfaitement corrigée, mais l'absorbance du plomb n'en diminue pas moins, les solutions de plus en plus chargées freinant l'aspiration. Cette action sur la nébulisation nous l'avons vu, est corrigée par l'étalon interne mais les deux techniques ne peuvent être employées conjointement.

Perturbations spectrales : absorption moléculaire . Cette perturbation est causée par la présence dans la flamme de molécules gazeuses non dissociées. Les absorptions moléculaires dues à la matrice sont encore très mal connues, difficiles à mettre en évidence, aussi, on ne peut guère tester l'efficacité de cette correction contre ce type de superposition spectrale.

Deux cas sont habituellement cités comme représentatifs de ce phénomène :
- superposition de la bande CaOH à la raie du baryum à 553,5 nm
- de même SrO recouvre la raie du lithium.

En raison de leurs longueurs d'onde, ces cas ne peuvent être étudiés avec une lampe deutérium . De toute manière, en ce qui concerne le baryum, nous avons constaté, d'une part que son absorption augmente bien mais en raison de sa désionisation par le calcium et d'autre part que l'émission de CaOH gêne en saturant le détecteur. Par contre, nous n'avons décelé aucune absorption moléculaire.

Par ailleurs, BILLINGS (1965) aurait identifié une absorption moléculaire du calcium sur la radiation du zinc à 213,9 nm. Nous l'avons étudiée sur une concentration constante de zinc (1 μg/ml) en présence de concentrations croissantes de calcium et vice-versa (avec 5000 μg/ml de calcium). Si absorption moléculaire il y a, elle est négligeable et la faible soustraction observée ne peut guère lui être attribuée.

Conclusion

En conclusion, la correction de fond ne paraît présenter qu'un intérêt limité en absorption, dans la flamme classique bien entendu.

Par contre, l'étalonnage interne conduit bien à une amélioration certaine de la précision. C'est dans la lutte contre les perturbations instrumentales ou les effets de matrice physiques qu'il se montre supérieur. Etant donné la grande stabilité de l'appareil utilisé, c'est lors de longues séries d'analyses que cette technique se révèle plus précise que la détermination directe. Il apparaît que les interactions chimiques sont diffici-

les à combattre uniquement de cette façon ; il conviendrait dans chaque
cas d'employer la concentration appropriée d'étalon interne.
Toujours est-il que l'association correcteur d'interaction-étalon interne
donne entière satisfaction.

Terminons par quelques données relatives aux choix de l'élément
étalon interne. Nos travaux concernant l'étude des conditions de flamme
et des interactions, nous autorisent à donner quelques exemples. Du
seul point de vue considéré, à l'intérieur des groupes ci-dessous, l'un
quelconque des éléments est susceptible de convenir pour chacun des
autres : Mg, Ca et Sr - Mn et Fe - Co, Ni, Cu, Zn et Pb - Cr et Mo,
Al, Ti et V.
Nous poursuivons l'étude de cas d'applications.

Bibliographie

BILLINGS,G.K. (1965) : Light scattering in trace element analysis by ato-
    mic absorption. Atom.Abs .Newsletter, 4, pp. 357-361.
FELDMAN,F.J. (1970) : Internal standardization in atomic emission and
    absorption spectrometry. Anal.Chem., 42, pp. 719-724.

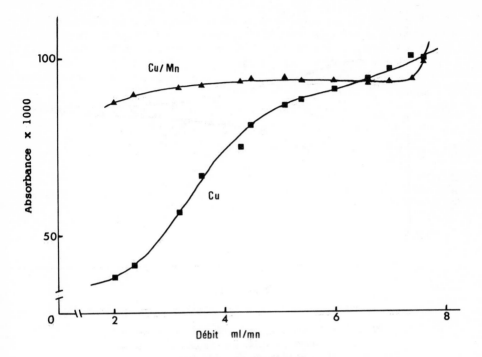

Fig. 1 - Correction de l'effet de la variation du débit d'aspiration de la solution sur l'absorbance du CUIVRE.

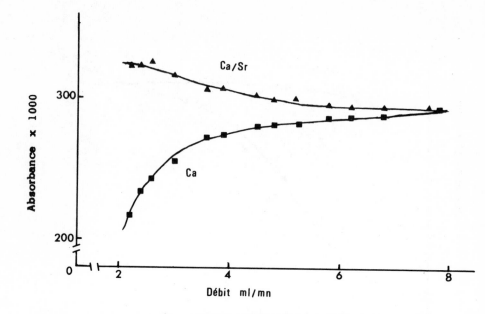

Fig. 2 — Correction de l'effet de la variation du
débit d'aspiration de la solution sur
l'absorbance du CALCIUM.

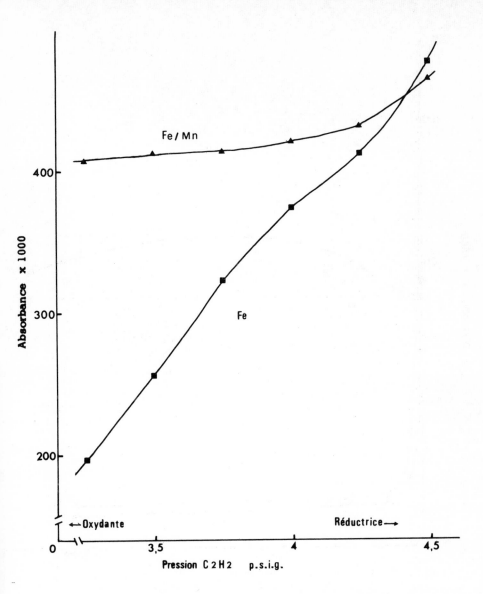

Fig. 3 - Correction de l'effet de la variation du
débit de C_2H_2 sur l'absorbance du FER.

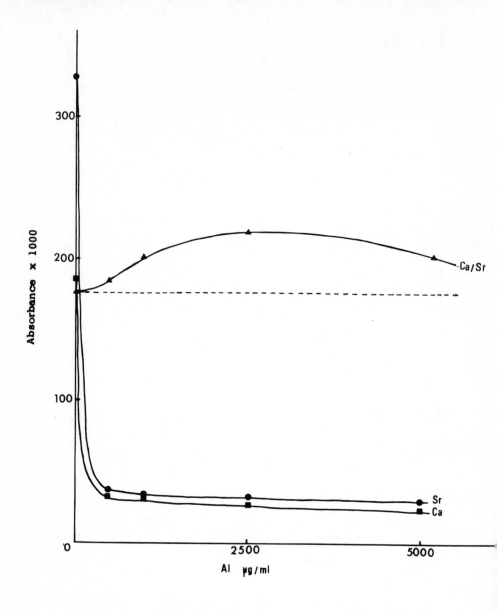

Fig. 4 - Correction de l'interaction de l'ALUMINIUM sur le CALCIUM.

330

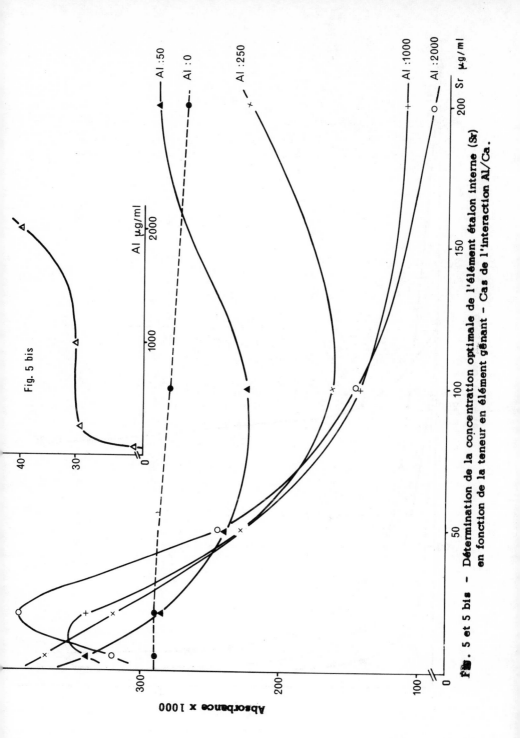

Fig. 5 et 5 bis – Détermination de la concentration optimale de l'élément étalon interne (Sr) en fonction de la teneur en élément gênant – Cas de l'interaction Al/Ca.

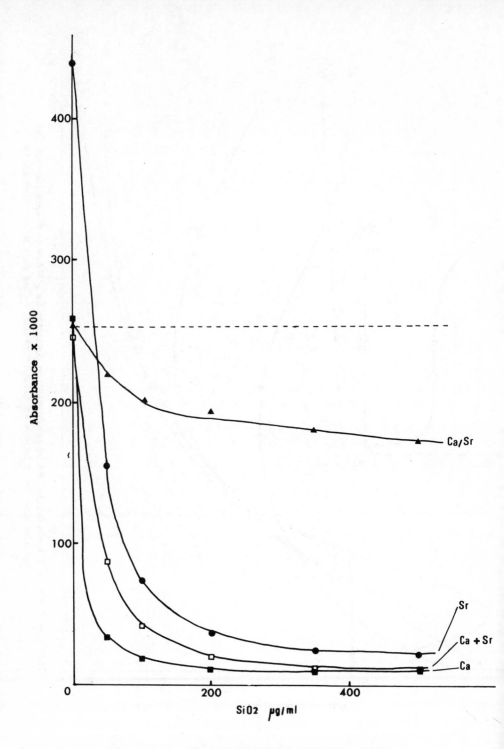

Fig. 6 — Correction de l'interaction de la SILICE
sur le CALCIUM.

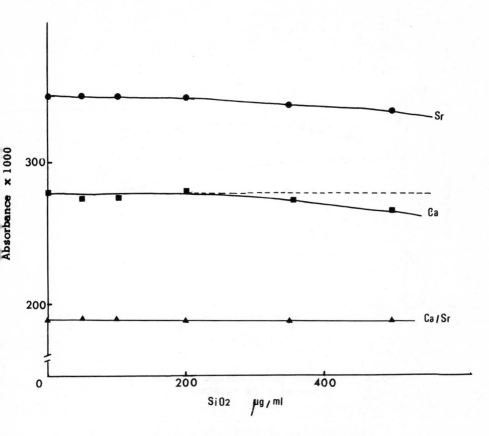

Fig. 7 – Correction de l'interaction de la SILICE
sur le CALCIUM par association étalon
interne – lanthane.

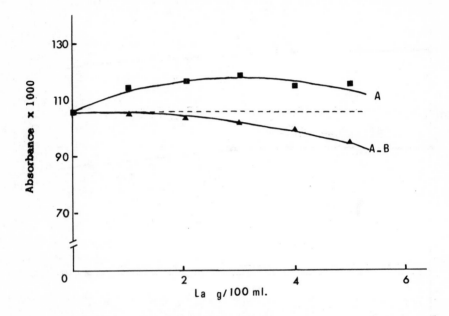

Fig. 8   – Correction de l'effet de la salinité sur
l'absorbance du PLOMB.

26

Analyse Différentielle Rapide des Espèces Minéralogiques du Plomb et due Zinc de l'Aouam par Spectrométrie d'Absorption Atomique

A. BUISSON

Société Minière du Djebel Aouam, S.M.A., Maroc

RESUME :

Afin de définir les conditions de travail optimum d'une laverie de flottation on sépare d'abord, puis on dose par spectrométrie d'absorption atomique, dans un minerai "tout-venant" de plomb et de zinc les espèces minéralogiques oxydées, sulfurées et complexes du plomb et du zinc ; ces trois espèces ayant des caractères différents de flottabilité.

SUMMARY

In order to determine the optimum working conditions of a flotation ore washing machine, oxidized, sulphuretted and complex mineralogical species into an "unsorted" ore of lead and zinc are firstly separated, and then analyzed through atomic absorption spectrometry; these three species having different characteristics of buoyancy.

ZUSAMMENFASSUNG

Um die optimalen arbeits bedingungen einer flotationswerkastatt festzusetzen, wird eine neue trennungsmethode für die verschiedenen mineralogischen Arten des Bleis und des Zinks entwickelt. Dann werden die drei getrennten fraktionen durch atom absorptions spektrometrie bestimmt. Diese mineralogische arten weisen eigenen flotierbarkeitsbeschaffenheiten vor.

La mine de l'Aouam se localise à 9 km à l'Ouest de M'Rirt village situé à 50 km d'Azrou sur la route qui relie cette ville à Khenifra, dans le Maroc central.

Pour l'analyse du minerai de l'Aouam, il convient d'établir une distinction entre un minerai P.Z. (plomb + zinc) et un minerai D (delta).

Le minerai D contient, en proportion plus importante, une ou plusieurs variétés minérales appelées "plomb delta, ou résiduel" : pyromorphite $Pb_5 (PO_4)_3$ Cl, mimétèse (ou mimétite) $Pb_5 (As O_4)_3$ Cl, vanadinite $Pb_5 (VO_4)_3$ Cl.

A titre d'exemple, je donne ci-après sous forme de tableau les résultats d'analyse chimique complète de deux échantillons, l'un "D", l'autre "P.Z."

A noter l'importance de l'élément Ba à côté de Si O_2, $Al_2 O_3$, Fe.

Le minerai P.Z. contient davantage de soufre sulfure que le minerai D : 1,99 % contre 0,46 % ; sa gangue est plus alumineuse et moins barytique.

Le minerai D présente une concentration nettement plus forte en baryum, manganèse, vanadium, arsenic et chlore.

Tableau

Elément	Minerai D	Minerai P.Z.
Si O_2	38,40	35,30
Ba So_4 *	9,90	4,80
$Al_2 O_3$	16,95	25,00
Fe	8,31	7,81
Mn	1,76	0,81
Ca O	0,42	0,62
Mg O	0,70	1,00
S total **	1,10	2,63
S sulfate **	0,64	0,64
S sulfure	0,46	1,99
Zn	0,57	1,40
As	1,80	0,23
V	0,52	0,08
P	0,08	0,14
Cl	0,14	0,04
Pb	10,40	11,00

le baryum est exprimé en Ba SO_4 car il se trouve sous cette forme après
le traitement de l'insoluble par HF + H_2 SO_4. La méthode suivie ne permet
donc pas d'affirmer que l'espèce minérale Ba SO_4, ou barytine, existe dans
le minerai ; une zéolite barytique comme l'Edingtonite - Ba H_6 Al_3 Si_3 O_{13}
donnerait également Ba SO_4.

Soufre mis en solution par attaque aux acides, ne comprend donc pas de
Ba SO_4 éventuellement présent.

Au point de vue minéralogique, le plomb est sous forme de :

en %

Anglésite	Pb SO_4	0,1	à	0,2	Moy	0,15
Cérusite	Pb CO_3	2,5	à	3,0	Moy	2,75
Galène	Pb S	6,0	à	7,0	Moy	6,50
Plomb résiduel (Mimétite	Pb_5 (As O_4)$_3$ Cl)					
Plomb)Pyromorphite	Pb_5 (PO_4)$_3$ Cl (	1,0	à	2,0	Moy	1,50
lta)Vanadinite	Pb_5 (VO_4)$_3$ Cl (					
		9,60	à	12,20	Moy	10,90

zinc sous forme de

Goslarite	Zn SO_4	0,05	à	0,10	Moy	0,08
Smithsonite	Zn CO_3	0,10	à	0,20	Moy	0,15
Blende, ou sphalérite	Zn S	1,00	à	2,00	Moy	1,50
		1,15	à	2,30	Moy	1,73

Les deux méthodes rapides de séparation des espèces minéralogiques, respectivement du plomb et du zinc sont exposées ci-après.

Après séparation des espèces minéralogiques, on peut doser,
ou bien le plomb, ou bien le zinc, sous leurs différentes formes,

soit par des processus traditionnels de dosage,

soit par complexométrie,

soit par electrolyse,

soit par polarographie,

soit par colorimétrie,

soit par spectrométrie d'absorption atomique.

C'est cette dernière méthode de dosage qui a été retenue et qui est développée dans la présente étude.

Séparation rapide des espèces minéralogiques du plomb dans le minerai "PZ" ou "D" de l'Aouam.

PRINCIPE.-

Pour les besoins de la laverie de flottation l'anglésite et la cérusite sont groupées et séparées pour un seul dosage de plomb oxydé, - la galène est ensuite séparée pour un dosage de plomb sulfuré, - enfin la mimétite, la vanadinite et la pyromorphite sont dosées sous l'appellation de plomb delta - Δ -.

On utilise les propriétés de solubilité des formes oxydées du plomb, sulfate ou carbonate, dans l'acétate d'ammonium en milieu acétique.

Pour l'anglésite et la cérusite, la séparation est directe au bain-marie à 90° C.

Pour la galène, on l'oxyde d'abord par l'eau oxygénée, on applique ensuite la méthode précédente au sulfate intermédiaire.

Pour le plomb résiduel ou delta - mimésite, vanadinite, pyromorphite, on met en solution par une attaque nitrique brutale.

PROCESSUS OPERATOIRE.-

- l'échantillon doit être broyé jusque refus nul au tamis de 80 microns (180 à 200 Mesh), et parfaitement sec.
- peser exactement 1,000 g et porter en fiole de 200 cm3.
- ajouter dans la fiole 50 ml d'acétate d'ammonium à 35 % et 5 ml d'acide acétique glacial pur, couvrir la fiole d'un petit entonnoir et mettre au bain-marie à 90° C pendant 30 minutes en évitant l'ébullition.
- filtrer sur papier semi-rapide (Schleicher et Schull bande rouge) dans une fiole jaugée de 1000 cm3, mettre au trait avec une solution nitrique à 10 %. Cette fraction correspond au plomb oxydé.
- reprendre par un jet de pissette chaude le résidu se trouvant sur le filtre et le recevoir dans un becher de 400 cm3,
- ajouter dans le becher 50 ml d'acétate d'ammonium à 35 % et 5 ml d'acide acétique glacial pur.
- porter sur plaque chauffante et faire bouillir 30 minutes en ajoutant de cinq en cinq minutes 10 ml d'eau oxygénée à 20 volumes, au total 50 ml d'eau oxygénée.
- faire évaporer complètement l'oxygène.
- retirer de la plaque chauffante et laisser refroidir un peu.
- filtrer sur le premier papier filtre dans une fiole jaugée de 1000 cm3, mettre au trait avec une solution nitrique à 10 %.
Cette fraction correspond au plomb sulfuré.

338

- Reprendre le nouveau résidu sur filtre et le papier, les porter dans un becher de 400 cm3, ajouter 50 ml d'acide nitrique concentré, mettre sur plaque chauffante, détruire le papier, maintenir à douce ébullition pendant 30 minutes.

- Refroidir, mettre en solution dans l'eau distillée, filtrer sur papier semi-rapide (Schleicher et Schull bande rouge) dans une fiole jaugée de 500 cm3. Mettre au trait avec de l'eau distillée froide. Cette fraction correspond au plomb delta.

Procédure de passage au spectrophotomètre d'absorption atomique - Perkin - Elmer 303.

longueur d'onde λ en nm.	283,3
range	U.V.
slit, ou fente	4
sensibilité en p.p.m./% absorption	0,7
domaine de travail en p.p.m.	4 à 40
flamme	oxydante
brûleur	normal
nébulizer	adjustable, anti-corrosion
blanc	solution nitrique à 10 %
mesures	Digital Concentration Readout D.C.R. - 1 Perkin - Elmer

Séparation rapide des espèces minéralogiques du zinc dans le minerai de l'Aouam.

PRINCIPE.-

Ici c'est la goslarite et la smithsonite qui sont groupées et séparées pour être dosées sous forme de zinc oxydé, la blende, ou sphalérite, séparée est dosée sous l'appellation de zinc sulfuré.

Le zinc oxydé est soluble dans l'oxalate d'ammonium alors que le zinc sulfuré ne l'est pas.

PROCESSUS OPERATOIRE.-

- L'échantillon doit être broyé jusque refus nul au tamis de 80 microns (180 à 200 Mesh), et parfaitement sec.

- Peser exactement 1,000 g. et porter en fiole d'attaque de 250 cm3, ajouter 150 ml d'une solution d'exalate d'ammonium à 4 %, mettre sur plaque chauffante et maintenir à l'ébullition pendant une heure.

Laisser refroidir et transvaser dans une fiole jaugée de 250 cm3, mettre au trait avec de l'eau distillée froide.

- Filtrer sur papier rapide (Schleicher et Schull bande blanche). Cette fraction correspond au zinc oxydé.

- Reprendre le résidu sur filtre et le papier, les porter dans une fiole d'attaque de 250 cm3, ajouter 20 ml d'acide chlorhydrique concentré, porter sur plaque chauffante et chauffer doucement, après dégagement de $H_2 S$, ajouter 10 ml d'acide nitrique concentré, évaporer à sec, reprendre par 10 ml d'acide nitrique concentré et 30 ml d'eau distillée, chauffer jusque désagrégation du gâteau et dissolution des sels solubles de l'extrait sec. Laisser refroidir, transvaser en fiole jaugée de 100 cm3, en rinçant soigneusement la fiole d'attaque avec un peu d'eau distillée, porter au trait avec de l'eau distillée froide, filtrer sur papier semi-rapide (Schleicher et Schull bande rouge). Cette fraction correspond au zinc sulfuré.

Procédure de passage au spectrophotomètre d'absorption atomique - Perkin - Elmer 303.

longueur d'onde - λ - en nm		213,8
range		U.V.
slit, ou fente		5
sensibilité en p.p.m./ % absorption		0,25
domaine de travail en p.p.m.		2 à 30
flamme		oxydante
brûleur		normal, positionné à 90 degrés dans le rayon, ou flux de photons.
nébulizer		adjustable, anti-corrosion
blancs	pour le zinc oxydé	solution aqueuse à 2,5 % d'exalate d'ammonium.
	pour le zinc sulfuré	solution nitrique à 10 %
mesures		Digital Concentration Readout D.C.R. - 1 - Perkin - Elmer

27

Dosage Rapide de l'Arsenic par Spectrométrie d'Absorption Atomique dans Différents Minerais 'Tout-Venants', Stériles et Concentrés de Flottation après Attaque et Mise en Solution Nitrique

A. BUISSON

Société Minière de l'Aouam. S.M.A., Maroc

RESUME :

Ce dosage direct de l'arsenic par spectrométrie d'absorption atomique, après attaque nitrique rapide et mise en solution, a été appliqué avec succès :

- à des concentrés de flottation à 75 % de plomb,
- à des concentrés de flottation à 60 % d'antimoine,
- à des concentrés de flottation à 35 % de cuivre,
- à des études de prospection géochimique de gisements cobaltifères du Sud-Marocain avec minéralisation d'arseniures de fer, de cobalt et de nickel.

SUMMARY

This direct determination of arsenic through atomic absorption spectrometry after rapid nitric etching and putting in solution, has been successfully applied:

- to flotation concentrates with 75% lead
- to flotation concentrates with 60% antimonium
- to flotation concentrates with 35% of copper
- to geochemical prospection research of cobaltiferous ores

of South Morocco with mineralization of cobalts iron and nickel arsenides.

ZUSAMMENFASSUNG

Diese direkte arsens bestimmung durch atomabsorptionsspektrometrie nach salpetersaueren einwirkungen wurde mit erfolg :

- an flotations konzentraten mit 75 % blei,
- an flotations konzentraten mit 60 % antimon,

- an flotations konzentraten mit 35 % kupfer,
- an geochemischen schürfarbeit im süd marokkanischen kobaltserzla-
  gerstätte mit mineralarten von eisen -kobalt-und nickel arsenid
angewandt.

Le problème du dosage de l'Arsenic est posé au chimiste
des mines marocaines de différentes façons, pour différents minerais
ou produits, en différents lieux et circonstances.

Entre autres,
à l'Aouam, Maroc central, dans des concentrés de flottation
à environ 75 % de Plomb, l'Arsenic est pénalisé au-dessus de 1,0 %.

à l'Aouam également, dans des concentrés de flottation à
environ 60 % d'Antimoine, l'Arsenic est pénalisé au-dessus de 1,0 %.

à Bou Skour, Maroc méridional, dans des concentrés de flottation à environ 35 % de Cuivre.

à Bou Azzer, Maroc méridional, en prospection géochimique
de gisement cobaltifère avec minéralisation d'arseniures de Cobalt,
de Nickel et de Fer : Skuttérudite, Cobaltite, Nickeline, Gersdorffite,
Rammelsbergite, Löllingite Cobaltifère, Safflorite, Manchérite,
Erythrine, les teneurs en Arsenic variant ici de 0 à 70 %.

En concurrence avec trois méthodes utilisées au Maroc de dosage de
l'Arsenic : Gutzeit, - extraction aux solvants et colorimetrie par réduction
de l'Arsenimolylodate,- distillation du Trichlorure d'Arsenic et iodometrie,-
nous avons défini une méthode rapide d'attaque acide, de mise en solution et
de dosage par spectrométrie d'absorption atomique, nous appliquant à éviter
la fusion alcaline parce qu'elle provoque des effets matriciels trop gênants
et non contrôlables.

La spectrométrie d'absorption atomique de l'Arsenic est délicate,
en effet, d'une façon générale, en plus de la diffusion de la lumière causée
par des particules dans la flamme, la flamme elle-même absorbe une partie des
radiations au-dessous de 250 n.m.
Les longueurs d'onde de résonnance de l'Arsenic sont 189,0 n.m., 193,7 n.m.,
197,2 n.m. ; conciliant sensibilité et domaine de travail nous utilisons
193,7 n.m., nous sommes donc dans le lointain ultra-violet et la flamme absorbe
une certaine quantité de radiations, mais nous compensons ce phénomène par une
correction du zéro d'absorption.

En fait, la principale difficulté que nous avons rencontrée, et que
nous n'avons pas levée d'ailleurs, tient à l'appareillage : c'est la durée de
vie des lampes à cathode creuse pour l'Arsenic,- elle est relativement courte,
de 10 à 50 heures, quoique prétendent les constructeurs.
Nous pensons qu'il se produit une vaporisation de l'Arsenic de la cathode creuse
qui se dépose partout sur les parois intérieures de la lampe et en particulier
sur la face de sortie.

A cette difficulté près, les nombreux essais qui ont été conduits et
le traitement statistique des résultats permettent d'assurer la fiabilité
de la méthode exposée ci-après.

Attaque et mise en solution

L'échantillon doit être broyé jusque refus nul au tamis de 80 microns (180 à 200 Mesh), et parfaitement sec, peser exactement et porter en fiole jaugée de 100 cm3 à col et bouchon rodés, ajouter 50 ml. d'acide nitrique pour P.A., mettre sur plaque chauffante et maintenir à ébullition douce pendant 30 minutes, refroidir, mettre au trait avec de l'eau distillée froide, filtrer sur papier semi-rapide (Schleicher et Schull bande rouge).

Procédure de passage au spectrophotomètre d'absorption atomique. Perkin-Elmer 303.

Longueur d'onde - λ - en n.m.	193,7
Range	U.V.
Slit, ou fente	4
Meter Response	2
Scale, ou échelle d'expansion	2,5 et 10
sensibilité en p.p.m/% absorption	2
domaine de travail en p.p.m.	20 à 200
flamme	oxydante
brûleur	normal
nebulizer	adjustable anti-corrosion
blanc	solution nitrique à 50 %
mesures	3 cas

a) manuelles, par lecture directe du compteur d'absorption,

b) enregistrées graphiquement sur potentiomètre,

c) "digitales", sur digital Concentration Readout DCR-I Perkin-Elmer

Résultats

Tableau I

DOSAGE DE L'ARSENIC DANS DES CONCENTRES DE PLOMB.

Echantillon	Analyse de Vente : extraction + colorimetrie	Dosage par spectrometrie d'absorption atomique
Anita Adèle	0,53	* 0,584
Stavodd - I -	I,I5 - I,05 : I,I4	I,II3
Parsifal - 4 -	0,59 - 0,62	0,626
Sagahorm - 4 -	I,0I - I,02	I,074
Margarete Peters - 3 -	0,86 - 0,90	0,988

* Note : ces résultats sont donnés par D.C.R. - I, en moyenne de
  I6 lectures.
  Average switch : I6.

Tableau 2

DOSAGE DE L'ARSENIC DANS DES CONCENTRES D'ANTIMOINE

Echantillon	Analyse de Vente : Distillation + iodometrie	Dosage par spectrometrie d'absorption atomique
A M - 2	0,93	* 0,9I
A M - I7	0,37	0,38
A M - I8	0,63	0,65
A M - I8 bis	0,48	0,47
A M - 20	0,20	0,24
A M - 23	I,75	I,7I
A M - 25	I,5I	I,5I

* Note : ces résultats sont donnés par lecture directe au compteur
d'absorption. Moyenne de 4 lectures d'absorption pour 4 passages
du même échantillon, dépouillement et calcul.

Ecart - type S rapporté à la moyenne de lecture d'absorption $\pm$ I
(IO unités).

Tableau 3

DOSAGE DE L'ARSENIC DANS DES CONCENTRES DE CUIVRE

Echantillon	Gutzeit	Spectrometrie d'absorption atomique
323 F 2	I,50	* I,46
324 F 2	I,78	I,69
325 F 2	I,80	I,70
326 F 2	I,35	I,30
327 Chaigne	0,64	0,65
328 Chaigne	0,72	0,70
329 Chaigne	0,48	0,49

* Note : ces résultats sont donnés par lecture directe au compteur
d'absorption. Moyenne de 4 lectures d'absorption pour 4 passages
du même échantillon, dépouillement et calcul.

Ecart - type S rapporté à la moyenne de lecture d'absorption $\pm$ I
(IO unités).

Tableau 4

DOSAGE DE COBALT, NICKEL, FER, ARSENIC PAR SPECTROMETRIE D'ABSORPTION ATOMIQUE

DANS 20 ECHANTILLONS DE GEOCHIMIE

Echantillon			Co %	Ni %	Fe %	As %
24 09I		I	2,74	0,23	25,60	42,90
24 09I	a	2	3,00	0,19	24,65	55,60
24 09I	b	3	2,75	0,45	24,25	40,30
49 979		4	0,5I	0,0I	27,60	43,30
49 954		5	I,63	0,04	22,35	46,60
49 996		6	0,82	0,04	25,60	27,30
33 389		7	I,92	0,0I	25,04	45,30
37 068		8	5,89	2,00	I5,75	48,00
49 90I		9	II,97	I,50	I2,45	I0,00
49 905		I2	I,98	0,08	25,60	60,70
49 927		I3	I,34	0,20	34,60	20,90
49 9I8		I4	I,29	0,24	24,25	37,40
49 94I		I5	0,60	0,03	24,05	34,80
49 924		I6	3,I2	0,05	23,80	48,50
37 I67		I9	0,72	0,02	25,60	64,20
49 9I2	a	20	0,55	0,40	II,65	65,90
49 9I2	b	2I	0,46	0,27	I0,80	56,60
37 070		25	0,68	0,05	25,I8	53,40
24 332		29	2,32	0,I8	25,60	42,00
24 533		30	0,62	0,06	20,00	3I,40

Ci-après:

diagrammes d'analyse fournis par l'enregistreur potentiométrique.

On notera la régularité des pics et la relative linéarité de la ligne de base.

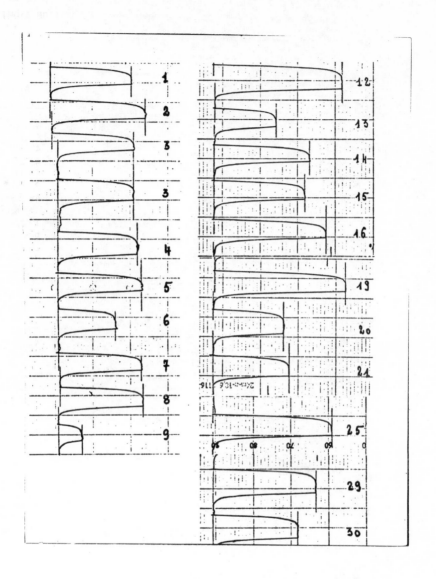

28

Dosage Rapide de la Fluorine par Spectrométrie d'Absorption Atomique

A. BUISSON

Société Minière du Djebel Aouam, S.M.A., Maroc

RESUME :

On dose par spectrométrie d'absorption atomique le calcium lié au fluor $-CaF_2$, après séparation du calcium lié au carbonate $-CaCO_3$, et au sulfate $- CaSO_4$.

Pour annuler les interférences dûes au phosphore, à l'aluminium et a certains anions, le dosage est réalisé en solutions chlorhydrique de lanthane.

SUMMARY

The calcium bound to fluor - CaF_2 is determined through atomic absorption spectrometry after separation of calcium bound to carbonate - $CaCO_3$ and to sulphate - $CaSO_4$.
In order to suppress interferences due to phosphor, aluminium and various anions, the determination is carried out in lanthanum hydrochloric solutions.

ZUSAMMENFASSUNG

Der mit Fluor gebundene calcium $-CaF_2$ wird durch atomabsorptionsspektrometrie bestimmt nachdem der mit carbonat gebundene calcium $CaCO_3$, und der mit sulfat gebundene calcium $CaSO_4$, getrennt wurden.

Um die interferenzen des phosphors, des aluminiums und der verschiedenen anionen zu annulieren, wird die bestimmung im Salzsaueren Lösung mit lanthan durchgeführt.

Le minerai de Fluorine du gisement fluorifère de AÏOUM EL HAMMAM près de AGOURAÏ, dans la région de MEKNES, au MAROC, contient outre du fluorι de Calcium - Ca F_2 - en teneurs très variables - de IO à 80 % -, des carbonaτ de Calcium et de Magnésium, un peu de Sulfates de Calcium et de Magnésium, dε

349

sesquioxydes d'Aluminium, de fer et de Chrome sous formes combinées salinés, du Soufre et de la Silice.

Dans son principe, notre dosage de Fluorine est un dosage par spectrometrie d'absorption atomique du Calcium lié au Fluor après séparation du Calcium lié aux Carbonates par dissolution acétique et épuisement par l'eau du Calcium lié aux Sulfates.

SEPARATION DE Ca F$_2$ ET MISE EN SOLUTION.

L'échantillon doit être broyé jusque refus nul au tamis de 80 microns (I80 à 200 Mesh), et parfaitement sec, peser exactement I,000 g. de minerai

SEPARATION DE Ca CO3

Porter la prise dans un becher de 250 cm3, ajouter 50 ml d'une solution acétique à 25 %, mettre sur plaque chauffante en couvrant d'un verre de montre et maintenir à 60-70° C pendant environ I heure.

Centrifuger par swing-out-head à 4.000 R.P.M. pendant 5 minutes.

Séparer la liqueur claire qui contient le Calcium lié aux Carbonates et qu'on pourra doser séparément par spectrometrie d'absorption atomique.

EPUISEMENT DE Ca SO$_4$

Laver le culot de centrifugation plusieurs fois avec au total 500 ml à I l d'eau distillée froide, pour épuiser le Calcium lié aux Sulfates.

MISE EN SOLUTION DE Ca F$_2$ SOUS FORME DE Ca Cl$_2$ EN MILIEU DE LANTHANE

Reprendre le culot de centrifugation qui contient le Fluorure de Calcium - Ca F$_2$ - ainsi séparé et l'attaquer, dans le premier becher de 250 cm3 par I00 ml d'acide chlorhydrique concentré P.A., mettre sur plaque chauffante et maintenir à douce ébullition pendant I5 minutes, laisser refroidir et transvaser en fiole jaugée de I000 cm3, mettre en trait avec de l'eau distillée froide, filtrer sur papier rapide (Schleicher et Schull, bande blanche).

DILUTIONS

Pour les teneurs supérieures à 25 % de Ca F$_2$: pipeter I0 ml, porter en fiole jaugée de 500 cm3, mettre à la jauge avec une solution de lanthane à I % en milieu chlorhydrique à 5 %.

Pour les teneurs inférieures à 25 % de Ca F$_2$: pipeter I0 ml, porter en fiole jaugée de 250 cm3, mettre à la jauge avec une solution de lanthane à I % en milieu chlorhydrique à 5 %.

Selon la documentation Perkin-Elmer, la solution chlorhydrique de lanthane assure le dosage du Calcium contre les interférences de plus de 200 p.p.m. de Phosphore, de plus de I000 p.p.m. d'Aluminium et surtout, contre les interférences anioniques (Fluorures Chlorures, etc.......)

PROCEDURE DE PASSAGE AU SPECTROPHOTOMETRE D'ABSORPTION ATOMIQUE - PERKIN-ELMER- 303

Longueur d'onde - λ - en n.m.   422,7
Range   visible

```
Slit, ou fente                          4
Source en mA                            IO
Sensibilité en p.p.m./% absorption      0,I
Domaine de travail en p.p.m.            I à IO
Brûleur                                 normal
Nebulizer                               Ajustable anti-corrosion
Flamme                                  Véductrice
Blanc                                   Solution de lanthane à I %,
                                        en milieu chlorhydrique à 5 %
```

MESURES

a) ou bien - enregistrement potentiometrique graphique

b) ou bien - lecture digitale sur D.C.R.I Perkin-Elmer

PRECISION DES MESURES ET ASPECT MATHEMATIQUE STATISTIQUE

En principe, la précision des mesures en spectrometrie d'absorption atomique est actuellement de I à 2 %.

Cette précision n'est pas toujours suffisante pour le dosage de fortes teneurs et il est absolument nécessaire de multiplier le nombre de mesures si on veut atteindre la précision des méthodes chimiques courantes.

Il est de coutume d'exprimer la précision des fortes teneurs par l'erreur absolue et de comparer à l'écart partageable.

Etant donné la part du hasard qui intervient dans les analyses spectrales, il est préférable de noter l'erreur absolue par l'intervalle de confiance des méthodes statistiques.

Celles-ci définissent :

(I) un coefficient de variation

$$V = S . \frac{I00}{Xm}$$

(2) un intervalle de confiance

$$e = \pm \frac{t . S}{\sqrt{n}}$$

où

S est l'écart type estimé sur la teneur, Xm
Xm la teneur moyenne
t le coefficient de STUDENT dont la valeur dépend du nombre de mesures servant de base au calcul de S et du seuil de probalité
n le nombre de mesures

De (I) et (2) on déduit

$$(3) \quad e = \pm \frac{t . V.X}{I00 \sqrt{n}}$$

ur, au seuil de probabilité de 95 %, la valeur de t limite est voisine de 2 pour un nombre infini de mesures, et V en absorption atomique peut être compris entre I et 2 % :

En prenant la valeur moyenne V = I,5
la formule (3) devient :

$$e = \pm \frac{2.I,5}{I00} \cdot \frac{X}{\sqrt{n}}$$

$$(4) \quad e = \pm 0,03 \cdot \frac{X}{\sqrt{n}}$$

Prenons le cas d'une teneur moyenne en Calcium Ca - Xm = 40 %, ce qui correspondrait à environ 80 % de Fluorine - Ca F_2,

L'intervalle de confiance e devient :

$$e = \pm 0,03 \cdot \frac{40}{\sqrt{n}}$$

et l'estimation de la teneur à I point près demande au moins 3 mesures.

RESULTATS

DOSAGES COMPARES PAR PHOTOMETRIE D'EMISSION,

COMPLEXOMETRIE, SPECTROMETRIE D'ABSORPTION ATOMIQUE

ECHANTILLON	EMISSION	COMPLEXOMETRIE			ABSORPTION ATOMIQUE		
78.0I2	8,02	7,88	7,80	7,85	7,68	7,72	7,66
77.68I	5I,23	50,42	50,64	50,55	50,25	50,28	50,22
77.682	43,08	42,67	42,83	42,80	42,I5	42,I2	42,I6
77.636	I8,I5	I7,74	I7,68	I7,86	I7,63	I7,59	I7,5I

Ci-après :

diagrammes d'analyse fournis par l'enregistreur potentiometrique.

On notera la régularité des pics et la relative linéarité de la ligne de base.

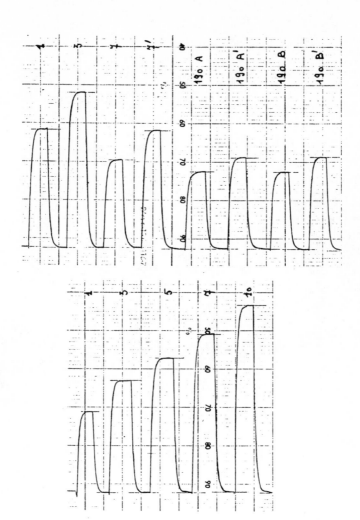

29

Etude Comparative de la Spectrométrie d'Absorption Atomique et de l'Activation Neutronique: Dosage du Rubidium en Géochimie

I. ROELANDTS

Institut de Géologie, Université de Liège, Belgique

et M. GUILLAUME

Laboratoire d'Application des Radioéléments, Université de Liège, Belgique

Résumé

L'application de la spectrophotométrie d'absorption atomique aux analyses géochimiques présente certains inconvénients constitués principalement par les problèmes des interférences. L'ionisation des alcalins dans la flamme air-acétylène, les interférences chimiques du Ca et de Al doivent être maîtrisées en tamponnant le milieu par un excès de K et de La. Les effets de matrice et l'acidité doivent être sévèrement contrôlés.
La limite de détection est de quelques ppm.
La méthode par activation neutronique au moyen de neutrons de 14 MeV (accélérateur Van de Graaff) présente des caractéristiques opposées. En effet, le problème des interférences ne se pose pas. Après une mise en solution de la roche, les alcalins sont fixés sur un échangeur inorganique H.A.P.(hydrated Antimony Pentoxide) et la mesure est effectuée sur les pics de grande spécifité ^{84m}Rb (0,22 et 0,46 MeV) suivant la réaction nucléaire ^{85m}Rb (n,2n) ^{84m}Rb.
Cependant la limite de détection reste supérieure à 20 ppm pour une prise d'essai de 1 gramme.

Summary

The application of atomic absorption spectrometry to geochemical analysis presents some drawbacks originating mainly in interference problems. indeed, ionization of alkalies in air-acetylene flame, chemical interferences of Ca and Al must be controlled by buffering the solution with La and K in large excess. Atomization interference and acidity must also be strictly controlled.
The limit of detection is about a few ppm.
Neutron activation method with 14 MeV neutrons (Van de Graaff accelerator) has opposed characteristics ; indeed, there is no interference problems. After desagregation of the rock, the alkalies are selectively fixed on an inorganic filter HAP (hydrated antimony pentoxide) and measurement

is performed on the specific peaks 0,22 and O,46 MeV of ^{84m}Rb proceeding form the nuclear reaction : ^{85m}Rb (n,2n) ^{84}Rb .
However, the limit of detection is higher than 20 ppm for 1 g of rock.

Zusammenfassung

In geologischen Untersuchungen stellt die Anwendung der Atomabsorptionsspektrometrie einige Analysenstörungen. Die Ionisation der Alkalien in der Luft-Acetylen Flamme, sowie die Ca und Al chemische Störungen mussen mit einem La und K im Überschluss Puffer kontrolliert werden. Die Matrixeffekte und die Säure mussen auch Kontrolliert werden.
Die Nachweisgrenze ist etwa einige ppm.
Im Gegenteil, bei der Anwendung der 14 MeV Neutronenaktivierungsmethode (mit Van de Graaff-Generator) gibt es keine Analysenstörungen nach der Lösung des Gesteines sind die Alkalien selektiv zu einem anorganischen HAP (hydrated antimony pentoxide) Filter gebracht. Die mukleare Reaktion ist : ^{85m}Rb (n,2n) ^{84m}Rb und die Messung wird auf den 0,22 und 0,46 MeV eigenen Linien gemacht. Immerhin ist die Nachweisgrenze höher als 20 ppm.

I - Introduction.

De l'examen bibliographique, il ressort que les études géochimiques ont principalement porté sur les éléments en traces dans les roches et minéraux. Ces travaux réclament l'analyse d'éléments très nombreux, en concentrations très variables s'échelonnant du ppm au %, dans des matrices géologiques extrêmement différentes. Ceci ne fut possible que grâce à l'essor prodigieux des méthodes instrumentales telles que, par exemple, la dilution isotopique, l'activation neutronique et plus récemment l'absorption atomique. D'un grand intérêt pour la géochronologie, vu la longue période du ^{87}Rb (T=5 10^{10} ans) permettant de dater les roches anciennes, le rubidium trouve également une application importante lors de l'étude de la constance du rapport K/Rb.
Le dosage précis du rubidium est un problème délicat, en géologie ; en effet, les teneurs sont généralement faibles :quelques ppm dans les roches ultramafiques (peridotite, dunite) 30-50 ppm dans les basaltes, 100-1000 ppm dans les granites.
La présente communication est consacrée à la comparaison de deux méthodes de dosage du rubidium dans des matériaux géologiques, l'absorption atomique et l'activation neutronique.

II - L'absorption atomique.

La spectrophotométrie d'absorption atomique par sa spécificité, sa sensibilité, sa reproductibilité est rapidement devenue un des outils de base du géochimiste, lui permettant de doser les éléments majeurs aussi bien que mineurs des roches et des minéraux.

1. Considérations théoriques.

Le dosage du rubidium par spectrophotométrie d'absorption atomique a fait l'objet de plusieurs publications (1-6). Les auteurs ont signalé les interférences suivantes :

Interférence d'ionisation : Le potentiel d'ionisation relativement bas du Rb (4,16 eV) donne, dans la flamme, des atomes ionisés à côté d'atomes à l'état fondamental. Ces atomes ionisés absorbent à d'autres longueurs d'onde et par conséquent sont perdus pour l'absorption atomique. On y remédie en tamponnant le milieu avec un métal aisément ionisable, tel que K (4,32 eV) dont les électrons libres seront susceptibles de saturer les atomes ionisés de Rb et de les ramener à l'état fondamenral. Différents essais effectués au laboratoire pour contrôler cet effet ont montré qu'une concentration de 2500 µgK/ml est nécessaire pour atteindre la région "plateau".

Interférences chimiques : L'effet dépressif de Al, Ca,Si, P est bien connu. L'action néfaste de Si est éliminée par la volatisation de Si sous forme SiF_4 lors de la désagrégation fluorhydrique de l'échantillon. La teneur en P dans les roches est souvent faible ; son influence est donc négligeable. Les interactions dues à Al et Ca sont efficacement atténuées par l'addition d'un tampon spectral de 5000 γ/ml La comme en photométrie de flamme.

Interférence de matrice : L'acidité de la solution doit être sévèrement contrôlée.

2. Partie expérimentale.

Mise en solution : 1 g d'échantillon est attaqué par HF 40%. Après évaporation, à siccité, au bain marie, le résidu est repris par le minimum d'HCl ; la solution est transvasée dans un ballon de 100 ml et jaugée. Une préconcentration est nécessaire. 25 ml de la solution d'attaque sont pipetés, évaporés à sec et remis en solution dans 4 ml HCl 0,25 N. Immédiatement avant la mesure, on ajoute 1 ml d'une solution "tampon" contenant 2,5% La et 1,25% K.

Conditions de mesures : L'appareil utilisé est le spectrophotomètre d'absorption atomique Perkin-Elmer modèle 290 B équipé d'un photomultiplicateur classique avec cathode Cs-Sb. Nos conditions opératoires sont les suivantes : - lampe Osram à décharge, - alimentation 350 mA, - longueur d'onde 780 Å, - largeur de fente 20 Å, - flamme (oxydante) air-acétylène. Le signal est recueilli sur un enregistreur potentiométrique Hitachi-Perkin-Elmer.

Etalons : Les étalons d'encadrement sont préparés à partir de Rb Cl "spec pur" tamponnés comme les échantillons avec K et La, et de même normalité en HCl.

Mesure d'une teneur : On encadre l'échantillon avec les étalons immédiatement inférieur et supérieur. Ce dosage est répété 3 fois sur 2 prises
d'essai différentes d'une même attaque.

La teneur est calculées à partir de la moyenne d'au moins 2 attaques
chimiques du même échantillons.

3. Caractéristiques de la méthode.

Précision : L'écart type, $s = \sqrt{\sum \frac{(x - \bar{x})^2}{n - 1}}$, déterminé à partir d'une di-

zaine d'attaques et d'analyses sur un même échantillon et à partir
d'une dizaine d'échantillons différents dont l'analyse a été répétée,
a permis de chiffrer notre reproductibilité.

Teneur dosée des échantillons	Précision
50 - 100 ppm	4 %
100 - 400 ppm	3 %
1000 ppm	1 %
2000 ppm	0,8 %

Limite de détection : On considère généralement que la quantité minimale
détectable d'un élément est atteinte quand le signal d'absorption est
égal à deux fois les fluctuations du bruit de fond (7). Dans nos conditions, elle est de l'ordre de 0,05 µg/ml. Les valeurs préconisées pour
les étalons PCC-1 et DTS-1 sont respectivement 0,5 et 2,8 ppm ; elles représentent chacune, dans nos conditions de travail, la limite de détection
de 0,05 µg/ml que nous avons effectivement observée.

Sensibilité : Elle s'exprime, par convention, par la quantité d'élément
en solution donnant un signal d'absorption de 1 %. Dans notre méthode,
en présence d'alcalins et en utilisant un brûleur type boling de 10 cm,
elle vaut 0,2 µg/ml pour 1 % d'absorption ; dans le cas d'un brûleur
prémix de 5 cm, elle vaut 0,5 µg/ml.

III - Radioactivation au moyen de neutrons de 14 MeV.

La grande sensibilité d'activation du Rb par neutrons rapides, la
sélectivité des raies γ utilisables vis-à-vis de celles de Al, Si, Fe principaux constituants minéralogiques, nous a suggéré l'étude des conditions
optima d'analyse et de la sensibilité de dosage par la méthode nucléaire(8).

1. Considérations théoriques.

Le dosage du Rb fera usage de la réaction nucléaire suivante :
$$^{85}Rb \, (n, 2n) \, ^{84m}Rb \qquad (T = 20 \text{ min}).$$
Le ^{84m}Rb présente trois raies γ caractéristiques ainsi que le montre
l'histogramme de la figure 1 : deux raies situées à 0,220 et 0,240 MeV
impossibles à séparer par NaI(Tl) et une troisième à 0,46 MeV moins in-

tense mais de fond continu nettement plus faible.
La détermination des activités s'effectue par la relation classique suivante :

$$S = \sum_{i=i_1}^{i=i_2} n\,(i) - 1/2 \left\{ \left[n\,(i_1) + n\,(i_2) \right] \left[i_2 - i_1 + 1 \right] \right\}$$

où   S = activité nette ou surface propre du pic,
     $n\,(i)$ = nombre de coups dans le canal i,
i_1 et i_2 = sont respectivement le canal minimum et maximum délimitant la surface propre du pic.

2. Partie expérimentale.

Appareillage : La source neutronique utilisée consiste en un accélérateur Van de Graaff (HVEC PN 400) équipé d'une cible épaisse de titane tritié.
     La détection est effectuée au moyen d'un spectromètre γ à 400 canaux (Intertechnique SA 40 B) équipé d'un enregistreur magnétique et d'une hologe parallèle.

Echantillons : Après une mise en solution rapide en milieu HF d'1 g d'échantillon suivie d'une élimination à chaud, de l'acide par HNO_3, le résidu est porté à siccité. Celui-ci constituera le composé à irradier.
     Après irradiation de 10 minutes, une mise en solution HNO_3 6M sera effectuée dans un volume minimum de 10 ml. La solution est passée sur une colonne de pentoxyde d'antimoine hydraté (H.A.P.) à la vitesse de 10 ml/mn. La colonne est ensuite rincée puis portée au comptage. La durée d'une telle séparation varie entre 6 et 10 minutes. Le temps de comptage. La durée d'une telle séparation varie entre 6 et 10 minutes. Le temps de comptage est de 10 minutes.
Cette séparation sélective et quantitative sur H.A.P. fournit un spectre très spécifique du Rb (Fig. 1). Les 2 raies 0,24 et 0,46 MeV sont exploitables et les fonds continus faibles permettent d'atteindre une limite de détection très basse.
     Différents auteurs ont en effet mis en évidence l'affinité spécifique du pentoxyde d'antimoine hydraté pour tous les alcalins (9-11). Nous avons déterminé la capacité de rétention d'un tel filtre pour le Rb en milieu 6N HNO_3, cette capacité atteint 40 mg Rb par gramme de filtre.

Etalons : Des poids constants de résidus d'attaque d'un étalon synthétique traité selon la méthode précitée servent à tracer les droites de calibration (fig. 2).

3. Caractéristiques de la méthode.

Précision : On observe que la précision du dosage décroît lorsque diminue la teneur en Rb de l'échantillon. Nous l'avons également déterminée sur 3 essais pour des quantités comprises entre 2300 µg et 10 µg.

Quantité (µg)	Précision (%)
2214	1,5
949	1,8
168	5,9
97	6,6
50	8,8
20	14
10	25

Limite de détection : Le calcul de la limite de détection LD s'effectue en appliquant la formule $LD = 3 \sqrt{FC/As}$ où Fc représente le fond continu situé dans la zone du photopic et dû uniquement à l'effet de matrice, c'est-à-dire en l'absence de Rb ; As représente l'activité spécifique du ^{84m}Rb pour chacun des 2 photopics, donnée par les droites de calibration.

Le tableau suivant signale les limites de détection calculées pour chacune des 2 raies caractéristiques :

Pic	Limite de détection calculée
0,24	5 µg
0,46	5 µg

On accordera donc une importance égale aux deux raies lors de l'analyse.

IV - Résultats et conclusions.

Les résultats des dosages effectués sur des standards géochimiques sont rassemblés pour les deux méthodes utilisées dans le tableau ci-dessous. Le recours aux standards géochimiques internationaux pour l'estimation de l'exactitude d'une méthode est maintenant la démarche classique.

L'importance de la dispersion analytique des teneurs dans la littérature d'une part, et les résultats parfois trop peu nombreux d'autre part, rendent la comparaison difficile dans le cas du rubidium. Aussi, afin de pouvoir dégager des valeurs moyennes dignes de confiance, nous avons tracé, là où c'était possible, une courbe de distribution en S en portant les résultats de la littérature par ordre croissant et avons déterminé la valeur médiane (fig.3). Cette valeur médiane, M, à l'avantage de ne pas être affectée par les valeurs extrêmes comme c'est le cas dans la moyenne arithmétique, tout en tenant compte cependant du nombre total de résultats. Quelques résultats obtenus dans ce travail, sur les standards géochimiques internationaux sont présentés dans le tableau ci-dessous. Ces standards ont été choisis parce que possédant des compositions très variés en éléments majeurs notamment en alcalins, alcalinoterreux et terreux qui interviennent le plus dans les interférences d'ordre chimique et couvrant la gamme des teneurs généralement rencontrés dans la nature.

Standards	Références	Teneurs extrêmes ppm	Valeur médiane ppm	A.A. ce travail ppm	14 MeV
G-2	(12)	108-513	172	182	
GSP-1	(12)	200-692	262	237	
AGV-1	(12)	58-130	70	70	
BCR-1	(12)	45-150	50	47	
PCC-1	(12)			1	
DTS-1	(12)			3,5	
GR	(13)	141-240	179	189	
GA	(13)	99-238	175	169	168
GH	(13)	253-420	390	405	
BR	(13)	26-240	44	58	
Mica Fe	(13)	2060-3500	2300	2364	2214
Mica Mg	(15)			1425	
CAAS-1	(14)	120-280		133	
VSN	(16)			1034	949

On remarque que nos résultats se situent toujours non seulement dans les limites d'admissibilité mais présentent encore une excellente concordance avec les valeurs médianes.

Conclusions

Les 2 méthodes étudiées apparaîssent à l'usage aussi peu sensibles l'une que l'autre aux interférences. Si la limite de détection apparaît meilleure pour l'absorption atomique, par contre l'exactitude du dosage semble supérieure aux fortes teneurs en Rb, pour l'activation neutronique, les fortes teneurs faisant intervenir, en absorption atomique, un facteur de dilution plus important. Pour l'une et l'autre des 2 méthodes, c'est la mise en solution de l'échantillon qui conditionne la durée de l'analyse.

Remerciements

Toute notre reconnaissance va à Messieurs G.BOLOGNE et G. DELVAUX, pour leur aide technique tant précieuse que dévouée.

Bibliographie

(1) BILLINGS,G.K. et ADAMS,J.A.S., Atom.Abs.newsletter,1964,3,65.
(2) SLAVIN,W., TRENT,D.J. et SPRAGUE, S.,Atom.Abs.Newsletter,
        1965, 4, 180.
(3) VOSTERS,M. et DEUTSCH,S., Earth and Planetory Science letters,
        1967, 2, 449.
(4) GOVINDARAJU,K., Colloque national CNRS, Nancy, 1968.
(5) GAMOT,E., PHILIBERT,J. et VIALETTE,Y., Colloque national CNRS
        Nancy, 1968.

(6) MEDLIN,J.H., SUHR,N.H. et BODKIN,J.B., Chem.geol., 1970,6, 143.

(7) KAHN,H.L., Advances in chemistry series, n° 73, 1968,192.

(8) GUILLAUME,M., J.Radioanal.chem., 1971,(à paraître).

(9) GIRARDI,F., SABBIONI,E., J.Radioanal.chem., 1968,1, 169.

(10) GIRARDI,F., PIETRA,R., SABBIONI,E., Euratom Technical Report EUR 4287e, 1969.

(11) GIRARDI,F., PIETRA,R., SABBIONI,E., J.Radioanal.chem.,1970,5, 141.

(12) FLANAGAN,F.J., Geochim. et Cosmochim Acta,1969, 33, 81.

(13) ROUBAULT,M., de la ROCHE,H., et GOVINDARAJU,K., Sc. de la Terre, 1969, 23, 379.

(14) SINE,N.M., TAYLOR,W.O., WEBBER, G.R., et LEWIS,C.L., Geochim.et Cosmochim Acta, 1969, 33, 121.

(15) de la ROCHE,H., et GOVINDARAJU, K., Bull.Soc.Fr.Céram.1969, 85, 31.

(16) de la ROCHE,H., et GOVINDARAJU,K.,ANRT, Circulaire n° 904, novembre 1970.

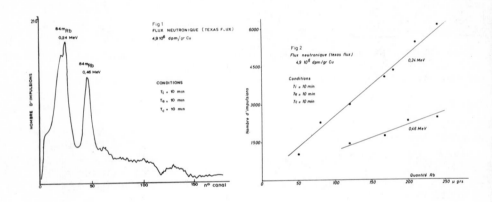

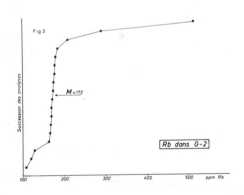

Beneficiation Preparation of Noble Metal Samples for Flame Emission Analysis

A. STEPHAN MICHAELSON

Tech Research International Corporation, Chicago, U.S.A.

RESUME

Les problèmes de chimie analytique soulevés par les métaux nobles sont bien connus. Dans un environnement géochimique, ces métaux sont distribués de telle façon dans la matière minérale qu'il est difficile d'obtenir un échantillon vraiment représentatif. Il est donc nécessaire de préparer des échantillons qui amélioreront ou faciliteront les résultats obtenus par l'analyse d'émission de flamme.

Une concentration sélective des échantillons a été accomplie par des moyens électriques basés sur la variation des susceptibilités magnétiques des métaux recherchés. Un traitement préliminaire ultérieur des fractions obtenues par concentration électrique grâce à des méthodes d'oxydation et de réduction permet d'obtenir des préparations qui sont réellement représentatives de leur matière minérale, et d'obtenir des valeurs qu'il est impossible de connaître par les méthodes existantes de concentration en coupelle.

Une liste de valeurs comparatives sera donnée en utilisant l'absorption atomique, l'émission atomique et les méthodes spéciales d'émission.

Nous estimons que ces méthodes constituent une contribution à la chimie analytique, et lèveront les incertitudes existant dans les problèmes mettant en jeu des échantillons géochimiques représentatifs de métal noble.

ABSTRACT

The problems of the analytical chemistry of the Noble
metals are well known. The distribution of these metals
within a geochemical complex in mineral matter is such
that a truely representative sample is difficult to
obtain. It is therefore necessary to prepare samples
which will enhance or benefit results obtained by flame
emission analysis.

Selective concentration of samples has been accomplished
by electrical means, based on variating magnetic
susceptibilities of the metals sought. Subsequent
pretreatment of fractions obtained from the electrical
concentration by oxidative-reductive methods yield
preparations that are truely representative of their
mineral matter, yielding values not possible by existing
fire-assay concentration methods.

A list of comparative values will be shown using atomic
absorption, atomic emission, and special emission
methods.

These procedures, we feel, are a contribution to
analytical chemistry, that will unlock the door of
doubt in the problems with representative Noble metal
geochemical samples.

ZUSAMMENFASSUNG

Die Probleme der analytischen Chemie der Edelmetalle
sind bekannt. Die Verteilung dieser Metalle innerhalb
eines geochemischen Komplexes in mineralischen Bestand-
teilen ist so, daß ein wirklich repräsentatives Muster
schwerlich erhältlich ist. Es ist daher notwendig,
Muster aufzubereiten, welche die durch die Flammen-
Emissions-Analyse erhaltenen Ergebnisse in ein günstigeres
Licht stellen und sich nutzbringend verwenden lassen.

Die selektive Konzentration von Mustern ist durch den
Einsatz von Elektrizität basierend auf den schwankenden
magnetischen Empfindlichkeiten der gesuchten Metalle
erreicht worden. Die darauf folgende Vorbehandlung der
durch die elektrische Konzentration erhaltenen Bruchteile
durch Oxydations-reduktive Methoden ergeben Präparate,
die wirklich repräsentativ für den Mineralgehalt sind und
Werte ergeben, die mit den herkömmlichen Feuer-Prüf-Kon-
zentrations-Methoden nicht erreichbar sind.

Eine Liste der Vergleichswerte wird gezeigt unter Einsatz

der Atom-Absorption, der Atom-Emission und spezieller Emissions-Methoden.

Wir sind der Meinung, daß diese Verfahren ein Beitrag für die analytische Chemie sind und die Zweifel an den Problemen der repräsentativen geochemischen Edelmetall-Muster ausmerzen werden.

The problems of the analytical chemistry of the Noble metals are well known. The distribution of these metals within a geochemical complex in mineral matter is such, that a truly representative sample is difficult to obtain. The Noble metals occur largely in the metallic state similar to that of gold and they are almost always associated with each other, where in many instances they occur with gold, copper, silver and other metals. Their occurrences in rocks, as geochemical substances, many times undetectible. Placer deposits, many times, in association with other precious metals, iron, sometimes chrome, carry a greater concentration of Noble metals than rock deposits and are relatively free of detectibility problems.; and, in such deposits they are decomposed to form alloy concentrates. Too, Noble metals are found in granitic magmas, distributed in solid solution and reported in cassiterite, molybdenite, columbite-tantalite, in rare earth minerals such as euxenite, gadolinite and samarskite; in pegmatites, and with native bismuth, bismuthides, selenides, tellurides, arsenides, antimonides and many other sulfides of hydrothermal origin.

The Noble metals are strongly siderophilic but ruthenium and other platinum metals occur that are distinctly chalcophilic, occurring in the sulfide phase in a concentration and as a minor inclusion of many nickel and iron minerals which crystalize. It is, therefore, due to these factors and affinity for iron that pre-concentration of Noble metals is essential to increase the sensitivity to detect their presence.

Micromeritics, which is the technology of finely divided particles, has led to the development of instrumentation that will measure particle size, surface area, pore size, and the distribution pattern within an accurately weighed sample. Such studies convinced us that: [1] Particle size of Noble metals as present in mineral matter displayed numerous variations; [2] That the distribution pattern was not uniform and showed excessive deviations; [3] Alterations in particle size and the distribution pattern was due to lattice distortion where temperature changes caused crystall- ographic orientation at grain boundaries; and, [4] That the affinity for iron exists which gives this group ferromagnetic and paramagnetic characteristics. Therefore, from the fore-going findings, it became apparent that there are valid reasons why it was enormously difficult to procure a representative sample of Noble metals from a geochemical complex.

Samples of Noble metals occurring in mineral matter always requires some preliminary treatment before they are suitable for analytical detectibility tests. Such a preparation consists of crushing, splitting, grinding, seiving, mixing, drying to constant weight to insure that all moisture has been removed. During these prelimin- ary preparations sample contamination is ever-present and should be eliminated as much as possible. It is a known fact that it is not possible to prepare a sample for analytical procedures without altering its composition in some respect through the addition of contaminant matter, loss of material during preparation [dust], or the oxidative changes of constituents in the sample. Our aim was one of minimizing these unwanted effects through the proper selection of processing equipment, control of particle size during the grinding stage and insuring low dust loss.

Mineral concentration is practised for the sole purpose of obtain- ing concentrates that will represent our samples in the forth- coming analytical procedures. Since Paul Weiss introduced a quali- tative hypothesis for ferromagnetic behavior, experiments with natural ferrites and ferromagnetic oxides resulted in methods in applied magnetic separation. Such separation is applicable to materials in which a natural or induced degree of polarity can be sustained during passage of magnetic minerals through a field of magnetic flux. For ferromagnetism to be of value, this field must be steady, and is produced either by a permanent magnet or by electromagnets energized by alternating current converted to direc

current. The particles exposed to the magnetic flux, must respond
with sufficient strength to overcome inertial, frictional, and
gravitational forces. In ferromagnetic separation [low intensity],
all ferromagnetic minerals become completely saturated with
magnetization. The iron content of our samples varied from 8 to 30
percent and was ideal for such separations. We proceeded to process
our samples and obtained a magnetic and a so-called non-magnetic
fraction .

It was possible for us, by variated intensity and magnet field
settings, using a three disc electromagnetic separator to treat the
so-called non-magnetics and on one through-put we obtained five
paramagnetic fractions and one diamagnetic fraction. This high
intensity fractional separations of minerals of high to weak
paramagnetic susceptibility produced high purity concentrates
not possible by other methods. From previous studies in our
laboratories we knew something about the nature of our fractional
concentrates. The Noble metals having affinity for iron and nickel
generally occurred in the ferromagnetic fraction and in some
instances was detected in the 1st high paramagnetic fraction.
Gold and silver, being diamagnetic is found in that fraction
unless it becomes fixed to the interface of other paramagnetic
concentrates. In such instances we have seen gold in the ferromagnetic fraction and often in the 4th and 5th paramagnetic
fractions. There are also instances where we have seen osmium in
the weak paramagnetic fractions, when not associated with iron;
osmium being an element with the weakest magnetic properties of
the Noble metals.

All our yields were checked semi-quantitatively with a 2-m ARL
spectrograph having a high voltage spark. The concentration
levels of our head samples were extremely low, while fractions
known to have values indicated that Noble metals existed. We
knew that our magnetic concentration enhanced our values. However,
in order to further enhance our detection limits some form of
laboratory preparation was necessary. We knew that the classical
fire-assy permits the Noble metals to be collected from their
original host and be transferred to an artifical matrix where
their concentrations are sufficiently high for spectrochemical

367

analysis. We were also aware of the many pit-falls in fire assays, they being: [1] slag losses; [2] flux variation losses; [3] cupellation losses; [4] interfacial diffusion losses; and, [4] adsorption losses. In spite of these pit-falls, with careful technique, the classical fire assay for gold, and the Nobel metals is useful with respect to speed, reliability and simplicity of operation.

Our samples were procured from the Black Hills in western South Dakota and the Goodnews Bay area of Alaska. The Black Hills samples were shales which are fine-grained earthy sedimentary rocks. However, the presence of a fair amount of iron made these samples interesting. The Alaska samples consisted of micas, quartz, feldspars and other silicates associated with heavy minerals which was chiefly magnetite, with lesser amounts of ilmenite, rutile, zircon, chromite, monazite, cassiterite, garnet, columite-tantalite varied tungsten minerals, some kyanite and probably some rare earths which could occur in the monazite. A slight degree of radioactivity was detected in the Alaska samples.

All samples examined [separation-concentrate fractions] were weighed and placed in individual graphite crucibles to which small amounts of lithium sulfate and mangenese dioxide were added. This was thoroughly mixed, placed in a muffle furnace, heated to molten state. The samples were immediately removed from the muffle furnace and quenched into a teflon beaker containing ice water. Filtration followed and the sample was dried at room temperature.

All samples were further concentrated by the assay-chemical method for the isolation of the platinum group metals according to the information of S.M. Anisimov supplied by N.K. Pshenitsyn with determinations by flame emission spectroscopy, atomic absorption spectroscopy , atomic fluorescence spectroscopy .....

SUMMARY:

Geochemical samples require methods that must be extremely sensitive for the detection of most Noble metals, with the possible exception of platinum and palladium. It.is even difficult to directly concentrate a sample by fire assay technique unless extreme time-consuming precautions, and, even then you are not certain that your values are truly representative of your sample.

To overcome sensitivity problems we employed preparatory procedures which included proper grinding, proper particle size and distribution and removed unnecessary moisture. This was followed by magnetic and electromagnetic separation in order to obtain fractional concentrates that could contain the Noble metals. This was followed by oxidative roasting of the fractions tested and quenched in order to remove organic matter, convert sulfides to oxides, convert oxides to elemental state metals where possible, and, cause possible reduction of paramagnetic iron to magnetic iron.

The samples under study were further concentrated by a fire-assay-chemical method in order to isolate platinum group metals with subsequent quantitative detection methods which included the most used methods, they being: [1] flame emission spectroscopy; [2] atomic absorption spectroscopy; and [3] atomic fluorescence spectroscopy.

CONCLUSIONS:

A method for increaing concentration of Noble metals has been presented. This increases sought metals sensitivity and makes possible the detection of Noble metals encountered in silicate rocks and shales making spectrophotometric and spectrochemical detections possible. The samples thus prepared in this report are truly representative samples of Noble metals geochemical complexes.

Program completed: 10th August 1971

Report completed: 10th September 1971

CHART i

	PRINCIPALS IN THE FERROMAGNETIC FRACTIONS				
SAMPLES	Fe	Cr	Ti	Ni	Mn
A-GN 1	11.4 %	0.38 %	2.30 %	0.022 %	0.021 %
A-GN 2	10.4 %	0.37 %	2.21 %	0.021 %	0.018 %
A-GN 3	10.2 %	0.36 %	2.19 %	0.021 %	0.017 %
A-GN 4	10.0 %	0.35 %	2.01 %	0.24 %	0.036 %
A-GN 5	10.3 %	0.34 %	2.18 %	0.023 %	0.032 %
A-GN 6	17.2 %	1.03 %	3.62 %	0.038 %	0.055 %
A-GN 7	18.6 %	1.05 %	3.88 %	0.044 %	0.063 %
A-GN 8	26.0 %	1.26 %	6.44 %	0.066 %	0.088 %
A-GN 9	27.7 %	1.34 %	6.48 %	0.068 %	0.090 %
A-GN 10	30.0 %	1.58 %	7.02 %	0.072 %	0.104 %
D-BH 1	8.0 %	0.02 %	0.08 %	0.009 %	0.002 %
D-BH 2	8.2 %	0.02 %	0.07 %	0.007 %	0.001 %
D-BH 3	8.4 %	0.03 %	0.09 %	0.008 %	0.002 %
D-BH 4	8.5 %	0.03 %	0.09 %	0.005 %	0.003 %
D-BH 5	8.8 %	0.05 %	0.18 %	0.006 %	0.002 %
D-BH 6	9.0 %	0.08 %	0.20 %	0.008 %	0.003 %
D-BH 7	9.1 %	0.07 %	0.22 %	0.005 %	0.001 %
D-BH 8	9.4 %	0.08 %	0.22 %	0.006 %	0.002 %
D-BH 9	9.5 %	0.08 %	0.25 %	0.004 %	0.002 %
D-BH 10	9.8 %	0.08 %	0.35 %	0.004 %	0.003 %

CODE: A-GN is Alaska, Goodnews Bay Area.

D-BH is South Dakota, Black Hills Area .

△ Chicago, Illinois
   U.S.A. △

CHART II

GOLD RECOVERED BY AMALGAMATION	
SAMPLE	VALUES IN MILLIGRAMS
A-GN 1	2.04
A-GN 2	1.38
A-GN 3	4.11
A-GN 4	4.04
A-GN 5	4.15
A-GN 6	4.06
A-GN 7	4.25
A-GN 8	4.85
A-GN 9	5.08
A-GN 10	6.44
D-BH 1	1.04
D-BH 2	1.05
D-BH 3	1.09
D-BH 4	1.12
D-BH 5	1.18
D-BH 6	1.24
D-BH 7	1.30
D-BH 8	1.44
D-BH 9	1.22
D-BH 10	1.10

CODE: A-GN is Alaska, Goodnews Bay Area .
D-BH is South Dakota, Black Hills Area.

△ Chicago, Illinois
U.S.A. △

371

CHART III A

ATOMIC ABSORPTION SPECTROSCOPY							
NOBLE METALS IN FERROMAGNETIC FRACTIONS, in PPM							
SAMPLES	Ir	Os	Pd	Pt	Rh	Ru	Au
A-GN 1	ND	ND	1.08	1.18	0.02	ND	ND
A-GN 2	ND	ND	1.24	2.44	0.05	ND	ND
A-GN 3	ND	ND	2.22	3.84	0.08	ND	ND
A-GN 4	ND	ND	2.84	4.04	0.09	ND	ND
A-GN 5	ND	ND	3.00	5.82	0.12	ND	ND
A-GN 6	0.03	0.02	1.88	2.84	ND	0.02	ND
A-GN 7	0.04	0.03	2.02	3.64	ND	0.03	ND
A-GN 8	0.06	0.04	3.28	4.92	ND	0.05	ND
A-GN 9	0.09	0.08	4.50	6.94	ND	0.07	ND
A-GN 10	0.14	0.10	4.58	7.82	0.02	0.08	ND
D-BH 1	ND	ND	1.12	1.18	0.02	ND	ND
D-BH 2	ND	ND	1.18	2.03	0.03	ND	ND
D-BH 3	ND	ND	2.02	2.92	0.04	ND	ND
D-BH 4	ND	ND	2.08	3.02	0.05	ND	ND
D-BH 5	ND	ND	2.18	3.03	0.05	ND	ND
D-BH 6	ND	ND	2.44	3.18	0.06	ND	ND
D-BH 7	0.01	0.02	2.48	3.32	0.04	0.01	ND
D-BH 8	0.02	0.02	2.52	3.44	0.03	0.02	ND
D-BH 9	0.03	0.01	2.62	3.48	0.04	0.03	ND
D-BH 10	0.04	0.04	2.70	3.84	0.04	0.04	ND

Code: ND signifies not detected.
A-GN signifies samples of Alaska origin.
D-BH signifies samples of South Dakota origin.

△ Chicago, Illinois
U.S.S. △.

CHART III B

FLAME EMISSION SPECTROSCOPY							
NOBLE METALS IN FERROMAGNETIC FRACTIONS, in PPM.							
SAMPLES	Ir	Os	Pd	Pt	Rh	Ru	Au
A-GN 1	ND	0.01	1.06	1.10	0.02	0.01	ND
A-GN 2	ND	0.02	1.22	2.40	0.04	0.02	ND
A-GN 3	ND	0.03	2.18	3.78	0.09	0.03	ND
A-GN 4	ND	0.03	2.78	3.97	0.10	0.03	ND
A-GN 5	ND	0.01	2.95	5.72	0.14	0.01	ND
A-GN 6	ND	0.05	1.82	2.80	ND	0.06	ND
A-GN 7	ND	0.06	1.98	3.58	ND	0.07	ND
A-GN 8	ND	0.07	3.20	4.84	ND	0.08	ND
A-GN 9	ND	0.10	4.39	6.82	ND	0.12	ND
A-GN 10	ND	0.12	4.49	7.78	ND	0.14	ND
D-BH 1	ND	ND	1.12	1.18	0.03	ND	ND
D-BH 2	ND	ND	1.15	1.98	0.03	ND	ND
D-BH 3	ND	ND	1.98	2.89	0.05	ND	ND
D-BH 4	ND	ND	1.99	2.96	0.06	ND	ND
D-BH 5	ND	ND	2.14	2.98	0.06	ND	ND
D-BH 6	ND	ND	2.39	3.14	0.07	ND	ND
D-BH 7	ND	0.01	2.41	3.26	0.05	0.02	ND
D-BH 8	ND	0.03	2.46	3.39	0.04	0.03	ND
D-BH 9	ND	0.05	2.63	3.79	0.05	0.05	ND
D-BH 10	ND	0.05	2.68	3.80	0.05	0.05	ND

Code: ND signifies not detectible.

A-GN signifies samples of Alaska origin.

D-BH sighifies sample of South Dakota origin.

△ Chicago, Illinois

U.S.A. △.

CHART III C

ATOMIC FLUORESCENT SPECTROSCOPY

NOBLE METALS IN FERROMAGNETIC FRACTIONS, in PPM.

SAMPLES		Ir	Os	Pd	Pt	Rh	Ru	Au
A-GN	1	ND	ND	0.40	0.44	ND	ND	ND
A-GN	2	ND	ND	0.46	0.62	ND	ND	ND
A-GN	3	ND	ND	0.71	0.99	0.02	ND	ND
A-GN	4	ND	ND	0.69	1.00	0.024	ND	ND
A-GN	5	ND	ND	0.75	1.19	0.034	ND	ND
A-GN	6	ND	0.01	0.48	0.72	ND	0.014	ND
A-GN	7	ND	0.015	0.49	0.89	ND	0.017	ND
A-GN	8	ND	0.017	1.21	1.44	ND	0.02	ND
A-GN	9	ND	0.026	1.12	1.72	ND	0.03	ND
A-GN	10	ND	0.03	1.13	1.95	ND	0.034	ND
D-BH	1	ND	ND	0.32	0.33	ND	ND	ND
D-BH	2	ND	ND	0.33	0.48	ND	ND	ND
D-BH	3	ND	ND	0.49	0.73	ND	ND	ND
D-BH	4	ND	ND	0.50	0.74	0.014	ND	ND
D-BH	5	ND	ND	0.53	0.76	0.014	ND	ND
D-BH	6	ND	ND	0.80	0.79	0.019	ND	ND
D-BH	7	ND	ND	0.68	0.82	0.011	ND	ND
D-BH	8	ND	ND	0.67	0.83	0.010	ND	ND
D-BH	9	ND	0.01	0.68	0.91	0.012	0.011	ND
D-BH	10	ND	0.01	0.70	0.96	0.012	0.011	ND

Code: ND signifies not detectible.

A-GN signifies samples of Alaska origin.

D-BH signifies samples of South Dakota origin.

△ Chicago, Illinois

U.S.A. △.

CHART IV

HEAD SAMPLES CONCENTRATED BY FIRE=ASSY-CHEMICAL METHOD +
[AⓍ. S.M.ANISIMOV=N.K.PSHENITSYN] in PPM.

		ATOMIC ABSORPTION SPECTROSCOPY		FLAME EMISSION SPECTROSCOPY		ATOMIC FLU'ESCENT SPECTROSCOPY	
SAMPLES		Pd	Pt	Pd	Pt	Pd	Pt
A-GN	1	0.11	0.18	0.10	0.11	0.04	0.05
A-GN	2	0.12	0.23	0.12	0.24	0.05	0.06
A-GN	3	0.21	0.37	0.22	0.38	0.07	0.09
A-GN	4	0.27	0.39	0.28	0.40	0.10	0.14
A-GN	5	0.29	0.60	0.29	0.57	0.02	0.06
A-GN	6	0.17	0.27	0.18	0.28	0.05	0.07
A-GN	7	0.20	0.36	0.19	0.35	0.05	0.09
A-GN	8	0.33	0.48	0.31	0.48	0.02	0.04
A-GN	9	0.45	0.68	0.44	0.67	0.01	0.02
A-GN	10	0.46	0.77	0.45	0.78	0.01	0.02
D-BH	1	0.10	0.12	0.09	0.10	0.03	0.03
D-BH	2	0.12	0.20	0.10	0.19	0.03	0.05
D-BH	3	0.20	0.29	0.19	0.28	0.05	0.07
D-BH	4	0.21	0.30	0.20	0.29	0.05	0.07
D-BH	5	0.22	0.30	0.21	0.29	0.05	0.08
D-BH	6	0.24	0.32	0.23	0.31	0.08	0.08
D-BH	7	0.25	0.32	0.24	0.31	0.07	0.08
D-BH	8	0.25	0.34	0.24	0.32	0.07	0.08
D-BH	9	0.26	0.35	0.25	0.34	0.07	0.09
D-BH	10	0.27	0.38	0.26	0.37	0.07	0.10

NOTE: Values for gold was obtained in all samples. However,
+ concentration of the head samples by the fire assay- wet
chemical method was not adequate to detect other Noble
metals [Ir,Os,Rh,Ru] .
△ Chicago, Illinois
U.S.A. △.

CHART V

1.

The 1st or the most paramagnetic fraction of the electromagnetic
separation has the highest magnetic susceptibility, at times,
almost approaching the magnetic thresh-hold. Such a concentrate
if heated and contains iron, chrmium and manganese that are non-
attracted to a magnetic upn cooling can be converted to ferromagnetic [converted to oxide of iron]. Such a fraction many
times can carry Noble metals as carry-overs. Concentration of this
fraction by the same fire=assay-chemical method as employed in
the study of your ferromagnetic fractions was done. Some Pd and
Pt was detected, particularly in the Alaska, Goodnews Bay Area.
However, the amount was insufficient to chart.

2.

The remaining paramagnetic fractions of the electromagnetic
separations, Fractions 2 through 6 respectively, were checked
with the 2-m ARL spectrograph and failed to reveal any further
traces of the Noble metals. Therefore, further studies were not
programed.

3.

The non-magnetic or diamagnetic fraction showed traces of gold
and silver, but hardly enough to attempt further separations.

4.

Resume: It has been demonstrated that the ferromagnetic fractions
carried over 99 percent of the platinum metals recovered. The
remaining 1 percent can be attributed to procedural losses and
those seen in the 1st paramagnetic fraction of the electromagnetic
separations.

△ Chicago, Illinois
   U.S.A. △.

Anisimov,S.M., V.M.Klypenkov, and V.P.Tsimbal.-Analiz blagorod-
mykh mettav [Analysis of Noble Metals],-Izdatel`stvo AN SSSR,1959

Anisimov,S.M., N.Ya. Semenova, and A.Z.Sank`o, Metody aniliza
platinovykh metallov, zolota i serebra [Methods of Analysis of the
Platinum Metals, Gold and Silver] Moskva, 1960.

Bagby, E. Techniques of Assay Analysis, Russian Translations, 1937.

V.V. Nedler and F.M. Efendiev, Zavodskaya Lab. 1941, 10, 164

F.E.Beamish, The Analytical Chemistry of the Noble Metals,
Pergamon Press, 1966.

M.Pinta, Detection and Determination of Trace Elements, Trans-
lated from French, Ann Arbor Science Publishers, Ann Arbor, Mich.,
1971.

T.D.Avtokratova, Analytical Chemistry of Ruthenium, Israel Program
for Scientific Translations, Jerusalem, 1963.

W. Slavin, Atomic Absorption Spectroscopy, Interscience Publishers,
1968.

I.M.Kolthoff, P.J.Elving and E.B. Sandell, Treatise on Analytical
Chemistry, Part II, Volume 8, Interscience Publishers, 1963.

J.Dolezal, P.Povondra and Z.Sulcek, Decomposition Techniques in
Inorganic Analysis, London Iliffe Books, Ltd., London, 1966.

J.Ramirez-Munoz, Atomic Absorption Spectroscopy,Elsevier Publishing Co., New York, 1968.

K.H. Wedepohl, Handbook of Geochemistry, Springer-Verlag,
Heidelberg, 1969.

K.Kodama, Methods of Quantitative Inorganic Analysis, Interscience
Publishers, New York, 1963.

E.E. Angino and G.K.Billings, Atomic Absorption Spectrometry in
Geology, Elsevier Publ. Co., Amsterdam, 1967.

A.Strasheim, F.W.E. Strewlow and L.R.P. Butler, J. S.African
Chem. Inst., 13, 73, 1960

M.M. Schneppe and F.S.Grimaldi, Determination of Palladium and
Platinum by Atomic Absorption,Talanta 1969, Vol. 16, pp 591-595.

W.W.Scott, Standard Methods of Chemical Analysis, N.H. Furman,
Editor, Vol. 1, D. Van Nostrand, New York, 1963.

E.B.Sandell, Colorimetric Determinations of Traces of Metals, 2nd
Edition, Interscience Publ. Co., New York 1950.

J.Korkisch, Modern Methods for the Separation of Rarer Metal Ions,
Pergamon Press, New York, 1969.

A.K.De, Separation of Heavy Metals, Pergamon Press, NYC, 1961

Bilbliography Continued:

U.S.G.S. 1950, Selected Russian Papers on Geochemical Prospecting
for Ores, U.S.Printing Office, Washinton, D.C. P 103

A.P. Vinogradov, The Geochemistry of Rare and Dispersed Chemical

Elements in the Soils, 2nd Edition, Plenium Press, NYC, 1959.

P.G. Jeffery, Chemical Methods of Rock Analysis,Pergamon Press, New York, 1970.

4th Edition, 1970, Scientific Encyclopedia, Van Nostrand, Princeton, N.J.

C.A.Hampel, The Encyclopedia of Chemical Elements, Reinhold, New York, 1968.

J.A.Maxwell, Rock and Mineral Analysis, Interscience, NYC 1968.

Techno Notes, Tech Research Intl., Chicago, Ill.
        P.3 Vol. 1, No.3, Noble Metals, Feb. 1966
        P.6, Vol.2, No.2, Sample Preparations, May 1966.
        P.8,Vol. 8, No. 4, Digestion Losses, August 1966.
        P.10,Vol. 3, No. 3, Magnetism I, May 1967
        P.11,Vol. 3, No. 4, Magnetism II, June 1967.
        P.13,Vol. 4, No.1, Electrostatics, Jan. 1968.
        P.15, Vol. 4, No.3, Particle Size, Nov. 1968.
        P.16, Vol. 4, No.4, Separation Theory, Dec. 1968.
        P.21,Vol. 6, No. 1, Iridium, Osmium, Jan. 1970
        P.22, Vol.6, No. 2, Palladium, Platinum, Mar. 1970
        P.23, Vol.6, No.3, Rhodium, Ruthenium, May 1970
        P.24, Vol. 6, No.4, Geochemistry Tomorrow, July 1970.

Unpublished Research Notes, by A.S.Michaelson, Tech.Res.Intl., Chicago, Illinois:
        U 1, Magnetic Susceptibilities of the Elements, 1965
        U 2, Application of Magnetic Forces in Chem. 1966.
        U 3, Magnetism of the Noble Metals-How, Why?, 1967.
        U 5, Noble Metals Research Technology, 1969.

E.I. Parhomenko, Electrical Properties of Rocks, Russian Translation, Plenium Press, NYC, 1967.

J.Zussman, Physical Methods in Determinative Mineralogy, Academic Press, NYC, 1967.

G.V. Samsonov, Handbook of Pysico-Chemical Properties of the Elements, Plenium Press, NYC, 1968.

T.Nagata, Rock Magnetism, Plenium Press, NYC, 1961 Edition [2nd].

J.A.McMillan, Electron Paramagnetism, Reinhold Book Corp., New York, 1968.

J.A.Dean and T.C.Rains, Flame Emission and Atomic Absorption Spectrometry, Vol. II, Dekker Press, 1971.

T.C.Cutting, Manual of Spectroscopy, Chemical Publishing Co., NYC, 1949.

T.C.Hutchison and D.C.Baird, The Physics of Engineering Solids, 2nd Edition, Wiley and Sons, NYC, 1963.

F.W. Karasek, Micromeritics, Research-Devlopment- Notes on Analytical Instrumentation, September 1970.

N.K. Pshenitsyn and I.A.Federov, Izvestiya Sektora, Platiny, IONKh AN SSR, VOL. 22: 76 1948

N.K.Pshenitsyn and S.I.Ginsburg, Izvestiya Sektora, Platiny, IONKh AN SSSR, Vol. 22, 136, 1949.

N.K. Pshenitsyn, B.A.Muromtsev and L.G.Sal'kaya, Methody aniliza platinovyk metallov [Methods of Analysis of the Platinum Metals], Moskva, Indatel'stvo, AN SSSR, 1954.

R.Gilchrist, Analytical Chemistry, 25[11] 1617, 1953

W.R.Schoeller and A.R.Powell, Analysis of Minerals and Ores of the Rarer Elements, London, 1955.

H.Zwicker,Studia uber das Ruthenium, Erlangen, 1906.

P.Badalov and S.Terekhovich, Geochemistry of Elements of the Pt group in the Almalyk ore region, Dokladi Akad. Nauk, SSSR 168, 1397, 1966.

T.Wright and M.Fleischer, Geochemistry of the Platinum Metals, U.S.Geological Survey Bull 1214-A? A-1 1965 with corrections and additions 1967.

P.Wagner, Platinum deposits and mines of South Africa, London, Oliver and Boyd, 1929.

I.Razin., V.Khvostov, and V.Novikov, Platinum Metals in the essential and accessory minerals in ultramafic rocks, Geochemistry Intl., 2, 118, 1965.

K.Rankama and Th.Sahama, Geochemistry, University of Chicago Press, Chicago, 1950.

A.S.Michaelson, Tech Research Intl.
    Field Trip 1967   Reports- Geochemical Noble Metals.
    Field Trip 1968   Reports- Geochemical Noble Metals.
    Field Trip 1969   Reports- Geochemical Noble Metals.
    Field Trip 1970   Reports- Geochemical Noble Metals.
    Field Trip 1971   Reports- Geochemical Noble Metals.
    Field Trips: Installation of Noble Metals Mining,
                 Processing and Magnetic Separation Center,
                 RRR Canyon, Arizona U.S.A.

Bibliography Concluded

△Chicago, Illinois
  U.S.A. △.

Application de la Spectrophotométrie d'Absorption Atomique aux Problèmes Géochimiques: Dosage de Sept Eléments Majeurs et de Cinq Eléments à l'Etat de Trace

C. DUPUY et L. SAVOYANT

Laboratoire de Pétrologie, Faculté des Sciences, Université de Montpellier, France

RESUME :

Sept éléments majeurs Al, Fe, Mn, Ca, Mg, Na, K et cinq éléments en trace Sr, Ni, Cr, Cu, Zn sont déterminés quantitativement par spectrophotométrie d'absorption atomique dans des roches et minéraux silicatés, à partir d'une seule et même attaque.

Le mode opératoire, l'étude des interférences et la préparation des étalons sont décrits. Des déterminations sur quelques échantillons "standards" sont présentées et commentées.

Cette méthode de dosage se caractérise par sa simplicité, sa rapidité d'exécution ; son champ d'investigation est trés vaste puisqu'elle s'adresse à toute la gamme des compositions chimiques rencontrées dans les roches et minéraux silicatés.

ABSTRACT :

Seven major elements Al, Fe, Mn, Ca, Mg, Na, K and five trace elements Sr, Ni, Cr, Cu, Zn are analysed quantitatively by atomic absorption spectroscopy in silicate rocks and minerals.

Experimental procedure, interference study, standard solution preparation are described. Determinations of "geochemical standards" are presented and discussed.

Simplicity, speed are the caracteristics of this atomic absorption routine procedure. Its application is very large since it covers all types of silicate rocks and minerals.

Zusammenfassung

Mit einem einzigen Reagens werden 7 Hauptelemente Al, Fe, Mn, Ca, Mg,
Na, K und 5 Spurenelemente Sr, Ni, Cr, Cu, Zn quantitativ durch die
Atomabsorptions-Sepktralphotometrie in Silikatgesteinen und -erzen
bestimmt.

Das Verfahren, das Studium der Interferezen und die Vorbereitung von
Normalmassen werden beschrieben. Bestimmungen von einigen „Standard"-
Proben werden dargestellt und erläutert.

Die Bestimmungsmethode zeichnet sich durch Einfachheit und Schnelligkeit
aus; sie eignet sich für ein grosses Forschungsgebiet, das sämtliche
Arten von Silikatgesteinen und -erzen umfasst.

Les analyses, dans les conditions générales de
routine, font intervenir, entre autres facteurs, la notion
de rendement et de là découle le choix des méthodes de
dosages dites "rapides".
Cependant l'utilisation de telles méthodes risque d'altérer
la précision des résultats et d'une façon générale il n'est
pas toujours aisé de concilier ces deux aspects importants
de l'analyse : rapidité et précision.
La méthode de dosage qui sera présentée, a été
élaborée dans cet état d'esprit : fournir des données à
une cadence accélérée tout en sauvegardant la précision
requise par les problèmes pétrogénétiques que les géologues
ou les géochimistes abordent.
Cette méthode décrit la détermination quantitative
des sept éléments majeurs suivants : Al, Mn, Fe, Ca, Mg, Na,
K, et des cinq éléments à l'état de trace : Sr, Ni, Cr, Cu,
Zn par Spectrophotométrie d'absorption atomique dans les
roches et les minéraux silicatés à partir d'une seule et
même attaque.

MODE OPERATOIRE :

La mise en solution est réalisée à l'aide d'une attaque perchloro-fluorhydrique dont la durée est variable selon la nature minéralogique des roches. Pour certaines d'entre elles comme les granites, l'attaque est totale au bout d'une dizaine d'heures ; pour d'autres, comme les basaltes ou les péridotites, le temps d'attaque est beaucoup plus long et peut s'étaler sur une semaine entière.

Après l'attaque, le résidu sec est évaporé en présence d'une solution d'acide borique saturée, le rôle de cet acide étant de complexer les ions fluorures résiduels. Le produit d'attaque est solubilisé en milieu chlorydrique 1,2 N et jaugé dans une fiole contenant 2% de Lanthane.

La solution ainsi obtenue est directement utilisable pour la détermination des éléments à l'état de trace ; mais elle nécessite des dilutions pour les éléments majeurs :

- Dilution d'un facteur de 5 pour l'aluminium et le manganèse.

- Dilution d'un facteur de 100 pour le fer, le magnésium, le calcium, le sodium et le potassium.
Ces dilutions sont suffisantes pour n'importe quelle concentration rencontrée dans les roches ou les minéraux à condition, cependant, de faire varier l'orientation du brûleur selon les éléments et les teneurs présumées. De part cette rotation du brûleur, les rayons, issus de la lampe à cathode creuse, traversent la flamme sur une distance plus ou moins courte ; ce qui permet d'étaler la gamme d'étalonnage vers les fortes teneurs.

Les déterminations sont effectuées sur un appareil "Hilgher et Watts" avec une flamme $N_2O - C_2H_2$ pour l'aluminiur et une flamme C_2H_2 - air pour tous les autres éléments.

Etude des interférences

Nous avons fait une étude systématique

- Des interactions des cations entre eux dans un domaine caractéristique des concentrations rencontrées dans les roches et les minéraux silicatés.

- Des interactions des cations avec les anions introduits par les acides minéraux susceptibles d'être utilisé pour la mise en solution.

Dans le premier cas, les interactions sont éliminées par la présence de lanthane. Dans le second, il suffit de tamponner les solutions d'étalonnage et d'analyse par le même acide à la même concentration.

D'une façon générale, nos conclusions sont en accord avec celles publiées ces dernières années (Trent et Slavin 1964 ; Althaus 1966 ; Berthelay 1968 ; Capdevila 1968 ; Langmyrh et Paus 1968) et parfaitement bien condensées dans l'ouvrage de M. Pinta (1971).

Une précision supplémentaire est peut-être à signaler pour l'aluminium. Dans la flamme protoxyde d'azote-acétylène, l'étude des interactions de cet élément indique un léger effet d'exaltation avec le fer et le potassium.
Mais d'une façon générale, les interférences pour cet élément sont faibles et même négligeables. Malgré ces observations, les déterminations furent dans un premier stade erronées et ce n'est que l'ajout de lanthane qui permit des valeurs correctes.

PREPARATION DES SOLUTIONS ETALONS.

Eléments majeurs : la gamme d'étalonnage est préparée à partir d'un chlorure en présence d'une solution de lanthane à 1%.

Eléments en trace : La préparation de l'étalonnage est plus délicate. Les interférences chimiques sont éliminées par la présence de lanthane. Mais la seule présence de ce tampon spectrale ne suffit pas, car la détermination des éléments en trace s'effectue sans dilution et il s'exerce alors un effet de matrice qui n'est pas à négliger.
Pour palier à cette difficulté, les gammes d'étalonnage sont préparées à partir d'étalons complexes en présence d'une solution de lanthane à 2%.

Nous avons pu vérifier qu'il suffisait de deux gammes pour couvrir l'ensemble de notre champ d'investigation :
- une gamme avec une matrice de composition granodioritique pour des roches telles que granite, granodiorite, diorite et des minéraux tels que feldspath, sillimanite etc...
- une gamme avec une matrice de composition basaltique pour les roches basaltiques, péridotitiques et les minéraux ferro-magnésiens biotites, amphiboles etc......

EXAMEN ET COMMENTAIRES DES RESULTATS OBTENUS PAR CETTE METHODE.

Sur le tableau I sont rassemblés les résultats obtenus pour les éléments majeurs dans quelques échantillons standards du C.R.P.G. de NANCY. Ces échantillons comprennent : une biotite et quatre roches (serpentine, basalte, diorite, granite) qui couvrent à peu prés toute la gamme des teneurs susceptibles d'être rencontrées dans les matériaux sur lesquels nous travaillons habituellement.

Dans chaque case, le chiffre inférieur correspond à la valeur la plus vraie proposée par de la ROCHE et GOVINDARAJHU (1969), le chiffre supérieur à la valeur moyenne que nous avons obtenue. Ce dernier chiffre est accompagné d'une autre valeur qui est l'écart type.

La moyenne ($\overline{x}$) et l'écart type (s) ont été calculés à partir d'une douzaine de résultats obtenus à la cadence de 2 par mois pendant 6 mois.

La fidelité des résultats peut être évaluée par le calcul du coefficient de variation (C% $= s \times \dfrac{100}{\overline{x}}$). Ce coefficient tend à croître lorsque les valeurs absolues des teneurs diminuent. Mais dans la plupart des cas, il reste inférieur à 2%.

Cette valeur convient parfaitement aux travaux des pétrographes et des géochimistes, et apparaît dans le cas particulier de l'aluminium comme un résultat trés appréciable. En effet, dans les silicates, cet élément est habituellement difficile à déterminer : il nécessite des extractions en phase organique ou des séparations par précipitation, toujours trés longues et absolument inadaptées à l'analyse de routine.

La justesse des résultats peut être estimée en comparant nos valeurs avec celles proposées par les auteurs qui ont préparé les standards.

Sur le tableau II, sont portées les valeurs exprimées en ppm des éléments en trace :

       - dans trois échantillons standards du C.R.P.G. de NANCY.

       - dans sept échantillons standards du U.S. Geol. Survey.

Comme pour les éléments majeurs, on constatera que ces

échantillons couvrent une trés large gamme de composition puisqu'elle s'étend depuis les roches ultra-basiques (serpentine UBN, péridotite PCC1) jusqu'aux roches trés riches en silice (granite G2).

Pour avoir une idée de la fidelité de la méthode, le basalte BR, et la diorite DRN ont été analysés plusieurs fois. On constatera alors que le coefficient de variation croît en relation inverse des teneurs : il est inférieur à 10% lorsque les teneurs sont supérieures à 50 ppm. Pour les teneurs inférieures, il augmente et les dosages prennent alors un caractère semi-quantitatif.

La justesse de la méthode peut être appréciée d'aprés les résultats obtenus sur la diabase W1 pour laquelle FLEISCHER(1965 a proposé des moyennes.

CONCLUSION :

Les qualités de cette méthode qui est utilisée depuis plusieurs mois, pour l'analyse en série dans notre laboratoire, sont :

- sa simplicité puisqu'elle ne nécessite pas de manipulatior particulièrement délicates.

- sa rapidité puisque les manipulations sont trés réduites et puisque le produit d'une même attaque sert à doser 12 éléments sans aucune séparation préalable.

- son caractère général puisqu'elle peut atteindre des matériaux silicatés de composition trés diverse.

Il importe toutefois de signaler deux inconvénients ;

Le premier se réfère à la mise en solution : avec certaines roches ultra-basiques l'attaque n'est pas totale et il s'en suit des valeurs trop faibles pour le chrome et parfois le nickel. On est alors obligé de reprendre le résidu qui se compose en général de quelques milligrammes de spinelle par du métaborate de lithium.

Le deuxième inconvénient se réfère au caractère semi-quantitatif du dosage des éléments en trace quand les teneurs sont inférieures à 50 ppm. Mais ce caractère semi- quantitatif des déterminations est lui-même en relation avec le manque de sensiblité de l'appareillage trés ancien.

Des essais effectués récemment, sur un appareil de marque "IL" plus moderne et aux performances nettement plus élevées laissent espérer :

       a) améliorer grandement la qualité des résultats
en particulier aux plus faibles teneurs :

       b) étendre nos investigations à d'autres éléments
(Ti, Li, Rb etc........).

BIBLIOGRAPHIE

ALTHAUS E. (1966). Neues Jb. Miner. Mh., 9, 259-280.

BERTHELAY J.C. (1968). Ann. Fac. Sci. Clermont, 38, 1-28.

CAPDEVILA G. (1968). Dipl. Et. Sup., Fac. Sci. Montpellier.

DE LA ROCHE H. et GOVINDARAJU K. (1969). Bull. Soc. Fr.
    Ceram., 85, 31-33 et 35-50.

FLEISCHER M. (1965). Geochim, Cosmochim. Acta, 29, 1263-1283.

KATZ A. (1968). Amer. Mineral., 53, 283-289.

LANGMYHR F.J. et PAUS P.E. (1968). Analytica Chim. Acta, 43,
    397-408.

PINTA M. (1971). Spectrophotométrie d'absorption atomique,
    2 vol., Masson et Cie.

THOMPSON G. et al (1970). Chem. Geol., 5, 215-221.

TRENT D. et SLAVIN W. (1964). Atom. Abs. New letters, 19, 1-6.

	Serpentine UBN	Basalte BR	Diorite DRN	Granite GR	Biotite de Razès
Al_2O_3 %	2,80 ∓ 0,03 (2,99)	9,97 ∓ 0,09 (10,20)	17,44 ∓ 0,05 (17,42)	14,79 ∓ 0,04 (14,75)	19,09 ∓ 0,10 (19,40)
Fe_2O_3 total %	8,28 ∓ 0,01 (8,52)	13,04 ∓ 0,06 (12,92)	9,61 ∓ 0,02 (9,90)	3,93 ∓ 0,01 (4,05)	25,99 ∓ 0,08 (25,58)
MnO %	0,126 ∓ 0,001 (0,12)	0,212 ∓ 0,002 (0,21)	0,228 ∓ 0,002 (0,21)	0,060 ∓ 0,001 (0,06)	0,352 ∓ 0,002 (0,37)
MgO %	36,75 ∓ 0,22 (35,00)	13,85 ∓ 0,03 (13,28)	4,48 ∓ 0,02 (4,50)	2,45 ∓ 0,01 (2,40)	4,83 ∓ 0,02 (4,55)
CaO %	1,15 ∓ 0,03 (1,12)	13,92 ∓ 0,10 (13,74)	7,15 ∓ 0,04 (7,08)	2,45 ∓ 0,03 (2,50)	0,51 ∓ 0,01 (0,50)
Na_2O %	0,25 ∓ 0,04 (0,19)	3,13 ∓ 0,05 (3,07)	3,07 ∓ 0,05 (3,02)	3,86 ∓ 0,06 -(3,80)	0,30 ∓ 0,04 (0,25)
K_2O %	0,06 ∓ 0,02 (0,06)	1,43 ∓ 0,04 (1,38)	1,77 ∓ 0,04 (1,70)	4,65 ∓ 0,07 (4,50)	9,15 ∓ 0,12 (8,80)

Tableau I - Eléments majeurs - Résultats obtenus sur les standards du CRPG de Nancy ($\bar{x} \mp S$)
- Les valeurs entre parenthèses sont fournies par H. de la Roche et K. Govindaraju (1969)

Eléments	Serpentine UBN	Basalte BR	Diorite DRN	Dunite DTS-1	Peridotite PCC-1	Basalte BCR-1	Andesite AGV-1	Diabase W1	Granodiorite GSP-1	Granite G2
Sr ppm	10 (10-20)	1485±100 (1050-1800)	390±35 (340-550)	<10 (<4)	<10 (<4)	295 (265-370)	600 (640-890)	150* (180)*	270 (230-310)	450 (430-570)
Cr ppm	2100 (1500-2500)	330±30 (345-500)	40±14 (34-50)	3900 (3970-4060)	2280 (2150-2850)	<20 (19-28)	<20 (6-18)	120* (130)*	<20 (6-16)	<20 (5-10)
Ni ppm	2030 (1350-3000)	295±20 (108-280)	30±8 (15-34)	2420 (2020-2500)	2400 (1750-2450)	20 (8-23)	19 (19-18)	78* (78)*	<10 (6-10)	<10 (2-6)
Cu ppm	37 (23-55)	71±6 (65-110)	50±6 (49-55)	10 (5-9)	13 (8-14)	17 (12-31)	57 (55-71)	109 (110)*	29 (29-54)	11 (12-40)
Zn ppm	83 (85-89)	180±12 (80-175)	155±10 (135-165)	41 (27-45)	46 (26-46)	127 (110-125)	93 (85-105)	92* (82)*	103 (95-100)	84 (80-87)

Tableau II : Eléments en trace :
Résultats obtenus sur les standards du C.R.P.G. de Nancy (UBN-BR-DRN) et sur ceux du U.S. Geological Survey (DTS, PCC-1, BCR-1, AGV-1, W-1, GSP-1, G2). Les chiffres () sont ceux proposés par divers laboratoires et rassemblés dans les articles de THOMPSON (1970) et DE LA ROCHE (1969).
* Valeurs proposées par FLEISCHER (1965) pour la diabase W1.

Dosage des Oligo-Eléments Cuivre, Zinc, Manganèse, Fer par Absorption Atomique dans les Extraits de Sols Calcaires

C. MAZUELOS et C. MAQUEDA

Centro de Edafologia y Biologia Aplicada del Cuarto, Seville, Espagne

RÉSUMÉ

On a dosé à l'Absorption atómique les quantités de Cu, Zn, Mn, et Fe, extraits des sols calcaires avec l'acide acétique 2,5%, EDTA 0,05M, acetate d'ammonium neutre 1N, reactif Baron et réactif Baron modifié.

Quand on traite les sols calcaires avec l'acide acétique on extrait des grandes quantités de Calcium, ce que interfere dans la determination des éléments traces.

La solution EDTA va très bien pour extraire le Cu, Mn et Zn, en particulier dans ces sols calcaires.

Le reactif Baron extrait des quantités de Cu qui sont au dessous de la limite de sensibilité de l'appareil, des quantités moyennes pour le fer et des quantités legérement elevées pour le manganese.

Les teneurs en Cu, Fe, Mn et Zn exportées par l'acetate d'ammonium sont très basses.

Le reactif Baron modifié extrait du sol les plus grandes quantités de fer.

On a étudié les interferences des autres éléments qui les accompagnent.

SUMMARY

The amounts of Cu, Zn, Mn, and Fe extracted from calcareous
soils by 2,5 %. Acetic acid, 0,05M EDTA, neutral 1N NH_4OAc ,
Baron's Reagent and Baron's Modified, were analised by atomic
absoption.

When Calcareous soils are treated with acetic acid high
calcium contents which interfere with the determination of
Trance-elements are extracted.

The EDTA solution is a good extractant for Cu, Mn, and
particularly in these calcareous soils.

Baron's Reagent gives inappreciable amounts for Cu, medium for Fe and a litle higher for Mn.

The amounts of all elements taken out by ammonium acetate
are minimum.

The Baron's Reagent Modified extracts the highest quantities or Fe from the soils.

Interference effets of extraneous elements are studied.

Zusammenfassung

Mit der Atomabsorption wurden die Mengen von Cu, Zn, Mn und Fe
ɩn Kalkbödenextrakten mit Azetylsäure 2,5%, EDTA 0,05%, neutralem
Ammoniumazetat 1N , Baron-Reagens und verändertem Baron-Reagens
bestimmt.

Bei der Behandlung von Kalkböden mit Azetylsäure werden grosse Mengen
Kalk entzogen,was bei der Bestimmung von Spurenelementen interferiert.

Die EDTA-Lösung eignet sich gut zum Extrahieren von Cu, Mn und Zn,
insbesondere bei Kalkböden.

Das Baron-Reagens extrahiert Kupfermengen, die unter der SEnsibilitäts-
grenze des Apparates liegen, mittlere Eisenmengen und etwas grössere
Manganmengen.

Die Gehalte an Cu, Fe, Mn und Zn, die mithilfe von Ammoniumazetat erhalten werden, sind sehr niedrig.

Das veränderte Baron-Reagens entzieht dem Boden die grössten Eisenmengen.

Die Interferenzen der anderen vorhandenen Elemente, welche sie begleiten,
wurden untersucht.

Introduction.-

Les éléments cuivre, zinc, manganèse et fer sont indispensables à la vie des vegetaux superieurs et des animaux.

Le grand nombre de moyens d'extraction, décrits dans
la littérature pour la détermination des carences de ces éléments,
indique qu'on n'a pas trovvé une solution satisfaisante pour ce
probléme.

En Andalousie, l'étude des éléments mineurs dans les
extraits de sols est assez complexe, parce qu'il s'agit de sols
calcaires avec des taux de calcaires très elevés qui atteignent
dans quelques cas jusqu'à 60 % et des teneurs moyennes sur le
20 %. Tout-ça conduit à l'insolubilisation des oligo-éléments
d'importance biologique.

Le but de ce travail est de contribuer à la résolution
des problèmes posés par l'interference du Ca dans le dosage des
oligo-éléments à l'absorption atomique dans les extraits des
sols calcaires.

Experimentation

Appareillage

Spectrophotomètre d'absorption atomique Unicam SP90 (lampe Cu,
lampe Zn, lampe Mn, lampe Fe, flamme acétylène/air).
Enregistreur Unicam SP22

Extraction et choix des sols.

Les extractions portaient sur 10 sols

1-8: des apports alluvial, limone-argileux; 16-26 % à calcaire; pH (7,0-7,40).

9-10: calcomagnesiformes provenant de l'erosion des sols ferra-litiques, limono-argileux; 37-40 % à calcaire, pH (7,5-7,7)

Pour realiser cette étude nous avons retenu cinq modes d'extraction.

a) Extraction à l'acetate d'ammonium N pH = 7.

b) Extraction E.D.T.A. 0,05 M neutralisé avec l'ammoniaque (Ure et Berrow, 1970).

c) Extraction à l'acide acétique 2,5 % (Mitchell, 1964).

d) Extraction au réactif Baron (Baron, 1955).

e) Extraction au réactif Baron modifié (Chaves).

Comme nous avons déjà indiqué, le CO_3Ca est le principal problème de nos sols. C'est pour ça que nous sommes en train de changer la méthode en ajoutant de l'oxalate d'ammonium au lieu du sulfate, afin d'obtenir une meilleure precipitation du cation Ca^{++}.

TABLEAU   1

Résultats de dosages de Cu (p.p.m.) effectués sur sols calcaires de l'Andalousie Occidentale.

Nº	Extrait acetate d'ammonium pH=7	Extrait EDTA 0,05 M pH=7	Extrait acétique 2,5 %	Extrait Baron pH=4	Extrait Baron modifié pH=4,2
1	Traces	3,5	2,7	-	5,0
2	Traces	3,0	3,0	-	4,1
3	Traces	3,5	3,0	-	5,0
4	Traces	3,7	4,0	-	5,2
5	Traces	4,0	3,8	-	6,6
6	Traces	3,0	4,0	-	4,9
7	Traces	3,7	4,0	-	5,0
8	Traces	3,7	4,0	-	5,7
9	Traces	0,4	3,8	-	1,3
10	Traces	0,4	3,9	-	Traces

TABLEAU   2

Résultats de dosages de Zn (p.p.m.) effectués sur sols calcaires de l'Andalousie Occidentale.

Nº	Extrait acetate d'ammonium pH=7	Extrait EDTA 0,05 M pH=7	Extrait acétique 2,5 %	Extrait Baron pH=4	Extrait Baron modifié pH=4,2
1	0,2	1,8	5,0	1,1	2,4
2	0,2	1,2	3	0,7	1,2
3	0,3	1,3	2,4	0,6	1,7
4	0,2	2,2	3,4	1,5	3,0
5		2,1	3,2	1,2	3,5
6	0,4	1,8	3,6	1,2	2,8
7	0,5	2,3	4,0	1,2	3,2
8	0,5	1,9	4,7	2,0	3,3
9	0,5	1,1	3,5	0,2	1,0
10	0,3	0,9	3,7	Traces	0,6

TABLEAU 3

Résultats de dosages de Mn (p.p.m.) effectués sur sols calcaires de l'Andalousie Occidentale.

Nº	Extrait acetate d'ammonium pH=7	Extrait EDTA 0,05M pH=7	Extrait acétique 2,5%	Extrait Baron pH=4	Extrait Baron modifié pH=4,2
1	4,3	29	293	264	156
2	4,3	35	290	277	162
3	4,3	32	270	280	180
4	4,3	32	292	248	174
5		30	288	276	190
6	8,0	33	332	290	188
7	4,8	32	307	290	186
8	6,2	31	315	290	166
9	5,0	20	42	44	16
10	4,0	13	33	56	15

TABLEAU 4

Résultats de dosages de Fe (p.p.m.) effectués sur sols calcaires de l'Andalousie Occidentale.

Nº	Extrait acetate d'ammonium pH=7	Extrait EDTA 0,05M pH=7	Extrait acétique 2,5 %	Extrait Baron pH=4	Extrait Baron modifié pH=4,2
1	2,5	22,5	20	18	474
2	5,0	21	36	55	336
3	5,0	21	26	36	350
4	3,8	21	25,5	16	389
5		24	27	21	595
6	2,3	24	29,5	38	610
7	3,0	26	29	37	618
8	2,8	25	29	37	945
9	3,3	5	10,5	8	108
10	1,3	5	10,5	2	15

Discussion des résultats

Les résultats analytiques sont indiqués dans les tableaux 1, 2, 3, et 4.

L'acetate d'ammonium est un réactif trés utilisé pour extraire les oligo-éléments, mais il présente le probléme de son bas pouvoir d'extraction, principalement dans les sols calcaires.

De l'observation des tableaux 1 á 4 on deduit que l'élément Cu se trouve au dessous de la limite de détection et les teneurs obtenus par le Fe, Mn et Zn sont trés bas et alors d'une signification peu importante du point de vue de l'assimilation des plantes.

E.D.T.A. Les derniéres années des moyens complexants, tels l' E.D.T.A., on été de plus en plus utilisés afin de mobiliser certains éléments par formation de complexes organo-mineraux solubles, surtout pour le Cu, (Mitchell et col., 1956). Il est aussi un bon réactif d'extraction pour le Mn, Fe et Zn de nos sols calcaires, où la présence des carbonates rend difficile l'utilisation de réactifs acides, comme nous avons prouvé dans le laboratoire.

Acide acétique. Ce réactif d'extraction donne des bons resultats pour les sols acides. Cependent il n'est pas aussi bon pour nos sols calcaires parce que il extrait beaucoup de calcium qui provoque des interferences à l'absorption atomique.

Réactif Baron. Dans les sols étudiés, ce réactif donne des teneurs inappréciables pour le Cu, moyennes pour le Fe et le Zn et un peu élevées pour le Mn.

Réactif Baron modifié. La principale caractéristique de ce réactif est la grande quantité de Fe qui extrait par rapport aux autres réactifs utilisés. De même, les teneurs du Zn sont les plus élevées. L'addition de l'oxalate d'ammonium elimine practiquement le Ca de la solution.

Interférences

On présente dans les tableaux suivantes (5-9), les teneurs maximums et moyennes des éléments Ca, P, Mg, K et Na qui apparaissent dans les solutions du sol extraites avec les différentes réactifs.

TABLEAU 5

Teneurs moyennes et maximums d'éléments extraits à l'acetate d'ammonium pH=7 dans sols calcaires (p.p.m. dans l'extrait: la teneur extraite du sol est 2,5 fois plus grande).

	Ca	P	Mg	K	Na
maximums	2400	4	140	320	30
moyennes	2300	3	93	123	16

TABLEAU 6

Teneurs maximums et moyennes d'éléments extraits à E.D.T.A. 0,05 M dans sols calcaires (p.p.m. dans l'extrait; la teneur extraite du sol est 5 fois plus grande).

	Ca	P	Mg	K	Na
maximums	2400	5,0	43	100	22
moyennes	2268	3,2	28	50	18

TABLEAU 7

Teneurs maximums et moyennes d'éléments extraits à l'acide acétique 2,5 % dans sols calcaires (p.p.m. dans l'extrait: la teneur extraite du sol est 2,5 fois plus grande).

	Ca	P	Mg	K	Na
maximums	72000	22	1.325	180	70
moyennes	47000	12	942	89	55

TABLEAU 8

Teneurs maximums et moyennes d'éléments extraits au réactif Baron dans sols calcaires (p.p.m. dans l'extrait: la teneur extraite du sol est 4 fois plus grande).

	Ca	P	Mg	K	Na
maximums	1.500	27	530	125	20
moyennes	880	16	340	68	14

TABLEAU 9

Teneurs maximums et moyennes d'éléments extraits au réactif Baron modifié dans sols calcaires (p.p.m. dans l'extrait: la teneur extraite du sol est 3,5 fois plus grande).;

	Ca	P	Mg	K	Na
maximums	12	100	1.300	150	28
moyennes	6	65	1.000	78	16

On a étudié l'effect de ces éléments sur les quantites de Cu, Zn, Mn et Fe présentes dans nos extraits du sol. On a trouvé qu'il n'y a pas d'effects significatifs jusqu'à 30 p.p.m. de Na, 100 p.p.m. de K, 100 p.p.m. de P et 2.000 p.p.m. de Ca et 1.000 p.p.m. de Mg.

Les grandes quantités de Ca qui extrait l'acide acétique produisent des interférences très importantes.

Conclusions

De tout ce qu'on a exposé on peut déduire que dans les sols calcaires l'acetate d'ammonium n'est pas appropié parce qu'il n'extrait que des très petites quantités des éléments étudiés.

L'E.D.T.A. est le meilleur des réactifs d'extraction, surtout pour le Cu et le Zn. Il présente l'aventage de pouvoir lire directement a l'absorption atomique, ce que simplifie les travaux de laboratoire et le risque de contamination.

Nous sommes en train de travailler sur la méthode Baron modifié. C'est pour ça qu'on ne donne pas aucune conclusion définitive.

L'acide acétique n'est pas utile comme réactif d'extraction parce qu'il extrait une très grande quantité de Calcium.

Bibliographie

Baron, H., 1955; Landw. Forsch., 7, 82

Chaves, M.; Communication personnelle

Mitchell, R.L., Reith, J.W.S. et Johmston, I.M., 1957; Symposium sur analyse des plantes et problèmes des Fumures minérales, VI th Int. Congr. Soil Sci., Paris 1956 I.R.H.O. Paris p. 249

Mitchell, R.L., 1964; The spectrochemical analysis of soils, plants and related materials. C.A.B. Farnham Royal Bucks, England.

Ure, A.M. et Berrow, M.L. 1970; Anal. Chim. Acta, 52, 247-257.